The Maillard Reaction Chemistry, Biochemistry and Implications

美拉德反应
化学、生物化学原理及应用

[英]哈里·努尔斯滕（Harry Nursten） 著

孙世豪 主译

曾世通 席 辉 副主译

中国科学技术出版社
·北 京·

图书在版编目（CIP）数据

美拉德反应：化学、生物化学原理及应用/（英）哈里·努尔斯滕（Harry Nursten）著；孙世豪主译 . -- 北京：中国科学技术出版社，2023.9

书名原文：The Maillard Reaction：Chemistry, Biochemistry and Implications

ISBN 978-7-5236-0344-4

Ⅰ.①美…　Ⅱ.①哈…　②孙…　Ⅲ.①生物化学 – 研究　Ⅳ.① Q5

中国国家版本馆 CIP 数据核字（2023）第 223128 号

著作权合同登记号：01-2023-1094

策划编辑	王晓义
责任编辑	周　婷
封面设计	郑子玥
正文设计	中文天地
责任校对	焦　宁
责任印制	徐　飞

出　　版	中国科学技术出版社
发　　行	中国科学技术出版社有限公司发行部
地　　址	北京市海淀区中关村南大街16号
邮　　编	100081
发行电话	010-62173865
传　　真	010-62173081
网　　址	http://www.cspbooks.com.cn

开　　本	787mm×1092mm　1/16
字　　数	275 千字
印　　张	17
版　　次	2023 年 9 月第 1 版
印　　次	2023 年 9 月第 1 次印刷
印　　刷	北京荣泰印刷有限公司
书　　号	ISBN 978-7-5236-0344-4 / Q · 258
定　　价	69.00 元

（凡购买本社图书，如有缺页、倒页、脱页者，本社发行部负责调换）

翻译委员会

译者的话

美拉德反应由法国化学家美拉德（Maillard）1912 年提出。它是指羰基化合物（还原糖类）和氨基化合物（氨基酸和蛋白质）之间发生的非酶棕色化（褐变）反应（non-enzymatic browning reaction）。该反应经过复杂的历程，最终生成含各种小分子和大分子的棕色甚至黑色混合物，其中大分子产物也被称为类黑素（melanoidin）。美拉德反应被认为是食品加工、储存过程中最重要的化学反应，对食品的风味、营养、色泽等品质特性具有显著影响。近年来，美拉德反应在中药现代化研究和疾病生理机制研究等领域成为新的研究热点。越来越多的研究结果显示，美拉德反应与人类自身的生命活动密切相关。美拉德反应自发现以来，一直是食品学、营养学、香料化学、毒理学以及中药学中经久不衰的研究课题。

本书是美拉德反应的全面指导性书籍，系统总结了美拉德反应各方面的研究进展及相互联系。它不仅介绍了美拉德反应的历史发展进程、化学反应机理、反应影响因素、反应动力学原理，而且介绍了美拉德反应带来的颜色变化、反应中风味和异味物质的形成、与反应相关的毒理学问题以及反应对营养和人体生理等方面的影响，最后还概述了土壤学、纺织品和药理学领域的另外两种棕色化反应（焦糖化反应和抗坏血酸氧化反应）以及如何抑制食品中的非酶褐变反应和体内的美拉德反应。本书内容系统、全面，对食品科学、生命科学以及药学等领域的科研人员均具有较强的学习参考价值。

本书的翻译工作由中国烟草总公司郑州烟草研究院长期从事美拉德反应研究的相关人员共同完成，是集体智慧的结晶。在翻译过程中，我们对原书存在的一些明显错误进行了修改。由于译者水平有限，如果书中仍存在疏忽或错误之处，衷心希望读者谅解并提出宝贵意见。

著者的话

美拉德反应是为了纪念路易斯－卡米尔·美拉德（Louis-Camile Maillard）而命名的。他在 1912 年首次描述了这一反应。这一反应是氨基化合物（通常是氨基酸、肽或蛋白质）与羰基化合物（通常是还原糖，如葡萄糖、果糖或乳糖）之间的反应。由于这类化合物几乎存在于每个细胞中，美拉德反应的影响几乎是无处不在的。了解它对食品科学和活细胞的功能至关重要。然而，它在其他许多领域也具有重要意义，如土壤科学、纺织和制药方面。

它如此重要，以至于自 1979 年起，国际上每四年定期举办一次与会者众多的专题讨论会。每一次专题讨论会都产生一本论文集。还有更多的地方研讨会，特别是在日本。但到目前为止，还没有一本书总结美拉德反应并将其多个方面相互关联。这就是本书所做的尝试。

就个人而言，我早在 1947 年就注意到了美拉德反应。这是 E. J. 克罗斯（E. J. Cross）在利兹大学讲授的色彩化学课程的一部分。1961 年，马克·卡雷尔（Marc Karel）在麻省理工学院关于美拉德反应在食品科学和技术中的作用的演讲加强了我对它的兴趣。我的其他研究工作的每个阶段都涉及最新的色谱技术，而且分离技术似乎已经能够在解开几乎令人望而却步的复杂的美拉德反应体系方面取得进展。因此，我随后对反应的各个方面进行了研究，主要是通过与诸多研究生和研究员合作，包括研究反应产生的芳香化合物和有色化合物。我非常感谢每一位同事以及多年来在世界各地成为我朋友的许多科学家。

哈里·努尔斯滕

缩 写 表

AA   ascorbic acid   抗坏血酸

ABAP/AAPH   2,2'-azobis（2-amidinopropane）dihydrochloride   偶氮二异丁脒盐酸盐

ABTS   2,2'-Azinobis-3-ethylthiazoline-6-sulfonate   2,2'-联氮双（3-乙基苯并噻唑啉-6-磺酸）二铵盐

ADIBA α,α'-Azodiisobutyramidine dihydrochloride α,α'-偶氮二异丁胺盐酸盐

AGE   advanced（intermediate）glycation endproduct   高级糖化终产物

AIA   amino-imidazo-azaarenes   氨基咪唑-氮杂芳烃

ALE   advanced lipoxidation endproduct   高级脂质氧化终产物

AMP/AMRP   advanced Maillard（reaction）product   高级美拉德反应产物

AOXP   antioxidative potential   抗氧化潜力

AP/ARP   Amadori（rearrangement）product   Amadori（重排）产物

AU   absorbance unit   吸收单元

a_w water activity   水活度

BHA   butylated hydroxyanisole   丁基羟基茴香醚

BHT   butylated hydroxytoluene   丁基羟基甲苯

BSA   bovine serum albumin   牛血清白蛋白

CAV   colour activity value   颜色活性值

CEL N^ε-carboxyethyllysine   羧乙基赖氨酸

CHPL   1-carboxy-3-hydroxypropyllysine   1-羧基-3-羟丙基赖氨酸

CMA   carboxymethylarginine   羧甲基精氨酸

CML　N^ε–carboxymethyllysine　羧甲基赖氨酸

CP–MAS　cross–polarization–magic angle spinning　交叉极化–魔角旋转

cTDA　comparative taste dilution analysis　比较味觉稀释分析

CCR　cytochrome c oxidoreductase　细胞色素 c 氧化还原酶

DFG　N–（1-deoxyfructos-1-yl）glycine　N–（1-脱氧果糖–1–基）甘氨酸

DG　deoxyglucosone，deoxyglucosulose　脱氧葡萄糖醛酮

DH　deoxyhexosone，deoxyhexosulose　脱氧己糖醛酮

DHAA　dehydroascorbic acid　脱氢抗坏血酸

DMPD　N,N–dimethyl–p–phenylenediamine　N,N–二甲基对苯二胺

DMPO　5,5–dimethyl–1–pyrroline–N–oxide　5,5–二甲基–1–吡咯啉–N–氧化物

DPC　degree of phosphate catalysis　磷酸盐的催化效率

DPPH　α,α–Diphenyl–β–picrylhydrazyl　α,α–二苯基–β–苦味酰肼

DQF–COSY　double quantum filtered correlation spectroscopy　双量子滤波相关光谱

DSC　differential scanning calorimetry　差示扫描量热法

DTPA　diethylenetriaminepentaacetic acid　二乙烯三胺五乙酸

EAGLE　either an advanced（intermediate）glycation or an advanced lipoxidation endproduct　高级糖化或高级脂质氧化产物

EDTA　ethylenediaminetetraacetic acid　乙二胺四乙酸

ELISA　enzyme linked immunosorbent assay　酶联免疫吸附试验

ESR　electron spin resonance　电子自旋共振

ESI　electrospray ionisation　电喷雾电离

FAA　6–deoxy–6–fluoroascorbic acid　6–脱氧–6–氟抗坏血酸

FAB　fast atom bombardment　快速原子轰击

FL　fructosyllysine　果糖基赖氨酸

FN3K　fructosamine–3–kinase　果糖胺–3–激酶

FOL　formyllysine　甲酰赖氨酸

FRAP　ferric reducing ability of plasma　铁离子还原能力

GABA　γ–aminobutyric acid　γ–氨基丁酸

GC   gas chromatography   气相色谱

GC-MS   gas chromatography–mass spectrometry   气相色谱–质谱

GFC   gel filtration chromatography   凝胶过滤色谱

GIM   glucosylisomaltol   葡萄糖基异麦芽酚

GO   glyoxal   乙二醛

GP   glucosyl–pyranone   葡萄糖基吡喃酮

GPC   gel permeation chromatography   凝胶渗透色谱

GST   glutathione S–transferase   谷胱甘肽 S 转移酶

HAA   heterocyclic aromatic amines   杂环芳胺

HDMF   furaneol™；4–hydroxy–2,5–dimethylfuran–3–one
　　　　 呋喃酮；4–羟基 –2,5– 二甲基 –3– 呋喃酮

HEPES   4–(2–hydroxyethyl) piperazine–1–ethylsulfonic acid
　　　　 4–（2– 羟乙基）哌嗪 –1– 乙基磺酸

HMF   hydroxymethylfurfural   羟甲基糠醛

HNE   4–hydroxynonenal   4– 羟基壬烯酸

HPIC   high–performance ion–exchange chromatography   高性能离子交换色谱

HPLC   high performance liquid chromatography   高效液相色谱法

IARC   International Agency for Research on Cancer   国际癌症研究机构

IEC   ion exchange chromatography   离子交换色谱

JECFA   Joint FAO/WHO Expert Committee on Food Additives   联合国粮食及农业组
　　　 织 / 世界卫生组织食品添加剂联合专家委员会

LC   liquid chromatography   液相色谱

LC-MS   liquid chromatography–mass spectrometer   液相色谱–质谱

LDL   low–density lipoprotein   低密度脂蛋白

LPP   limit–peptide pigment   限制性肽色素

MAC   membrane attack complex   膜攻击复合物

MALDI   matrix–assisted laser desorption/ionization   基质辅助激光解吸 / 电离

MALDI–MS   matrix–assisted laser desorption/ionization mass spectrometry   基质辅助激光解吸/电离质谱

MALDI–TOF–MS   matrix–assisted laser desorption/ionisation time–of–flight mass spectrometry   基质辅助激光解析/电离飞行时间质谱

MDA   malondialdehyde   丙二醛

MGO   methylglyoxal；2–oxopropanal   甲基乙二醛，丙酮醛；2–氧丙醛

MRP   Maillard reaction product   美拉德反应产物

MS   mass spectrometry   质谱

NMR   nuclear magneticr rsonance   核磁共振

OL   oxalyllysine   草酰赖氨酸

ORAC   oxygen radical antioxidant capacity   氧自由基抗氧化活性

PAD   pulsed amperometric detection   脉冲安培检测

PBN   phenyl N-t-butylnitrone；N-t-butyl–α–phenylnitrone   苯基–N–t–叔丁基硝酮；N–t–叔丁基–α–苯基硝酮

PDMS   polydimethylsiloxane   聚二甲基硅氧烷

PIPES   piperazine–1,4–bis（2–ethanesulfonic acid）   哌嗪–1,4– 二乙磺酸

PMR   pulsed magnetic resonance   脉冲磁共振

RPHPLC   reversed–phase high performance liquid chromatography   反相高效液相色谱

SDS–PAGE   sodium dodecyl sulfate–polyacrylamide gel electrophoresis   十二烷基硫酸钠–聚丙烯酰胺凝胶电泳

SPME   solid–phase microextraction   固相微萃取

SMA   smooth–muscle actin   平滑肌肌动蛋白

STZ   streptozotocin   链脲佐菌素

TBA   thiobarbituric acid   硫代巴比妥酸

TEAC   trolox equivalent antioxidant capacity   Trolox 当量抗氧化活性

TES N-tris（hydroxymethyl）methyl–2–aminoethanesulfonic acid N– 三（羟甲基）甲基 –2– 氨基乙基磺酸

TFA   trifluoroacetic acid   三氟乙酸

TLC　thin layer chromatography　薄层色谱法

TPTZ　2,4,6-tris（2-pyridyl）-s-triazine　2,4,6-三（2-吡啶基）-s-三嗪

TRAP　total radical trapping activity of plasma　血浆总自由基捕获抗氧化活性

UV　ultraviolet absorption　紫外检测

UV-Vis　ultravioletand visible spectrophotometry　紫外-可见分光光度法

VCEAC　vitamin C equivalent antioxidant capacity　维生素 C 当量抗氧化活性

目　　录

第一章

简　介

1　分类

食物的褐变主要有两种机制，是根据褐变过程是否由酶介导进行分类的。这种划分界限比较模糊，除非在特定情况下，否则通常很难排除两者中的另一种机制。例如在热处理过程中，酶已失活，在这种情况下，非酶褐变才会发生。

非酶褐变本身可以大致分为三类反应（同样因为存在重叠而不能清晰区分）。第一类称为美拉德反应[1]，发生在羰基化合物（通常是还原糖）和氨基化合物（通常是氨基酸、肽或蛋白质）之间。第二类是焦糖化作用，即糖的自反应，通常反应条件更严格（有些人称之为活性醛反应）。第三类是抗坏血酸氧化作用。第三类不需要任何酶参与，最接近酶促褐变，因为它涉及的抗坏血酸氧化酶并不影响酚——酚是酶促褐变的正常底物，但可能涉及其他酶，如漆酶或过氧化物酶。

在这里，我们将重点关注美拉德反应，因为可以考虑将焦糖化反应和抗坏血酸氧化反应看作其中的特例。另外，美拉德反应也是一种具有生理意义的反应。

2　历史：路易斯-卡米尔·美拉德

路易斯-卡米尔·美拉德（1878—1936 年）于 1903 年获得法国南希大学医学博士学位，之后就职于南希大学医学学院化学系[2]。1914 年，他成为巴黎大学化学实验室生物小组的负责人。1919 年，他受聘为阿尔及尔大学生物与医学化学教授。

美拉德对 Emil Fischer 的多肽合成研究很感兴趣。他认为，使用甘油可以在较温和的条件下实现肽的合成[3]。从逻辑上讲，这是将糖作为一种多羟基化合物使用，从而合成多肽，并且还原糖显示出更高的反应性[1]。他发表了 7 篇关于糖与氨基酸反应的论文[2]。美拉德的研究得到了进一步的关注[639]。

Robert Ling 是伦敦约翰·卡斯爵士研究所酿酒和制麦芽的讲师。他曾指出，烘焙导致蛋白质产生氨基化合物，这些化合物在 120～140℃ 下与同时产生的糖类（如葡萄糖和麦芽糖）反应，可能生成了葡萄糖胺类化合物[4]。

3　美拉德反应

美拉德反应非常复杂。例如，葡萄糖与氨的反应，使用简单的分析方法就可以证明形成了 15 种以上的化合物，而葡萄糖与甘氨酸的反应得到了 24 种以上的化合物。用 HPLC 和 TLC 对可溶性反应物 [0.1%（w/w）] 进行检测，可检测出木糖和甘氨酸的反应产物约有 100 种成分[5]。

为了理解如此复杂的反应，有必要制定一个简化的反应方案图解。Hodge[6] 成功地做到了这一点（见图 1.1）。

Hodge 将美拉德反应细分为：

I　初始（initial）阶段：产物无色，在 280 nm 处无紫外吸收线。

反应 A：糖−胺缩合

反应 B：Amadori 重排

II　中间（intermediate）阶段：产物为无色或黄色，有较强的紫外吸收。

反应 C：糖脱水

反应 D：糖裂解

反应 E：氨基酸降解（Strecker 降解）

III　最终（final）阶段：色彩丰富的产物。

反应 F：羟醛缩合

反应 G：醛−胺缩合并形成氮杂环化合物

　　值得注意的是，Mauron[7]将三个阶段分别称为早期（early）、高级（advanced）和最终（final）美拉德反应。图 1.1 描述了这些反应组合在一起的方式。非酶褐变的最终产物是类黑素（melanoidin），区别于酶促褐变产生的黑色素（melanin）。从理论上讲，二者的区别很明显。然而实际上，很难对食品中形成的深棕色产品进行分类，因为它们往往是非常复杂的混合物，并且在化学上相对难以处理。

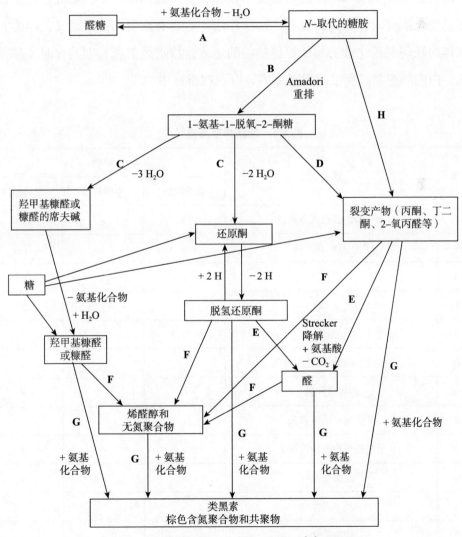

图 1.1　非酶褐变反应（基于 Hodge[6] 的研究）

反应 H 已被插入图 1.1 中。它代表了最近发现的美拉德反应中间体的自由基分解（见第二章）。氧在酶促褐变中起着至关重要的作用，但对于非酶褐变不是必需的。

表 1.1 列出了非酶褐变的 12 种特征，并显示了它们的发展与三个阶段的关系。

美拉德反应非常广泛。它普遍存在于食品中，特别是在高温加工过程中或长时间存储期间。它在香料、咖啡和巧克力的制造中很重要。美拉德反应也发生在纺织品中。它在土壤和海洋的腐殖质中也起着复杂的作用。不仅如此，它给食品带来的变化既有营养作用，也有毒理学作用。它具有重要的医学意义，因为它发生在体内任何氨基化合物与还原糖接触的地方，特别是二者长期共存时（如在老年人、白内障患者、糖尿病患者体内，以及透析液中）。

表 1.1　非酶褐变反应[8,9]

序号	特征	阶段		
		初始阶段	中间阶段	最终阶段
1	产生新的颜色或者褪色	–	+	+++
2	产生香味或异味	–	+	++
3	产生水分	+	+	+
4	产生 CO_2	?	+	?
5	pH 值降低	?	?	?
6	还原性（抗氧化性）增强	+	+	+
7	溶解度降低	–	–	+
8	维生素 C 活性损失	+	–	–
9	蛋白质生物学价值损失	+	+	+
10	产生螯合反应	–	?	+
11	产生毒性	–	?	?
12	产生荧光	–	+	+

注："–"表示无；"+"表示"有但不明显"；"++"表示明显；"+++"表示非常明显；"?"表示不确定。

在下一章将单独讨论引起美拉德反应的反应。

4　文献

关于美拉德反应最重要的资料是一套记录在美拉德反应国际研讨会上发表的论文的书籍[A-G]（书籍 A-G 请见 207 页）。该研讨会自从 1979 年第一次在瑞典乌德瓦拉举行以来，每四年举行一次。同样重要的还有欧洲在科学和技术研究领域的合作 "Cost Action 919" 所产生的书[10-13]。还有许多其他重要的书籍，汲及美拉德反应的各个方面，当引用其中的论文时，我们会参考这些书。有三本专门研究美拉德反应的书，分别是 Baynes 和 Monnier[14]、Ikan[15]、Fayle 和 Gerrard[16] 创作的。几篇重要的综述文章分别是 Reynolds[17, 18]、Namiki[19]、Ledl 和 Schleicher[20] 创作的。

第二章

非酶褐变的化学原理

第一章概述了非酶褐变由 8 种类型的反应组成，从 A 到 H。下文将依次讨论这些反应。

1 反应 A：糖−胺缩合

糖−胺缩合反应如图 2.1 所示。

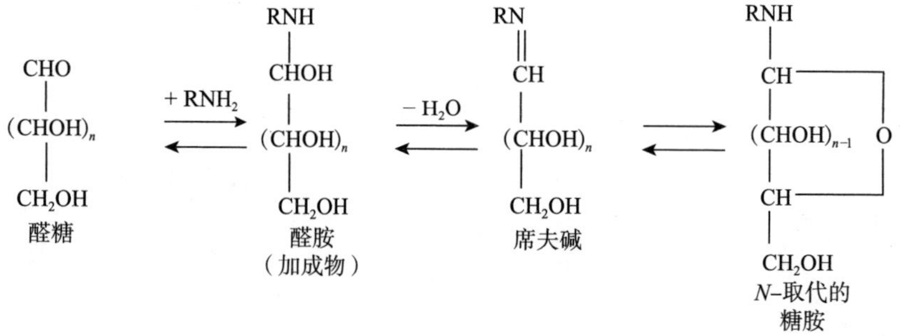

图 2.1 糖−胺缩合生成 N−取代的糖胺

需要注意的是，图 2.1 中的每个步骤都是可逆的。胺可以是一种蛋白质，而且实验已经证明，即使在室温下，胰岛素也可与葡萄糖快速发生反应。

同时，糖胺可以作为胺进一步与醛糖分子发生反应，从而产生二糖胺。

N−取代的糖胺在温和的加热条件下会生成含氮的荧光化合物，该化合物可与甘氨酸迅速反应生成类黑素。因此，在某些情况下，反应 G 可能会使反应 B "短路"（见反应 H）。

被锁定为 ε–糖胺的赖氨酸似乎在营养上是可利用的[7]。

2 反应 B：Amadori 重排

该反应被认为是酸催化的反应，如图 2.2 所示。

值得注意的是，Amadori 重排总体上是不可逆的（但，见第 16 页）。即使在 25℃，反应也会自发进行。如果 C–2 处的羟基被甲基等基团所阻挡，Amadori 重排就不可能发生，这一事实支持了图 2.2 所描述的机理。进一步的证据来自一个长期存在的事实，即在冻干储藏的杏子和桃子中发现了 11 种果糖基氨基酸和 2 种二果糖基氨基酸。同类化合物在脱水的胡萝卜、卷心菜、喷雾干燥的番茄粉、酱油、茶、甜菜糖蜜、甘草、灭菌炼乳、脱脂奶粉和乳清、婴儿食品、烤肉、软骨胶原蛋白、小牛和猪的肝提取物中也有发现。

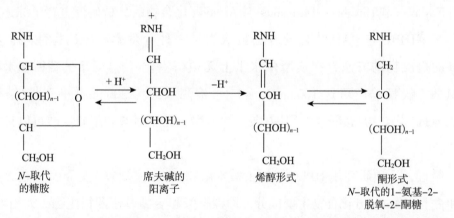

图 2.2　Amadori 重排生成 Amadori 化合物，即 N–取代的 1-氨基-2-脱氧-2-酮糖

Eichner 等人[22]在番茄粉，以及干燥的甜椒、红辣椒、芦笋、花椰菜、胡萝卜和芹菜中测定出多达 12 种 Amadori 化合物。在番茄粉中，它们占番茄粉干重超过了 9%。果糖基吡咯烷酮羧酸是检测到的 Amadori 化合物之一。它可以由谷氨酸或谷氨酰胺化合物形成。它的产生意味着更广泛的热暴露。就麦芽而言，深色麦芽比浅色麦芽含有更多的 Amadori 化合物。但在 200℃的温度下，麦芽颜色更黑，Amadori 化合物却不再存在。Eichner 等人在可可豆烘烤前发现了 8 种 Amadori 化合物（每 100 g 无脂可可豆中几乎含 100 mg），这意味着它们是在相对

温和的发酵和干燥条件下形成的。

Eichner 等人[23] 还表明，果糖基甘氨酸在 90℃ 的柠檬酸缓冲液（pH 值为 3.0）中逐渐分解，3-脱氧葡萄糖醛酮（3-DG）约在 15 h 内达到最大浓度，而羟甲基糠醛（HMF）持续增加，但在 24 h 后增加缓慢。释放的甘氨酸和损失的果糖基甘氨酸之间的差异逐渐扩大，这意味着甘氨酸参与了进一步的反应。而 Amadori 化合物在 pH 值为 3.0 的条件下 3 天内分解超过 90%，在 pH 值为 7.0 时仅需 8 h。在 pH 值为 7.0 条件下，未检测到 HMF，3-DG 仅有少量生成，但褐变明显加剧。

新鲜大蒜中不含 N^{α}-果糖基精氨酸，然而在生产陈化大蒜提取物（超过 10 个月）的过程中，N^{α}-果糖基精氨酸会逐渐增加，提供有效的抗氧化活性[24]。新鲜大蒜中也不存在 1-甲基-3-羧基-四氢-β-咔啉和 1-甲基-1,3-二羧基-四氢-β-咔啉这两个化合物，但在陈化大蒜提取物中这两种物质逐渐增加[25]。它们也是强效的抗氧化剂。

Yaylayan 和 Huyghues-Despointes 对 Amadori 化合物的分析研究进行了综述[26]。近年来，HPIC 与 PAD 结合的方法被认为是一种分辨率高、选择性高、灵敏度高的检测糖的方法，在皮摩尔水平上无须衍生化[21]。对于葡萄糖和果糖基甘氨酸，线性响应可达 100 nmol·mL^{-1}，检测限约为 200 pmol·mL^{-1}。结果表明 Amadori 化合物与脯氨酸、甘氨酸、缬氨酸、异亮氨酸和甲硫氨酸可以良好地分离。

最近，一项研究用 HPLC 分析了酸水解物[27]。糠氨酸（见下文）是无花果干和杏干的 Amadori 化合物主要成分，而糠氨酸和 γ-氨基丁酸衍生物（大约等量）是李子干和枣干的 Amadori 化合物主要成分。2-呋喃甲基-γ-氨基丁酸和 2-呋喃甲基-γ-精氨酸是葡萄干中含量最丰富的 Amadori 化合物成分，每 100 g 葡萄干样品二者含量为 10~75 mg。葡萄干中的大部分 Amadori 化合物似乎是在贮藏过程中形成的，而不是在加工过程中形成的。

Blank 等人[21] 使用他们的方法，考察了果糖基甘氨酸在不同 pH 值溶液中的稳定性。在 100 mM①、90℃、7 h 时，在 pH 值为 5.0、6.0、7.0 和 8.0 的水中，约

① M = mol/L。

70%、31%、3% 和 0% 的果糖基甘氨酸未降解，而在 0.1M 的磷酸盐溶液中，相应的值约为 35%、0%、0% 和 0%。8 h 时，4 种 pH 值时，在水中和在 0.1M 的磷酸盐溶液中，果糖基甘氨酸未降解的百分比分别为 98%、90%、60%、34% 和 95%、63%、30%、24%。很明显，较高的 pH 值和磷酸盐的存在都有利于降解。

与 N-取代的糖胺相比，1-氨基-1-脱氧-2-酮糖在潮湿的酸性环境下更稳定，但不耐热，在弱碱中迅速分解；它们有更强的还原能力，尽管弱于还原酮。氨基酸使它们更容易变成棕色。酸水解会生成更多 HMF，但是没有己糖被回收，这表明反应是不可逆的。

酮糖经历一系列类似的反应，生成 2-氨基-2-脱氧醛（Heyns 重排）。然而，果糖的褐变反应与葡萄糖不同，如氨基酸或游离氨基（酪蛋白）的损失要少得多[28]。

Birch 等人[29] 研究了 Amadori 化合物在 250℃条件下 15 min 的热降解。他们使用 ^{14}C 标记的葡萄糖（C-1、C-2 或 C-6）及 β-丙氨酸进行反应。C-2 会保留下来，但大部分 C-1 和 / 或 C-6 会丢失，这具体取决于产物。

Amadori 化合物生成其他产物的途径在图 2.3 中给出了更详细的说明。

应注意以下几点：

（1）相对稳定的 Amadori 化合物主要通过两种途径反应：

　　　·通过 3-脱氧 -1,2- 二羰基进行 1,2- 烯醇化

　　　·通过 1-脱氧 -2,3- 二羰基进行 2,3- 烯醇化

选择主要取决于 pH 值，低 pH 值有利于 1,2- 烯醇化，反之有利于 2,3- 烯醇化。

（2）某些关键步骤似乎是不可逆的：

　　　·N- 取代的糖胺 → 1,2- 烯胺醇（图 2.2）

　　　·1,2- 烯胺醇 → 3-脱氧 -1,2- 二羰基

　　　·从 2,3- 烯二醇失去氨

（3）通过对 1-^{13}C 和 5-^{13}C 标记的戊糖体系的质谱分析，发现 1,2- 烯醇化途径中两个相互竞争的路线（吡咯素 : β-二羰基）之间的关系为 70 : 30[30]。

ε-Amadori 化合物中锁住的赖氨酸变得不具有营养价值——这就提出了一个分析化学领域的研究问题。

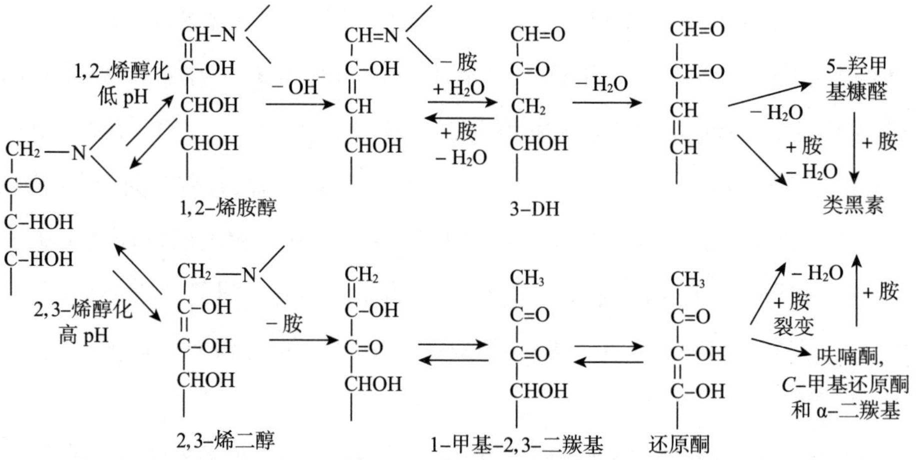

图 2.3　美拉德反应：从 Amadori 化合物到类黑素化合物的两条主要途径
（基于 Hodge[273] 的研究）

2.1　营养阻断赖氨酸的测定

赖氨酸是一种必需氨基酸，其中 ε– 氨基具有特殊的意义。赖氨酸与葡萄糖反应生成 ε–N– 脱氧果糖基赖氨酸。

由于赖氨酸的部分回收（图 2.4），对蛋白质分析结果的解释很复杂。重要的是，虽然被锁在 Amadori 化合物中的赖氨酸通过蛋白质分析可以部分回收，但回收的赖氨酸已不再具有营养价值。

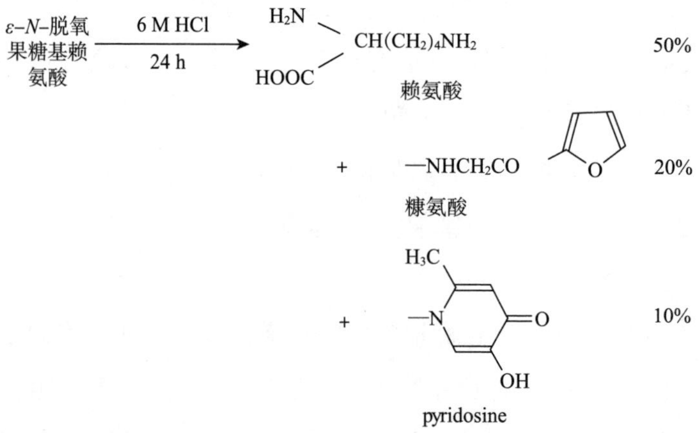

图 2.4　蛋白质分析技术测得的 ε–N– 脱氧果糖基赖氨酸的水解产物

乳糖与乳制品中的蛋白质发生反应，就会形成乳酰赖氨酸残基。在水解过程中，赖氨酸的回收率和糠氨酸的产率分别为 40% 和 32%。然后可按以下公式计算营养阻断的赖氨酸残基：

赖氨酸残基百分比 = ［3.1×糠氨酸／（总赖氨酸+1.87×糠氨酸）］×100%（2.1）

其系数计算方式如下：100/32 = 3.1，60/32 = 1.87。总赖氨酸是指分析中回收的总赖氨酸，即未反应的赖氨酸加上从乳酰赖氨酸残基中回收的赖氨酸。所得结果见表 2.1。

表 2.1　在良好生产规范中的赖氨酸损失[7,31]

生产加工方式	百分比 /%
未经加工或者经冷冻干燥的牛奶	0
巴氏灭菌（74℃，40 s）	0 ~ 2
高温短时巴氏消毒（135 ~ 150℃，几秒）	0 ~ 3
高温短时杀菌	5 ~ 10
超高温瞬时灭菌	0 ~ 2
喷雾干燥	0 ~ 3
加糖浓缩	0 ~ 3
加灭菌液灭菌	8 ~ 15
滚筒干燥（无须预凝结）	10 ~ 15
蒸发干燥	15 ~ 20
滚筒干燥（常规操作）	20 ~ 50

婴儿对赖氨酸的需求量很高（婴儿为每天每千克体重 103 mg，而成人为每天每千克体重 12 mg），因此，建议配方奶粉中每 100 g 蛋白质中不少于 6.7 g 赖氨酸。幸运的是，牛奶中的赖氨酸含量比母乳高出至少 20%。目前在西方国家，滚筒干燥法已不再用于生产配方奶粉[31]。

Ferrer 等人[32]证实，乳基婴儿配方食品中的可用赖氨酸会随着储存时间的推移而下降，并且糠氨酸会增加。他们发现，对于经调整的婴儿配方奶粉，在

20℃和37℃下，每千克奶粉样品中，赖氨酸在24个月内从9.78 g分别降至7.85 g和7.45 g，糠氨酸从187 μg分别增加到750 μg和1001 μg。对于较大婴儿的配方奶粉，相同条件下，赖氨酸从12.63 g分别降至6.62 g和6.48 g，糠氨酸从225 μg分别增加到758 μg和1121 μg。另外，结果还表明，在储藏的前12个月里，糠氨酸的增加与赖氨酸的损失有很好的相关性，但之后相关性不明显。

Henle等人[33]开发了一种评估赖氨酸改性程度的替代方法——以胃蛋白酶完全酶解为基础，再经链霉蛋白酶E、氨肽酶M和脯氨酸肽酶进行水解，用IEC测定所得的乳果糖基赖氨酸。结果表明，脱脂牛奶和脱脂奶粉暴露在不同温度下，改性赖氨酸含量是糠氨酸测定结果的2.5～3.6倍。对于不同厂家的婴儿配方奶粉，这一结果的范围为3.2～5.6。这些结果具有严重的影响，甚至是法律上的影响，需要加以解决。

Claeys等人[34]研究了糠氨酸、HMF和乳果糖的形成动力学，并将之作为热处理过程中与脂肪含量相关的时间－温度积分器。从以往的实验来看，在等温和非等温条件下，这3种化合物的生成都可以描述为伪零级动力学。知道了动力学模型可以简化实验设计。脂肪含量对HMF和乳果糖的形成动力学没有影响；但是，对于糠氨酸，全脂、半脱脂和脱脂牛奶的动力学参数存在显著差异。然而，这些差异在反应过程中的影响是微不足道的。

糠氨酸也被作为除乳制品以外的其他食品的营养指标[35]。果酱每100 g蛋白质中糠氨酸的含量为72.6～629.3 mg；而还原糖果酱（40%～55%的糖，而不是60%或更多）中糠氨酸的含量较低，每100 g蛋白质中糠氨酸含量为15.1～335.4 mg。因此，糠氨酸含量较高可能是由于额外的糖，但也可能是由于较低的水活度（a_w）、较高的pH值和更严格的加工。以水果为基础的婴儿食品每100 g蛋白质中含有44.0～178 mg糠氨酸，柑橘汁中糠氨酸的含量最高。

早些时候，Sanz等人[36]发现番茄果肉中含有少量糠氨酸（每100 g样品中含糠氨酸7.3 mg），只有微量的2-呋喃甲基-γ-氨基丁酸，但在50℃和水活度（a_w）为0.44的条件下储存4天，每100 g样品中二者的含量分别为70.9 mg和245.4 mg，并且丙氨酸、"丝氨酸＋苏氨酸＋谷氨酸"、"天冬氨酸＋天冬酰胺"的2-呋喃甲基衍生物的含量分别从0 mg上升到60.9 mg、103.5 mg和300.5 mg。2-呋喃甲基-

γ-氨基丁酸也是从商业番茄产品中获得的最丰富的呋喃甲基衍生物，它在全剥番茄和双倍浓缩番茄酱每 100 g 干物质中的含量为分别为 0 mg 和 87.6 mg。糠氨酸通常是第二丰富的衍生物，每 100 g 番茄样品中其含量可高达 42.8 mg，但在所分析的两个番茄果肉样品中，其含量超过了 2-呋喃甲基-γ-氨基丁酸的含量。

糠氨酸的含量也可以作为鸡蛋新鲜度的指标[37]。新鲜鸡蛋的蛋清中，每 100 g 蛋白质约含糠氨酸 10 mg，但在储藏过程中糠氨酸含量会增加，这取决于温度，在 20℃下储藏 40 天，其值是原来的 10 倍，而蛋黄中糠氨酸的浓度几乎没有变化。欧盟标准超 A 级和 A 级鸡蛋的蛋清每 100 g 蛋白质中糠氨酸含量的最大值分别达到 60 mg 和 90 mg。根据对蛋清和蛋黄的分离结果，人们意外地发现整个鸡蛋中含有的糠氨酸比预期的要少。

糠氨酸在评估意大利面的营养方面不是很有用[38]，但在温和条件下干燥的意大利面中，2-乙酰基-3-D-吡喃糖的含量最低值小于 1 ppm，最高值为 20 ppm（含一些商业样品）。

类似地，当意大利面在接近 80℃ 或更高温度、湿度为 15% 或更低（a_w 为 0.7 ~ 0.8）的条件下干燥时，赖氨酰吡咯醛含量增加。其在商业样品中的含量为 0 ~ 40 ppm。

丙氨酸、赖氨酸、精氨酸、氨基丁酸、吡咯烷酮羧酸和天冬氨酸的 Amadori 化合物存在于冻干橙汁和番茄浆中，在 50℃ 下能通过其 2-呋喃甲基衍生物分别储存 14 天和 11 天[39]。此外，橙汁中含有脯氨酸的 Amadori 化合物，番茄果肉中含有丝氨酸的 Amadori 化合物。

一些肠内营养配方食品中糠氨酸的浓度已被测定，每 100 g 蛋白质中糠氨酸含量从 245 mg 到 441 mg 不等[40]。它在加工过程中会进一步减少，似乎不是一个有用的质量指标。在 4℃ 保存 36 周、20℃ 保存 24 周和 30℃ 保存 12 周后，肠内营养配方食品的糠氨酸含量似乎是稳定的[41]。在 55℃ 下，随着蛋白质含量的变化，糠氨酸的稳定性在 3 ~ 8 周逐渐下降，此后，糠氨酸含量下降。赖氨酸残基与邻苯二甲醛反应性的下降大致与糠氨酸的生成是并行的。

另外，糠氨酸适用于评价蜂王浆的质量和新鲜度——蜂王浆是蜂王幼虫的必需食物，由工蜂分泌[42]。商售蜂王浆每 100 g 含糠氨酸 37 ~ 113 mg，而已知来源的样品平均每 100 g 样品含糠氨酸 42 mg。在 4℃或室温下储存 10 个月时，每 100 g 样品中糠氨酸含量由 72 mg 分别变为 100 mg 和 501 mg。后者仅产生 12% 的赖氨酸变性残基。

在研究牛奶模型或牛奶的热处理过程中，高级美拉德反应产物（advanced Maillard products，AMP，即中间阶段美拉德反应产物）的形成似乎与糠氨酸的生成并行，但经过一段时间后，糠氨酸达到稳定浓度，而 AMP 荧光继续增加[43]。因此 AMP 荧光提供了一种快速的替代糠氨酸定量的方法。在 pH 值为 4.6 的牛奶透明可溶部分测定了 FAST 指数［100 × （AMP 荧光 / 色氨酸荧光）］与糠氨酸浓度的相关关系，相关系数 r 为 0.962（色氨酸，λ_{ex} = 290 nm，λ_{em} = 340 nm；AMP，λ_{ex} = 330 nm，λ_{em} = 420 nm）。

使用赖氨酸缺陷型大肠杆菌来评估赖氨酸的可用性是可行的，但在这种试验能够与糠氨酸测定法竞争之前，还需要进一步的研究[44]。

婴儿谷类食品含有高比例的麦芽糖和谷氨酰胺，因此可能含有葡萄糖基异麦芽酚（GIM）。Guerra-Hernández 等人[45]使用含有最低 GIM（0.48 mg · kg^{-1}，即每千克样品含 GIM 0.48 mg）的样品进行加标回收率测定，回收率为 95% ~ 100%（平均 96.9%）。检出限为 0.14 mg · kg^{-1}。对于面包来说，GIM 与烘烤时间（r^2 = 0.682）和 HMF（r^2 = 0.999）相关，但婴儿谷类食品通常含有脱水水果和焦糖，它们本身就产生了 HMF，干扰了 HMF 作为褐变指标的使用。糠氨酸含量很低，但在干燥过程中会大大增加，因此糠氨酸是一个敏感指标。然而，储存期间的条件不利于糠氨酸的形成，因此 GIM 是更有用的指示剂，在 55℃下 4 周内从 0.48 mg · kg^{-1} 增加到 7.69 mg · kg^{-1}。烘焙面包在 190℃下加热 30 min，GIM 的检测值从 0 mg · kg^{-1} 增加到 20.9 mg · kg^{-1}。

在生理条件的 pH 值和温度下，赖氨酸（0.1 M）或 BSA（10 mg · L^{-1}）与葡萄糖（0.2 M）的模型体系中，以糠氨酸形成（经酸处理）作为 Amadori 化合物存在的标记[46]。铜离子和铁离子的加入显著降低了糠氨酸的生成，但是促进了褐变（A_{420}），而乙二胺四乙酸（EDTA）和二乙烯三胺五乙酸（DTPA）几乎完全逆转了这种作用。结果表明，金属催化作用可使 Amadori 化合物转化为高级糖化终产物，而氧的存在不影响糠氨酸的生成，但能显著抑制褐变。随着磷酸盐和碳酸盐缓冲液浓度的增加，糠氨酸、发色团和荧光团（$\lambda_{ex} = 370\ nm$，$\lambda_{em} = 440\ nm$）的形成增加，但 HEPES、TES 和 PIPES 缓冲液的浓度没有增加。Amadori 化合物在磷酸盐和碳酸盐缓冲液中的孵育与在其他缓冲液中的孵育相比，在褐变和荧光强度方面没有任何差异。这表明磷酸盐和碳酸盐加速了 Amadori 化合物的形成，即使美拉德反应的早期阶段反应加速。

在乳清蛋白分离物中，一些 β-乳球蛋白被糖化，有些甚至是三糖化，如 French 等人的 ESI 质谱所示[47]。French 等人研究了以下几种不同条件下乳糖与纯化的 β-乳球蛋白上的附着情况，而 β-乳球蛋白上仍然有 35% 的单糖基蛋白作为唯一的污染物：①在 pH 值为 7.2 的水体系中"溶解"；②在 65℃ 条件下保持"干燥"；③前两种方法相结合，即在 50℃ 条件下持续"干燥" 96 h，然后在 50℃ 条件下"溶解" 4 天。在 65℃（使用的最高温度）的"干燥"条件下，3 h 后附着 4~11 个乳糖分子，ESI 信号的 22.6%（最大比例）由 7 个乳糖单元的形式提供。

在生产脱脂奶粉的过程中，脱脂牛奶必须经过加热处理。毛细管电泳显示[48]，即使是标准低温处理的脱脂奶粉也存在 α-乳清蛋白和 α_{s1}-酪蛋白各有 3 个峰，β-酪蛋白 A 的每个变体有 2~3 个峰，κ-酪蛋白有 2 个峰，以及 β-乳球蛋白有 7 个峰的情况，这些额外的峰归因于糖化。浓缩步骤（真空 45℃ 下）偶尔会发生一些乳糖化反应，其中喷雾干燥步骤是关键。入口温度（T_{in}）与出口温度（T_{out}）的影响都为正，但二者的二次方关系——$T_{in}(T_{out})^2$，解释了大约 70% 的响应变化。这导致设置一个低的合适的 T_{out}、T_{in}，可以减少乳糖化反应，但二者设置得足够高，又可以具有较快的干燥速度。当 T_{in} 为 173℃ 和 T_{out} 为 75℃ 时，产生的毛细管电泳信号与脱脂牛奶的毛细管电泳信号保持接近。然而，这种脱脂奶粉仍然含有 5%（w/w）水分，而预防细菌生长和质量损失（如乳糖变化）需要水分在 4% 或以下。冷冻干燥可将水分降低至 2.5% 以下，但毛细管电泳信号没有变化。

在 52℃ 下储存的这种脱脂奶粉在 3.5 周内就呈现出棕色和焦糖味，在毛细管电泳信号上没有明显的峰值。从第 2 周开始，即使储存在 37℃，与低温下相比，β-乳球蛋白和 β-酪蛋白都发生了更多的变性。

酪蛋白糖巨肽（caseinoglycomacropeptide）在凝乳过程中从酪蛋白中分离出

来，因此存在于乳清中，在乳清中它与乳糖发生反应。Moreno 等人[49]通过 LC-ESIMS 发现，绵羊的大肽在 40℃、44% 相对湿度下与乳糖反应 11 天，约 60% 发生乳糖化反应，其中 29% 单乳糖化、18% 二乳糖化、8% 三乳糖化和 6% 四乳糖化（N 端有三个赖氨酸残基和甲硫氨酸）。氨基酸分析显示，赖氨酸和甲硫氨酸都在逐渐减少，而糠氨酸到第 9 天开始增加，这表明 Amadori 化合物被降解为未确定的衍生物的速度比在该阶段形成的速度要快。乳糖化对乳化剂的乳化活性略有改善，但对大肽的高溶解度和热稳定性没有影响。

2.2　Amadori 重排的可逆性

虽然，一般来说，Amadori 重排是不可逆转的，但最近的证据表明，这并不完全正确。

15 mM N^{α}– 甲酰基 –N^{ε}– 果糖基赖氨酸在 0.2 M 磷酸盐缓冲液（pH 值为 7.4）中于 37℃ 下空气中培养 15 天，不仅形成羧甲基赖氨酸（CML），而且回收了一定量的赖氨酸。这可能是因为 Amadori 重排具有可逆性[50, 51]。用 $NaBH_4$ 还原反应混合物并且随后对葡萄糖醇和甘露醇进行鉴定可支持这一解释。

Davidek 等人[52]研究了 N–（1– 脱氧果糖 –1– 基）甘氨酸（DFG）在 90℃以及 pH 值为 5、7 和 8（pH 保持恒定）的条件下，在水中或 0.1M 磷酸盐缓冲液中降解 7 h 的情况。在没有磷酸盐的情况下，己糖（葡萄糖和甘露糖按 7∶3 的恒定比例）的释放使 pH 值由 5 升高到 7。磷酸盐加速了反应，最高产率可达 18%，因此 Amadori 重排被认为基本上是不可逆的。DFG 的降解速率随着 pH 值的增加而增加，磷酸盐的存在加速了降解过程，尤其是在 pH 值为 5~7 的条件下。在 pH 值为 5、6、7 和 8 的水中，降解时间分别为 360 min、135 min、40 min 和 20 min，降解率为 25%。甘氨酸的释放速率也随着 pH 值的增加而增加，尤其是在 pH 值为 6~8 的磷酸盐缓冲液中，当反应在所有 pH 值（包括在水和缓冲液中）下达到高级阶段时，产率降低。醋酸和甲酸的浓度也随之增加，它们的生成量随着 pH 值的增加而增加。除了在 pH 值为 8 时，这两种酸的总量一般都低于氢氧化钠的添加量，但在 pH 值为 8 时，它们的总量超过了氢氧化钠的添加量。二者的最高生成量分别为 0.64 mol 和 0.14 mol（每 1 mol DFG）。

3 反应 C：糖脱水

糖脱水有两种方式：在酸性条件下，生成糠醛；在中性或碱性条件下或在几乎无水的体系中存在胺的情况下，更倾向于生成还原酮。图2.3描述了这两种途径，可以看出第一种途径通过1,2-烯醇化进行，而第二种途径是通过2,3-烯醇化进行的。

（1）糠醛生成。各种化合物都能加速糠醛的形成。例如，甘氨酸可以加速木糖转化为糠醛葡萄糖，从而转化为 HMF。原因似乎是 Amadori 产物比原来的醛糖或 N-取代的糖胺更容易脱水，产生糠醛的席夫碱，然后水解，重新释放一部分胺，但也冷凝成黑色素。一般认为 HMF 的褐变潜能较低，不在生成类黑素的主要途径上。糠醛的形成通常被作为一种相对简单的方法来跟踪食品在储存过程中的变质情况。因此，Tosun 和 Ustun 研究表明[53]，土耳其的一种由白硬葡萄制作的食品 "pekmez" 中 HMF 的含量在贮藏8周后从9 mg 逐渐增加到13 mg（每1 kg pekmez 样品）。

（2）还原酮生成。还原酮可以被认为是糖只损失两个水分子而形成的产物，而损失三个水分子则会导致糠醛生成。还原酮是指含有 –C(OH)=C(OH)– 基团的化合物，如抗坏血酸，而己糖在理论上很容易转化为乙烯基己糖。还原酮等化合物解释了褐变过程中产生的还原能力，但它们以脱氢的形式参与褐变，因此需要氧气参与。与糠醛类似，它们在胺的存在下更容易变成褐色。

Feather[54] 已经在重水（D_2O）或氚化（放射性）水（T_2O）中进行了如下所示的反应，以研究 H 交换的程度（D 和 T 均指 H 的同位素）：

$$\text{D-葡萄糖} \xrightarrow[\text{（3 M HCl）}]{\text{强酸}} \text{HMF} \quad \text{无 D 合并进 C–H 键}$$

$$\text{D-木糖} \xrightarrow[\text{（3 M HCl）}]{\text{强酸}} \text{糠醛} \quad \text{无 T 合并进 C–H 键}$$

$$\text{来自葡萄糖的Amadori 化合物} \xrightarrow{1\text{ M HCl}} \begin{array}{l}\text{C-3 无合并，但 C-1}\\\text{有部分合并（醛基}\\\text{C-H 键）}\end{array}$$

$$\xrightarrow{2\text{ M HOAc}} \begin{array}{l}\text{C-3 和 C-1 均有强}\\\text{合并}\end{array}$$

因此，与还原糖相比，Amadori 化合物在温和的酸性条件下更容易发生 1,2-烯醇化反应。

^{14}C 的使用表明甲基来源于己糖醛酸或戊糖的 C-1[54]。如果用 D_2O 制备，NMR 结果会显示 C-2 和 CH_3 存在氢交换。这验证了含有 $CH_2=C(OH)-$ 基团的中间产物的存在（在 2,3-烯醇化路线上）。

麦芽酚（图 2.5）可以由己糖失去 3 个水分子而形成，但由二糖（如麦芽糖）更容易形成。麦芽酚的前体，即 5,6-二氢-5-羟基化合物，减少了 1 个水分子。在可可豆的商业用途中，中等烘焙条件（130℃下 5～15 min）范围内，它的浓度先呈线性增加，但随后趋于稳定[55]。二甲基吡嗪在可可豆过度烘焙时呈现出急剧增加的趋势。

二糖会产生一系列特定的产物。Pischetsrieder 等人[56]研究了乳糖与 N-乙酰赖氨酸在磷酸盐缓冲液（1.28 M，pH 值为 7.0）中的反应。37℃时，氨基还原酮，即 $CH(NHR)=C(OH)COCH_2HCOHCH_2OH$，在 5 天后出现，其他化合物仅以痕量形式存在。在 70℃下，氨基还原酮 6 h 达到最大值，但在 9 h 后仍然存在。在 100℃下，氨基还原酮 1.5 h 达到最大值，但 4 h 后无法检测到，其他化合物占主导地位。研究认为，Amadori 化合物失去了半乳糖，导致 4-脱氧化合物异构化为氨基还原酮。

4　反应 D：糖裂解

尽管氧化裂变被认为在糖裂解中起作用，但是糖裂解发生的机制被认为主要是逆羟醛缩合反应（脱醇）[57]。在适当的中间产物中可以发生乙烯醛逆羟醛缩合反应。应该记住，逆羟醛缩合反应是埃姆登-迈耶霍夫-帕那斯（Embden-Meyerhof-Parnas，EMP）途径（又称糖酵解途径）的重要组成部分，其中 1,6-二磷酸果糖被分解为二羟基丙酮磷酸和甘油醛-3-磷酸。

己糖衍生物的裂解有 C_5/C_1、C_4/C_2 或 C_3/C_3 三种情况。

所发生的各种反应如图 2.5 所示。保留 α-羟甲基羰基基团的碎片在水溶液中会单独发生褐变，且胺的存在会大大加速褐变。α-羟甲基羰基化合物和其他糖碎片的相对反应活性在表 2.2 中按递减顺序给出。

因为 α-二羰基化合物具有特别的反应性，Weenen 和 Apeldoorn[57] 通过在 15 种体系（葡萄糖、果糖、木糖、3-DG 或果糖基丙氨酸；不含胺，或含丙氨酸，或含环己胺。1 h，100℃，磷酸盐缓冲液，pH 值为 8）中形成的可溶于丁醇的产物与邻二氨基苯的衍生化来寻找这些化合物。他们得到四种 α-二羰基化合物：乙二醛、2-氧丙醛、丁二酮和 2,3-戊二酮。

在没有添加丙氨酸的情况下，以上四种 Amadori 化合物中前三种含量大致相等（每种约 100 μg），但只有约 20 μg 2,3-戊二酮。四种碳水化合物（葡萄糖、果糖、木糖、3-DG）体系只产生乙二醛和 2-氧丙醛，乙二醛的产率相对较低，但 2-氧丙醛的产率稍高，总体而言反应相当温和。

在丙氨酸存在的情况下，每个体系中都能形成所有的四种 α-二羰基化合物。葡萄糖和果糖体系产生较多的乙二醛，木糖和 3-DG 体系产生较多的 2-氧丙醛。果糖基丙氨酸体系在有丙氨酸的情况下比没有丙氨酸的情况下产生更少的 α-二碳基化合物（除了 2,3-戊二酮）。

在环己胺存在的情况下，α-二碳基化合物的产率比其他情况高得多，其中果糖体系中的 2-氧丙醛含量最高（1.1 mg），可达最低含量产物的 40 倍，但只比葡萄糖和 3-DG 体系中生成的 2,3-戊二酮略高（不到 1/5）。木糖、果糖和葡萄糖体系中 α-二碳基化合物的产量最高，分别为 2.23 mg、2.15 mg 和 1.75 mg，但每种产率都不到 0.1%。

由于二羰基化合物在美拉德反应中的重要性，Meade 和 Gerrard[58] 试图阐明它们的结构-活性关系——使用线性和环状二羰基和核糖核酸酶 A（RNase A），通过 SDS-PAGE 进行交联评估。

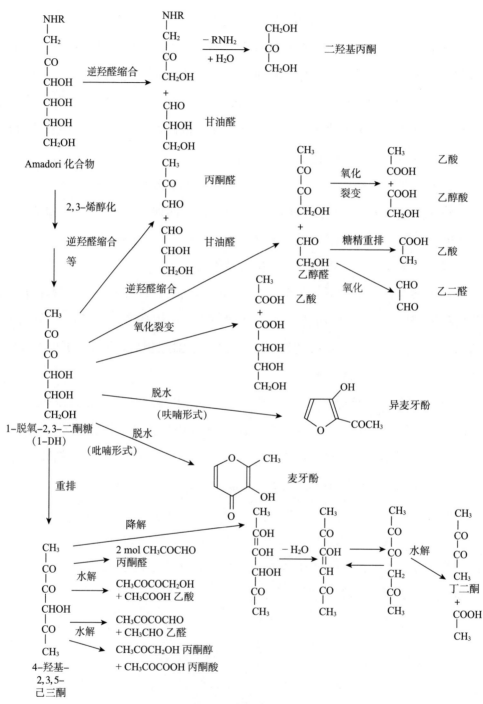

图 2.5　糖裂解示例

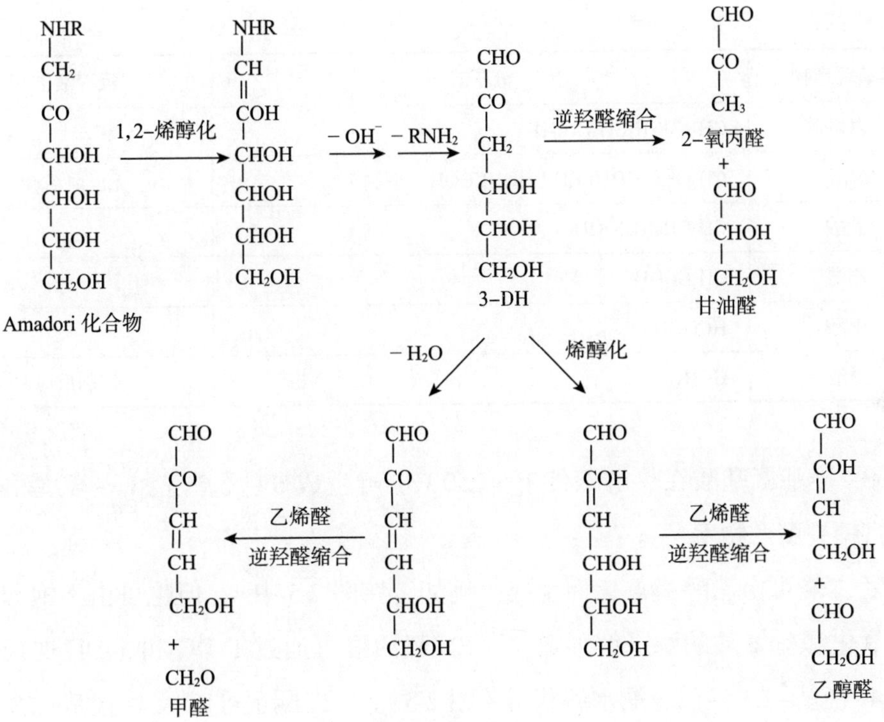

$$
\begin{array}{ccc}
\text{NHR} & & \text{NHR} \\
| & & | \\
\text{CH}_2 & & \text{CH} \\
| & & \parallel \\
\text{CO} & \xrightarrow{1,2\text{-烯醇化}} & \text{COH} \\
| & & | \\
\text{CHOH} & & \text{CHOH} \\
| & & | \\
\text{CHOH} & & \text{CHOH} \\
| & & | \\
\text{CHOH} & & \text{CHOH} \\
| & & | \\
\text{CH}_2\text{OH} & & \text{CH}_2\text{OH}
\end{array}
$$

Amadori 化合物

$$\xrightarrow{-\,\text{OH}^-\;-\,\text{RNH}_2}$$

$$
\begin{array}{c}
\text{CHO} \\
| \\
\text{CO} \\
| \\
\text{CH}_2 \\
| \\
\text{CHOH} \\
| \\
\text{CH}_2\text{OH} \\
\text{3-DH}
\end{array}
$$

$$\xrightarrow{\text{逆羟醛缩合}}$$

2-氧丙醛

+

$$
\begin{array}{c}
\text{CHO} \\
| \\
\text{CO} \\
| \\
\text{CH}_3 \\
\\
\text{CHO} \\
| \\
\text{CHOH} \\
| \\
\text{CH}_2\text{OH} \\
\text{甘油醛}
\end{array}
$$

$$-\text{H}_2\text{O} \qquad \text{烯醇化}$$

$$
\begin{array}{c}
\text{CHO} \\
| \\
\text{CO} \\
| \\
\text{CH} \\
\parallel \\
\text{CH} \\
| \\
\text{CH}_2\text{OH} \\
+ \\
\text{CH}_2\text{O} \\
\text{甲醛}
\end{array}
\qquad
\xleftarrow[\text{逆羟醛缩合}]{\text{乙烯醛}}
\qquad
\begin{array}{c}
\text{CHO} \\
| \\
\text{CO} \\
| \\
\text{CH} \\
| \\
\text{CHOH} \\
| \\
\text{CHOH} \\
| \\
\text{CH}_2\text{OH}
\end{array}
$$

$$
\begin{array}{c}
\text{CHO} \\
| \\
\text{COH} \\
\parallel \\
\text{CH} \\
| \\
\text{CHOH} \\
| \\
\text{CHOH} \\
| \\
\text{CH}_2\text{OH}
\end{array}
\qquad
\xrightarrow[\text{逆羟醛缩合}]{\text{乙烯醛}}
\qquad
\begin{array}{c}
\text{CHO} \\
| \\
\text{COH} \\
\parallel \\
\text{CH}_2\text{OH} \\
+ \\
\text{CHO} \\
| \\
\text{CH}_2\text{OH} \\
\text{乙醇醛}
\end{array}
$$

图 2.5 （续）

表 2.2　糖裂解产物的反应活性（按递减顺序排列）

糖裂解产物	分子式	反应活性
乙醇醛	CH_2OHCHO	最高
甘油醛	$CH_2OHCHOHCHO$	
2-氧丙醛	CH_3COCHO	
丙酮醇	CH_3COCH_2OH	
二羟基丙酮	CH_3COCH_2OH	
羟基丁酮	$CH_3CHOHCOCH_3$	
丁二酮	$CH_3COCOCH_3$	
乙醛	CH_3CHO	略微降低
3-羟基丁醛	$CH_3CHOHCH_2CHO$	仍有所降低
正丙醛	CH_3CH_2CHO	非常低
丙酮酸	$CH_3COCOOH$	甚至更低

续表

糖裂解产物	分子式	反应活性
乙酰丙酸	$CH_3COCH_2CH_2COOH$	
糖精酸	$CH_2OH(CHOH)_2CH_2CHOHCOOH$（举例）	无反应活性
乳酸	$CH_3CHOHCOOH$	
乙酸	CH_3COOH	
甲酸	$HCOOH$	
甲醛	$HCHO$	抑制反应

β-羟基氨基酸在热解条件下（250℃）可生成 α-羟基醛和 α-氨基醇，从而丰富糖裂解产物库[59]。

乙二醛可由乙醇醛氧化而生成（例如，在图 2.5 中），但也可由不饱和脂肪的自氧化和丝氨酸的酶降解形成[60]。2-氧丙醛可通过 1-DG 和 3-DG 逆羟醛缩合或 4-羟基-2,3,5-己三酮水解获得（图 2.5）。丁二酮也可以从 4-羟基-2,3,5-己三酮中通过还原、脱水和水解提取（图 2.5）。2,3-戊二酮可由丁二酮与甲醛缩合、脱水、还原生成，或羟丙酮与乙醛缩合后脱水生成。

甘油醛与 N-乙酰赖氨酸在 pH 值为 7.2 的磷酸盐缓冲液中在 37℃下相互作用的毛细管电泳图说明了甘油醛的反应活性[61]，图中显示了 1 个主峰和 3 个其他峰，以及许多未溶解物质。

5 反应 E：Strecker 降解

这是一个与 α-氨基酸有关的反应，在这个反应中，它们被氧化成相应的醛，释放出二氧化碳，氨被转移到系统的其他组成部分，很少被释放出来。该反应由 α-二羰基化合物，或容易产生它们的化合物（如脱氢还原酮或水解亚胺类似物）引发。因此，反应可表示如下：

$$RCHNH_2COOH+R'COCOR'' \rightarrow RCHO+CO_2+R'CHNH_2COR''$$

对放射性碳的研究表明，美拉德反应中释放出的二氧化碳，80% 以上确实来自氨基酸，只有不到 10% 来自均匀标记的葡萄糖[62]。

这个反应是以 Strecker[63] 的名字命名的，他用四氧嘧啶与 α-氨基酸反应，得到一氧化碳和紫芥子苷。Schönberg 和 Moubacher[64] 对该反应进行了综述，Rizzi[65] 对该反应对食品风味的贡献进行了阐述。

Strecker 降解通过两种途径进入褐变反应。一方面，生成的醛可以参与羟醛缩合生成无氮聚合物，也可以通过醛亚胺与氨基化合物反应生成类黑素。然而，这并不被认为是主要的颜色生成反应，因为甘氨酸有时会比丙氨酸更容易与糖发生褐变，但甘氨酸通过 Strecker 降解产生甲醛，这对褐变有负面影响。除 α-氨基酸以外的氨基酸也能产生类黑素，但通常不能发生 Strecker 降解。另一方面，由脱水和脱氢而来的 Amadori 产物或二羰基裂变产物产生的脱氢还原酮可以从氨基酸中吸收氮并继续形成类黑素。

脱氢抗坏血酸（见下文）和醌类物质，如维生素 K 和由多酚酶催化生成的醌类化合物，也可以在反应中起二羰基化合物的作用。

众所周知，在鱼类中，两种不常见的氨基酸是褐变反应和游离糖损失的主要原因，即鹅肌肽（anserine，即 β-丙氨酰-L-甲基组氨酸）和牛磺酸（$H_3N^+CH_2CH_2SO_3^-$）。在 0% r.h. 阳光下，鱼的变色已被证明是由于 1-甲基组氨酸，没有糖的参与。鹅肌肽在鸡的肌肉中也很明显，而肌肽（carnosine，即 β-丙氨酰-L-组氨酸）在牛肉提取物中含量较高，牛肌肽（balenine，即 β-丙氨酰-3-甲基组氨酸）是鲸鱼（抹香鲸除外）肌肉的特征成分。

Strecker 降解过程中形成的醛类易挥发，常被认为是食品香气的重要来源，许多利用 Strecker 降解技术生产各种食品（如糖、巧克力、咖啡、茶、蜂蜜、蘑菇和面包）的专利已获得批准[66]。

Strecker 醛类可以与糖衍生的中间体进行反应。因此，Blank 等人[67] 使用 ^{13}C 标记表明，当木糖和甘氨酸／丙氨酸在磷酸盐缓冲液（0.2 M，pH 值为 7，90℃，1 h）中相互作用时，去甲基呋喃酮占形成的 3（2H）-呋喃酮总量的比例不低于 99%。在没有氨基酸的情况下，这一比例略有下降（达到 93%），但二者的总量却要低很多。所有样品中均检出呋喃酮（HDMF）和环高呋喃酮。在甘氨酸被标记的体系中，只有 45% 的 HDMF 被标记，说明 C_1 片段既可以从糖类中获得，也可以通过 Strecker 降解得到。在丙氨酸被标记的体系中，HDMF 均未被标记，但 85% 的环高呋喃酮被标记。对木糖进行标记可证明去甲基呋喃酮完全来源于糖类。

赖氨酸残基可在氧化条件下脱氨基形成相应的醛（醛赖氨酸）。氧化剂可能是某些类二羰基化合物[68]，因此反应与 Strecker 降解有一些相似之处。然而，铜离子是必不可少的，而且，虽然葡萄糖、3-DG 和 2-氧丙醛是有效的，但乙二醛本身不是。这种反应发生在生理条件（pH 值为 7.4，37℃）水解时，链脲佐菌素（STZ）诱导的糖尿病大鼠血浆中的醛赖氨酸水平是正常大鼠的 3 倍多。

6 反应 F：羟醛缩合

醛类可以通过反应 C、D 和 E 产生，然后它们可以通过羟醛缩合相互反应。胺（尤其是它们的盐），包括蛋白胨和卵清蛋白，是有效的催化剂。可参与缩合的其他羰基化合物可通过脂质的氧化反应得到。

2-氧丙醛、糠醛和 2-氧丙酸盐加糠醛的褐变已被证实。糖或醛糖本身的褐变较少。

丁二酮也可以发生类似的反应，从而生成 2,5-二甲基对苯醌（图 2.6）。

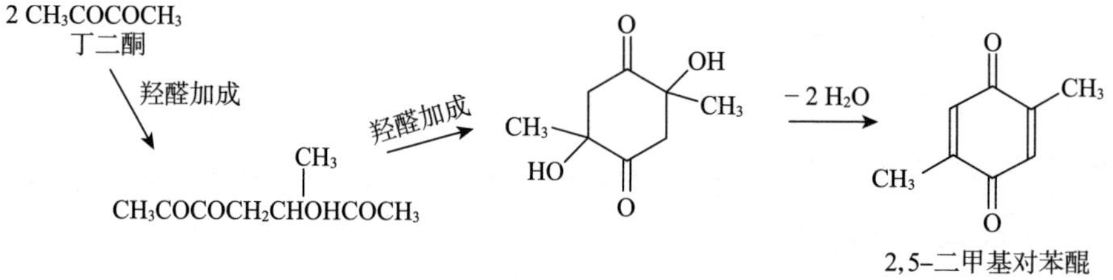

图 2.6　糖裂解产物中醌的形成

苯醌可以作为 Strecker 反应的二羰基组分，在低温下容易形成亚胺，并且可以参与合成类黑素。苯醌在植物系统中通常来源于多酚，是酶促褐变的中间产物。它们也参与了包括人类在内的动物体内黑色素的形成。

7 反应G：醛-胺缩合

醛类，尤其是不饱和醛类，在低温下容易与胺反应，生成"聚合"的分子量（molecular mass）大、结构未知的有色产物，这些物质被称为类黑素。杂环系统，如吡啶、吡嗪、吡咯和咪唑，已被证明存在。类黑素通常含有 3% ~ 4% 的氮。

类黑素构成的不同，取决于它们是如何产生的，例如：

糠醛 + 甘氨酸　　　　高醚含量

葡萄糖 + 甘氨酸　　　高醇羟基含量

2-氧丙醛 + 甘氨酸　　高烯醇羟基、低乙醚含量

随着缩合的进行，所形成的大分子量产物是不可透析的。

Benzing-Purdie 等人[69]的一些研究与之相关，如表 2.3 所示。

以下观点值得一提：

（1）对于高分子量材料，温度似乎比时间重要得多。高分子量材料的比例随着温度的升高而增加。

（2）100℃（54%）下的材料损失（可能是 H_2O 和 C_2O）远大于 68℃（30%）下的损失。

（3）在 22℃下形成的残余物的组成接近于 3 mol H_2O 的损失：C，49.1%；H，5.3%；N，8.2%。所有 N 似乎都被保留。N 随后以一些可能的挥发物的形式损失掉。

（4）目前还不清楚这些高分子量材料的着色程度（如果有的话）。

表 2.3　木糖-甘氨酸体系中类黑素保留物的组成（摩尔比为 1:1）[69]

反应条件		产量[①]/%		微量分析数据 /%		
温度 /℃	时间	保留物	扩散物	C	H	N
22	9 个月	4.2	—	50.3	5.3	8.0
68	6 周	39.6	30.0	57.0	6.1	7.3
100	38 小时	30.7	15.8	57.8	5.4	6.7

①按反应物总量计算，膜截留分子量为 12kDa。

026 美拉德反应
化学、生物化学原理及应用

时间对反应的影响见表 2.4[70]。68℃下 42 天的结果与表 2.3 的结果相近。这里，给出了一些颜色指示：3 天类黑素呈浅棕色，而 42 天的呈深棕色。类黑素的红外光谱无明显差异，而 ^{13}C–CP–MAS–NMR 结果却有差异。主要结论是：①随着时间的推移，类黑素获得了更多的不饱和碳，以及更多的总羰基和碳；② ^{15}N–甘氨酸和 ^{15}N–CP–MAS–NMR 的使用表明，吡咯部分也增加，可能不包含 N–H 键；③类黑素的产量逐渐增加，45 天后达到最大值，此时木糖全部消耗完毕。

表 2.4　68℃条件下木糖–甘氨酸体系中获得的类黑素的组成（摩尔比为 1:1）[70]

反应条件	产量①/%		微量分析数据 /%		
时间 / 天	保留物	扩散物	C	H	N
3	44	58.7	51.7	5.5	7.7
7	—	—	53.4	5.3	7.3
42②	33.3	—	55.5	5.2	6.8
70②	—	—	56.2	5.3	6.9

①按反应物总量计算，膜截留分子量为 12kDa。
②过滤，不是透析。

在早期的研究中，Olsson 等人[71]得出了一些不同的结论，他们发现葡萄糖 – 甘氨酸体系中的高分子量水溶性物质的 ^{13}C–NMR 结果与相应的 Amadori 化合物非常相似，而没有提供任何不饱和或芳香碳原子的证据。这种物质很难水解，这表明葡萄糖单元是由 C–C 键连接的。

Fogliano 等人[72]用葡萄糖–甘氨酸、乳糖–赖氨酸和乳糖–N–乙酰赖氨酸体系制备了类黑素（分子量大于 12 kDa）；乳糖 – 赖氨酸体系被证明在 460 nm 和 520 nm 处的吸光度不到其他两种体系的 1/10。它们的颜色活性值[73]（指着色剂浓度与其视觉检测阈值的比值，以 μg·kg^{-1} 为单位）分别为 8000、200 和 4000。MALDI–TOF–MS 的检测仅给出乳糖 –N– 乙酰赖氨酸体系生成的类黑素的结果，峰值约在 6 kDa、12 kDa 和 24 kDa 处（Borrelli 等人[74]的光谱显示了峰值约在 6 kDa、7.5 kDa 和 12 kDa 处）。类黑素的抗氧化作用也被检测了（见第九章）。

Kato 和 Hayase[75] 从木糖-甘氨酸体系中分离出一种蓝色色素（Blue-M1）——木糖-甘氨酸体系在氮气条件下 60% 的乙醇（起始 pH 值为 8.1）中在 26.5℃ 下保持 48 h 或在 2℃ 下保持 96 h。Blue-M1 结构（见第四章，第 65 页）使用 ^{13}C-NMR 和 ^{1}H-NMR（500 MHz）以及 FAB-MS 测定；其化学式为 $C_{27}H_{31}N_4O_{13}$。它被认为是由 4 mol 的 Amadori 化合物通过失去 9 mol 的 H_2O 以及 1 mol 的 H_2 和 CO_2 而形成的。光谱上在 625 nm 处有一个大峰，在 238 nm、322 nm 和 365 nm 处有一个小峰。它的荧光波长分别为 $\lambda_{ex\,max} = 349$ nm，$\lambda_{em\,max} = 445$ nm。同时反应中也形成了黄色和红色色素。蓝色色素被认为是由吡咯-2-醛，以及木酮糖和 3-脱氧木酮糖形成的席夫碱两种黄色色素相互作用而成。

Blue-M1 与木糖和正丁胺在 50℃、甲醇中加入乙酸中和、7 天条件下制备的类黑素有一定的相似性——基于氮的糖含量、残余 OH 含量、高碘酸盐消耗量、脱水率和脱氢率。这使 Kato 和 Hayase 认为 Blue-M1 是形成类黑素的关键中间体。

Tressl 等人[76, 77] 由于 2-羟甲基吡咯类黑素前体具有显著的反应活性，因此一直致力于 2-羟甲基吡咯的研究。在研究游离或核酸结合的 2-脱氧-D-核糖与 4-氨基丁酸等化合物的褐变时，他们[78] 分离并鉴定了**物质1**（图 2.7），他们认为这是 2-羟甲基吡咯被 4-氨基丁酸捕获的结果。因此，他们合成了 N-甲基-2-羟甲基吡咯，但发现很难提纯，因为它自发聚合并放热形成无色固体——该物质暴露在空气中，变成粉红色，然后变成深红色。HCl 的催化产生了类似的结果。大分子产物在 247 nm 和 290 nm 处有最大吸收，在 350 ~ 550 nm（氯仿）处有宽吸收。荧光表现为 $\lambda_{ex} = 385$ nm，$\lambda_{em} = 493$ nm（氯仿）。实验主要通过 MALDI-TOF-MS 鉴定出一个多达 12 个单元的线性低聚物（或相应的脱氢低聚物）。这些结果得到了以 N-甲基-2-羟基-[^{13}C]甲基吡咯开始的补充实验的支持（图 2.8）。

当起始点为 N-甲基吡咯和 N-甲基-2-甲酰基吡咯的混合物时，可鉴定出多达 26 个单元的支链低聚物，溶液变为强烈的红色（氯仿中 $\lambda_{max} = 515$ nm）并变为棕色/黑色。当甲胺部分被 β-丙氨酸甲酯（非 Strecker 活性）取代时，鉴定出高达 14 个单元的红色低聚物。当 N-甲基吡咯与糠醛混合时，鉴定出超过 30 个单元的支链低聚物，分离、表征了单体分别以 2∶1、3∶2 和 4∶3 的比例组合的低聚物，并发现其含有预期的手性中心数。当 N-（2-甲氧基羰基乙基）吡咯与糠醛混合时，可鉴定出多达 25 个单元的支链低聚物。当 N-甲基-2-甲酰基吡咯与 2-甲基呋喃混合时，2-甲基呋喃不会并入所形成的低聚物中。这些都是位于支链的，但并非总是如此，并且可以去甲酰化（失去 CO）。

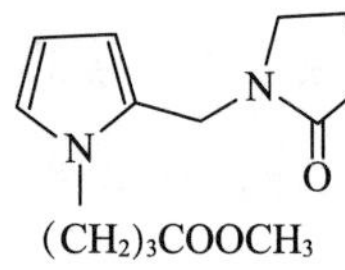

物质 1

图 2.7　4-氨基丁酸甲酯衍生物结构

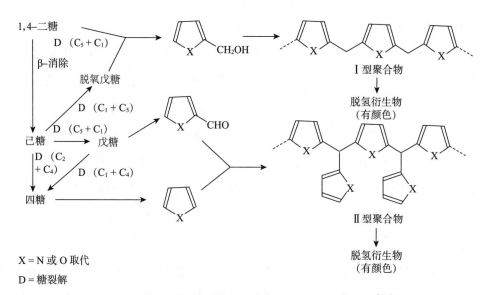

图 2.8　糖-胺模型体系中类黑素聚合物的合成路线[30]

Tressl 等人[76, 77]将直链聚合物指定为 I 型，将支链聚合物指定为 II 型。在大多数类黑素中，它们代表结构域（或亚结构）、未被取代的吡咯和 Strecker 醛类，例如，被整合到类黑素主链中，形成一个复杂的大分子结构。Tressl 等人[77]认为齐聚 / 缩聚反应是唯一的实验建立的途径，通过这些途径，从己糖和戊糖生成的简单美拉德产品容易且不可逆地转化为大分子。

Borrelli 等人[79]通过 GFC 和 MALDI-TOF-MS 研究表明，类黑素在咖啡饮料干物质中所占比例高达 25%。随着烘焙程度的增加，类黑素的比例增加，但其分子量降低。ABTS 和 DMPD 自由基阳离子的抗氧化活性随烘焙程度的增加而降低，但在深度烘焙咖啡中，二者抑制亚油酸过氧化的能力较强。相反，凝胶过滤（Sephadex G-25，>100 kDa）的绿咖啡冲泡物对 DMPD 自由基阳离子的清除最为有效，但对亚油酸过氧化的抑制则完全无效。蛋白质（凯氏定氮法）占绿色咖啡冲泡物组成成分的 30% 以上，当咖啡被烘焙后，其含量减少了 2/3 或更多。所有的烘焙咖啡在 MALDI-TOF-MS 上都有一个很宽的峰值（在 1~4 kDa 处），随着烘焙程度的增加，平均值从 2.703 kDa 下降到 1.930 kDa。相比之下，绿色咖啡出现了几个尖峰，最高达到 5752.8 amu，其中以 3288.2 amu 最为突出。

在水和干热条件下产生的类黑素有很大的差异，例如在葡萄糖-甘氨酸体系中[80]。前者只产生少量的分子量大于 3 kDa 的水溶性类黑素，后者产生 13.6% 的类黑素（分子量几乎全部大于 30 kDa）。另外，两种类型的类黑素都含有自由基。在每种情况下，透析部分比未透析部分含有更多的自由基，透析部分中的自由基增加了 1.4 倍；而干热类黑素相比水溶性类黑素，未透析部分中的自由基增加了 4 倍[81]。因此，高分子量组分主要对自由基数量有决定作用，而令人惊讶的是，它清除自由基的能力较低。这些自由基似乎非常稳定，能在透析后存活 10 天以上。

Cämmer 等人[82]从甘氨酸和一系列糖中制备了类黑素。当在无水条件下（170℃，20 min）制备时，从甘氨酸-葡萄糖体系中提取的类黑素经水解后，每 100 mg 类黑素中仅产生 3 mg 葡萄糖，而甘氨酸-麦芽糖体系中每 100 g 类黑素产生 24 mg 葡萄糖，甘氨酸-麦芽三糖体系中每 100 g 类黑素产生 31.5 mg 葡萄糖，加热 25 h 后甘氨酸-葡萄糖（右旋糖）体系中每 100 g 类黑素产生 95 mg 葡萄糖。甘氨酸-乳糖体系中每 100 g 类黑素产生 0.7 mg 葡萄糖，但产生 16 mg 半乳糖。在 100℃、10 h 的水条件下，甘氨酸-葡萄糖体系中每 100 g 类黑素产生 0.3 mg 葡萄糖，甘氨酸-麦芽糖体系中每 100 g 类黑素产生 18.5 mg 葡萄糖。总的来说，这些结果表明，反应发生在还原基团上，留下大部分糖苷附着的葡萄糖被水解恢复。因此，他们提出了一种类黑素的结构，该结构以 3-DH 为骨架（仍带有糖苷键连接的糖残基），1 位与 3 位通过羟醛反应连接，并通过氨基与 Amadori 化合物作为侧链连接。

在 Sephadex G-25 上的凝胶渗透色谱可以将水溶性的类黑素分离成多个组分，

估计这些组分的分子量分别为大于 12 kDa、2.5 ~ 10 kDa 和小于 2.5 kDa[80]。用截留分子量为 10 kDa 的膜对透析的物质进行色谱分析，结果表明，这个相对漫长的过程可以形成相当一部分分子量大于 12 kDa 的物质，这说明了类黑素的不稳定性。

对烘焙咖啡脱脂萃取物的检测表明，在 Sephadex G–25–fine 上同样可以将类黑素分为三部分。当中间部分被收集、冻干、在 200℃下烘烤 3 min 并重新分析时，大部分物质已经转化为快速运行的高分子量物质，从而证明低分子量的类黑素可以作为高分子量类黑素的前体[83]。

8　标准类黑素

由于类黑素非常复杂，而且它们的性质随反应条件而变化（例如，见参考文献［84］），因此很难用有意义的方式比较不同研究者的结果。生产一种标准类黑素或几种标准类黑素的问题，已经在欧洲联盟研究总局[85]的 "Cost Action 919" 框架内进行了一定程度的讨论。因此，建议从葡萄糖 – 甘氨酸体系中提取标准类黑素的配方如下。

8.1　材料

·葡萄糖（品牌为 Sigma；最低 99.5%，Cat.No.G8270）

·甘氨酸（品牌为 Sigma；最低 99%，Cat.No.G7126）

·用于加热葡萄糖与甘氨酸混合物的玻璃烧杯（250 mL，品牌为 Pyrex，内径约 7 cm，高约 9 cm）

·冷冻干燥器

·烘箱，加热至 125℃并稳定

·透析管（品牌为 Sigma；Cat.No.D9652，平宽 33 mm，直径 21 mm），纤维素（保留超过 90% 的细胞色素 c，分子量为 12.4 kDa，在溶液中放置 10 h；成卷供应，干燥；可能含有微过量的甘油和硫化合物；提供洗涤说明）

8.2 方法

（1）在 100 mL 蒸馏水中溶解 0.05 mol 葡萄糖和 0.05 mol 甘氨酸。

（2）将溶液放在与冷冻干燥器兼容的容器中，并放入冷冻室直至完全冻结（例如，过夜）。

（3）将冷冻混合物放入冷冻干燥器中，板温为 30℃ 或以下。冷冻干燥，直到所有的水都被除去（即重量恒定）。

（4）将葡萄糖与甘氨酸混合物放入 250 mL 烧杯中，并将其放入预热至 125℃ 的烘箱中。加热 2 h。不要盖住烧杯。在加热过程中不要打开烘箱。

（5）从烘箱中取出烧杯，在干燥器中冷却至室温。

（6）取 5 g 加热过的混合物样品，加入 20 mL 蒸馏水。搅拌，使尽可能多的材料溶解。

（7）用 Whatman 4 号滤纸过滤混合物，收集含有可溶性类黑素的滤液。用 2×10 mL 蒸馏水冲洗滤纸上的残留物，并将这些洗涤液与原始滤液混合。这种混合物叫溶液 A。

（8）获得溶液 A 的紫外可见吸收光谱（200～600 nm），并在 280 nm、360 nm、420 nm、460 nm 和 520 nm 处测量吸光度。

（9）根据制造商的说明准备一根 30 cm 长的透析管。

（10）用设计的夹子等物体封闭透析管的一端，将溶液 A 放入透析管中，加入蒸馏水，使溶液在透析管中的高度约为 15 cm。封闭透析管的另一端，将透析管浸入 1L 蒸馏水中。

（11）将装有透析管的容器在 4℃ 下放置 24 h。

（12）用 1L 新鲜蒸馏水更换透析管周围的水，并在 4℃ 下透析 24 h。

（13）重复上一个步骤两次。这意味着要用 4×1 L 的水透析。

（14）透析结束时，将透析管中的物质放入与冷冻干燥器兼容的容器中，并放入冷冻室直至完全冻结（例如，过夜）。

（15）将冷冻混合物放入冷冻干燥器中，板温为 30℃ 或以下。冷冻干燥，直到所有的水都被除去（即重量恒定）。

（16）将标准类黑素储存在干燥器中。

9　类黑素：性质

9.1　玻璃化转变温度

Anese 等人[86]研究了类黑素的玻璃化转变温度（T_g）。冻干溶液 A 和标准类黑素的 T_g 分别为 30℃和 56℃，而葡萄糖、甘氨酸、蔗糖、麦芽糖和淀粉的 T_g 分别为 31℃、271℃、62℃、87℃以及大于 200℃。将标准类黑素与水混合可迅速降低 T_g：对于 4.4%（w/w，总量）的水，T_g 为 19℃，对于 18.3% 的水，T_g 为 –70℃。DSC 图谱还显示溶液 A 和标准类黑素在 160℃和 140℃出现了明显的吸热峰，这归因于羰基化合物的降解。加入水后，出现峰值的温度也降低了：4.4% 将降低到100℃，24% 降低到 80℃。

9.2　热降解

Tehrani 等人[87]对葡萄糖–甘氨酸体系标准类黑素的热降解进行了广泛的研究。在 125℃下加热 2 h 后，失重 32%。对不溶物和不可透析物分别进行热处理：①依次在 100℃、150℃、200℃和 220℃下处理；②分别在 100℃、150℃、200℃、220℃、250℃和 300℃下作为新鲜样品处理。第①种方法处理后，从不可透析物中产生的挥发物量是不溶物中产生的挥发物量的 10 倍左右。这在 5–甲基糠醛、糠醛、2–乙酰基呋喃、4,5–二甲基–2–甲酰基吡咯、2–乙酰基–1–甲基吡咯和 2–乙酰基吡咯中可以看到。2–吡咯烷酮是不可透析物中含量最高的氮化合物（不溶物未报道），2–甲酰基吡咯含量次之（不溶物中 2–甲酰基吡咯的含量是不可透析物中的 1/100）。2–环戊烯–1,4–二酮在不可透析物和不溶物中的含量大致相等。第②种方法处理后，从不可透析物中鉴定出 35 种化合物，从不溶物中鉴定出 52 种化合物。来自不可透析物的 5–甲基糠醛在 200℃下表现出最大值，而对于不溶物，其含量在 250℃时最大。恶唑衍生物如 4,5–二甲基苯并和 2,5–二甲基苯并，主要在较高温度下形成。吡咯仅在 150℃下开始形成，并在 200～220℃时趋于峰值。2-乙酰基-1-甲基吡咯在 250～300℃显著增加。在 200℃和 220℃的不可透析物中检测到 N-甲基丁二酰亚胺，而在 250℃的不溶物中检测到 N-甲基丁二酰亚胺。在 500℃下聚甘氨酸的热解产物中发现了这种物质，因此暗示在类黑素中存在甘氨酸链。2,6-二甲基吡啶在不可透析物中的检出率非常不规律，而此前并未被认为是美拉德反应的产物。它是由不溶物形成的，含量较低，但随着温度的升高而增加。到 250℃时，不溶物形成的吡啶量大于不可透析物，但后者随温度的升高急剧增加，在 300℃时是前者的 3 倍。不溶物生成 12 个吡啶和 12 个吡嗪，而不可透析物分别产生 5 个吡啶和 10 个吡嗪。不可透析物中的吡嗪在 200℃时趋于峰值，而来自不溶物的吡嗪则随着温度的升高而继续增加。

10　反应 H：自由基反应

类黑素中存在稳定的自由基早已为人所知。Mitsuda 等人[88]在葡萄糖与甘氨酸反应（1 h，100℃）产生的固体类黑素中检测到一个相对稳定的自由基（有一个较宽的单线态 ESR 光谱）。Namiki 和他的同事们[89, 90]进一步表明，自由基在美拉德反应的早期就已经形成。在使用的糖和糖降解产物中，乙醇醛给出了最强烈的 ESR 信号，α-丙氨酸和 β-丙氨酸同样如此，它们组合起来共同产生了较深的颜色。糠醛也产生褐变，但没有 ESR 信号。Namiki 和 Hayashi[91]研究表明，丙氨酸与阿拉伯糖相互作用的产物分别产生了含 17 个和 23 个谱线的 ESR 光谱，并且在一系列糖和糖降解产物中也获得了类似的光谱。大多数其他氨基酸和伯胺也能给出超精细结构的 ESR 光谱，但仲胺和叔胺没有，酰胺也没有。这些信号是由于 N,N-二烷基吡嗪自由基阳离子的存在。这些自由基在 Amadori 化合物之前就被检测到了，因此得出了一个结论，即发现了一种新的糖分解途径（反应 H，见图 1.1）。ESR 光谱的超精细结构随着加热时间的延长而退化为宽的单线态，与 Mitsuda 等人[88]观察到的相似。

Hayashi 和 Namiki[92]使葡萄糖（或另一种己糖或戊糖）在回流条件下与 95% 乙醇中的烷基胺反应。他们用 2,4-二硝基苯肼喷涂后，用硅胶 TLC 检测产品，检测到乙二醛。然后他们发现乙二醛是一种人工制品，由硅胶作用于其前体即双烷基胺而产生。双烷基胺含量在约 20min 时达到最大值，恰好是 3-DG 的自由基在 420 nm 处开始测吸光度的时候。自由基浓度在 90 min 左右达到最大值，但 3-DG 的褐变在 120 min 时仍在增加。Hayashi 和 Namiki 认为，最有可能的是，由糖或糖胺开始，先形成席夫碱，然后在逆羟醛缩合后发生氧化。这一过程如图 2.9 所示。

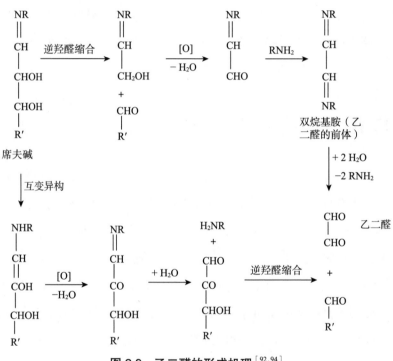

图 2.9　乙二醛的形成机理[92,94]

在类似的工作中，Hayashi 等人[93]对喷过 2,4-二硝基苯肼的薄层色谱板上发现的其他斑点进行了追踪，并将这些斑点追溯到 2-氧丙醛上。不加胺的葡萄糖（pH 值为 9.3，95℃，10 min）不产生 2-氧丙醛。葡萄糖和正丁胺（各 1M，80℃）在首次分析产物时（5 min 时）已形成 C_2 和 C_3 亚胺，二者分别在约 15 min 和 18 min 达到最大值，后者的浓度约为前者的两倍。它们的形成与糖胺的减少和 Amadori 化合物的增加密切相关。褐变逐渐加重。Amadori 化合物被证明能够降解

为 C_3 亚胺，因此被认为是在 C_3 亚胺的形成过程中产生的。

利用颜色稀释因子，Hofmann 等人[94]所得结果与 Namiki 和 Hayashi[95]的结果相似（表 2.5）。乙醇醛和糠醛的稀释因子最高，但只有前者在最高强度产生自由基。由此得出的结论是，褐变有两种不同的机制在运作，一种是自由基机制，另一种是离子机制。值得注意的是，乙二醛只对约 1/10 的颜色，以及 4% 的乙醇醛自由基的形成有贡献。表 2.5 还表明，Amadori 化合物仅产生来自相应葡萄糖与 α-丙氨酸混合物一半的颜色，由此可见，颜色不能完全通过 Amadori 化合物形成。

表 2.5　丙氨酸和糖或糖降解产物的二元混合物的显色和自由基的形成[94]

羰基化合物	颜色稀释因子①	自由基形成率 /%
葡萄糖	16	8
木糖	64	8
N-（1-脱氧-D-果糖-1-基）-L-丙氨酸	8	1
乙醇醛	1024	100
乙二醛	128	4
糠醛	1024	0
2-吡咯甲醛	256	0
丙酮醛	256	0
丁二酮	128	n.d.
羟甲基糠醛	2	n.d.
甘油醛	2	n.d.
2-羟基-3-丁酮	2	n.d.

n.d. 表示无数据，不确定。
① 使用颜色稀释因子来比较 95℃下加热 15 min 后反应混合物的颜色强度。

虽然自由基阳离子氧化生成的吡嗪双电荷阳离子非常不稳定，但 Namiki 和 Hayashi[95]认为它们很可能是褐变反应的活性中间体。这一点被重新检测——使用二乙基吡嗪阳离子[94]。它在水中的特殊不稳定性被证实——在溶解时立即出现强烈的颜色，并伴随自由基的形成。自由基阳离子的 ESR 光谱，在 10min 内迅速降低到其强度的一半。在此期间，颜色（在 420 nm 处）快速增加，但此后增加缓慢。

显然，在 1,4-二烷基-1,4-二氢吡嗪、自由基阳离子和指示剂之间存在氧化还原平衡，如图 2.10 所示。令人惊讶的是，新制备的水溶液经 LC-MS 检测时，在 $m/z = 69$ 处没有发现双电荷离子[94]。基峰在 $m/z = 155$ 处（100%），在 $m/z = 138$ 处（35%）有一个突出的峰（对应于自由基阳离子），在 $m/z = 171$ 处（8%）有一个峰。甲醇溶液经 LC-MS 检测时，基峰在 $m/z = 169$（100%），在 $m/z = 138$ 处（32%）仍有一个突出的峰，但在 $m/z = 199$ 处（17%）也有一个新的峰。这可以解释为指示剂在水中迅速转化为二羟基和二羟基衍生物，在甲醇中迅速转化为相应的甲氧基和二甲氧基衍生物。这些二氢衍生物是潜在的还原剂，例如能够还原自由基阳离子。

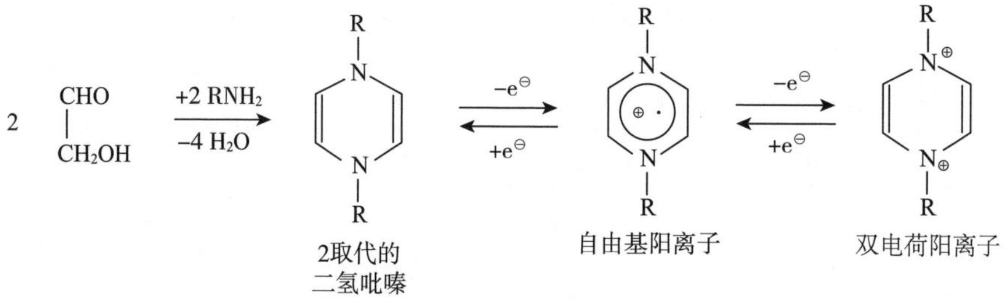

图 2.10　1,4-二烷基-1,4-二氢吡嗪与相应的自由基阳离子和指示剂之间的氧化还原平衡[95]

Namiki 和 Hayashi[95] 提出，乙醇醛亚胺或异构的烷基氨基乙醛是在 Amadori 重排之前通过席夫碱的逆羟醛缩合反应形成的，然后很容易被氧化为乙二醛单亚胺。当葡萄糖和丙氨酸水溶液被加热时[94]，情况正好相反，即乙二醛迅速形成，在 15 min 时达到最大值［100 μg（每 1 mmol 葡萄糖）］，并在 60 min 和 240 min 后分别降至 20 μg 和 10 μg（每 1 mmol 葡萄糖），而乙醇醛缓慢增加，240 min 时接近最大值即约 20 μg（每 1 mmol 葡萄糖），3-DH 和 1-DH 在大约 40 min 时，即在乙二醛形成之后，分别达到约 1000 μg 和 300 μg（每 1 mmol 葡萄糖）的最大值。

乙二醛从何而来？将 pH 值为 7.0 的葡萄糖溶液、葡萄糖和丙氨酸溶液以及相应的 Amadori 化合物的水溶液回流 10 min，分别得到乙二醛 18 g、96 g 和 253 g

（每 1 mmol 葡萄糖）。重复后两个实验，但是氧气通过加热前在溶液中通入氮气的方式来除去。乙二醛的生成量分别减少到 8 g 和 14 g（每 1 mmol 葡萄糖），显然氧也参与其中。

Amadori 化合物是最有效的乙二醛前体，尽管产率只有 0.4%。在相同的条件下，葡萄糖和丙氨酸生成的 Amadori 化合物的产率仅为 1.1%，因此大多数葡萄糖–丙氨酸体系产生的乙二醛不来自 Amadori 化合物。由于氨基酸的存在似乎是有效的乙二醛形成的前提条件，因此 Hofmann[94] 等人提出了一种机理，其中席夫碱氧化是关键步骤（见图 2.9）。

从以上数据可以得出结论：乙二醛需要还原为乙醇醛，作为自由基阳离子形成的先决条件。Hofmann 等人[94] 用 2,6–二氯吲哚酚滴定法跟踪还原物质的形成过程。加热葡萄糖和丙氨酸水溶液，10 min 后自由基和还原性物质开始生成，前者在 30 min 达到峰值，后者在 45 min 达到峰值。

研究认为，在烘焙咖啡豆的过程中，会形成自由基[96]。自由基的形成随时间和温度的增加而增加，与烘焙咖啡的颜色强度平行。有研究已经追踪到自由基的本质为肽结合的 1,4–双–（5–氨基–5–羧基–1–戊基）吡嗪自由基阳离子[94]。Pascual 等人[97] 发现，可溶性咖啡的 ESR 光谱在固态和水溶液中均显示单线态自由基信号，并伴有顺磁性 Fe^{3+} 和 Mn^{2+} 的信号。信号强度相当于约 7.5×10^6 个不成对电子（每 1 g 咖啡或水溶液样品）。在水溶液中，信号迅速衰减，归因于吡嗪自由基阳离子；然而，在咖啡溶液中，自由基在被破坏的同时也在产生。虽然这种减少不是由氧引起的，但氧参与了自由基的生成，在有氧条件下，自由基的生成会持续很长时间。尽管产生单峰 ESR 信号的自由基没有与任何被测自旋陷阱反应，但在存在 PBN（苯基–N–t–叔丁基硝酮）和 4–POBN［（4–吡啶基–1–氧化物）–N–叔丁基硝酮］的咖啡溶液中检测到了 C–中心自由基加合物。用 DEPMPO［5–（二乙氧基磷酰基）–5–甲基–1–吡咯啉–N–氧化物］作为自旋陷阱时，没有发现加合物，但其羟基自由基加合物在咖啡存在下不稳定，说明咖啡溶液具有较强的自由基清除能力。

最近，Rizzi 对美拉德反应中的自由基进行了深入研究[640]。

第三章

近期进展

1 引言

人们对美拉德反应的认识正在以多样的方式不断加深。自由基在美拉德反应中的作用在第二章中已作讨论，关于颜色和香味方面的内容将在第四章和第五章分别介绍。本章主要讨论一些相对独立的主题，如：pH、高压、T_g 的影响；氨基酸以外的胺、脂质、寡糖、多糖作为反应物对美拉德反应的影响；α-二羰基中间体的测定；羟醛缩合/逆羟醛缩合反应的控制；荧光性质；反应动力学；蛋白质糖化位点等。

2 pH 的影响

pH 对美拉德反应过程中 Amadori 化合物的形成有着至关重要的影响——低pH 下通过 1,2-烯醇化或者高 pH 下通过 2,3-烯醇化决定着反应的路径。

木糖-赖氨酸模型体系[98]（反应物均为 1M，在 Likens & Nickerson 装置中乙醚回流 1h，初始 pH 值为 4.9，然后通过添加 NaOH 溶液将 pH 值保持为 5，或者反应过程中不对 pH 进行调节维持，最终 pH 值下降至 2.6）的研究结果很好地说明了 pH 的影响。两种 pH 体系中，分别鉴定出 54 种和 28 种挥发性化合物，其中糠醛的质量占比分别达 52.2% 和 99.9%。高 pH 反应体系的含氮化合物总产率和种类数量高于低 pH 反应体系，并且单环吡咯类、吡啶类化合物以及 2,3-二氢-1H-吡咯里嗪仅在高 pH 反应体系中检出。

4-羟基-5-甲基-3（2H）-呋喃酮虽然具有焦糖类香气，但是对熟制牛肉的香味具有重要贡献。此化合物可以通过加热木糖、核糖或磷酸核糖与铵盐制得，并且通常认为是通过 2,3-烯醇化反应形成的，可能的形成路径如图 3.1 所示。因此，如同糠醛和羟甲基糠醛（HMF）可作为 1,2-烯醇化的特征产物，呋喃酮可作为 2,3-烯醇化的特征产物（具体见表 3.1）[54]。

表 3.1 清楚地表明，低 pH 有利于糠醛的形成（1,2-烯醇化），而高 pH 有利于呋喃酮的形成（2,3-烯醇化）。此外，由表 3.1 还可以看出胺的碱性对反应路径的影响。碱性最低的二苄胺不易质子化，从而更倾向于 2,3-烯醇化。

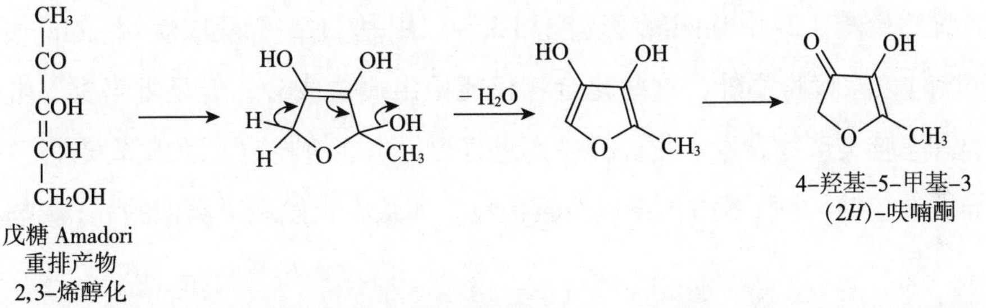

图 3.1　戊糖 Amadori 重排产物经 2,3-烯醇化形成 4-羟基-5-甲基-3（2H）-呋喃酮

表 3.1　Amadori 重排产物在酸性和中性条件下的降解

Amadori 重排产物来源	H_2SO_4，100℃		pH = 7，100℃	
	2-糠醛	呋喃酮	2-糠醛	呋喃酮
葡萄糖醛酸 +1 mol 二苄胺（果糖酮酸衍生物）	16%	痕量	0	存在
葡萄糖醛酸 +1 mol 苄胺（果糖酮酸衍生物）	23%	0	0	存在
木糖 +1 mol 苄胺（木酮糖衍生物）	41%	0	0	存在

Arnoldi 和 Boschin[99] 的研究在一定程度上支持了上述结论。他们将等摩尔的木糖与甘氨酸水溶液在不同 pH 值下 100℃加热 2 h，考察了糠醛和呋喃酮的生成情况。研究结果表明，游离糠醛仅在最低 pH 值（pH = 3）的条件下生成，并且随着 pH 值上升至 7，结合于亚糠基呋喃酮的糠醛显著降低。而游离呋喃酮仅在 pH 值上升至 5 时升高，然后下降，这说明呋喃酮必定是转化形成了亚糠基衍生物

以外的化合物。

Davidek 等人[100]研究了果糖基甘氨酸在非缓冲和缓冲溶液中的降解情况。反应体系在 90℃下加热 7h，pH 值分别保持为 5、6、7 或 8。结果发现，HMF 仅在 pH 值为 5 的体系中形成，而 2,3-二氢-3,5-二羟基-6-甲基-4H-吡喃-4-酮则在整个 pH 范围内均有形成。磷酸盐缓冲溶液加速了 pH 值为 5 和 pH 值为 6 的体系中 2,3-二氢-3,5-二羟基-6-甲基-4H-吡喃-4-酮的生成，但对 HMF 的生成几乎不产生影响，这说明在低 pH 条件下磷酸盐催化的是 2,3-烯醇化。

在肉的烹饪过程中，当最终 pH 值超出正常范围 5.6~5.8 时，香味将明显下降[101, 102]。对肉香至关重要的 4-羟基-5-甲基-3（2H）-呋喃酮与半胱氨酸的反应具有非常强的 pH 敏感性[103]。在 pH 值为 4.5 时，主要挥发性产物为巯基酮、呋喃硫醇、噻吩硫醇、2-甲基四氢噻吩酮和 3,5-二甲基-1,2-二硫戊烷-4-酮；而在 pH 值为 6.5 时，除噻吩酮外，这些化合物仅能检出痕量成分，但是吡咯类、吡嗪类、噻唑类和恶唑类产物含量丰富。样品的感官评价也能清晰地反映出挥发性产物的这种差异。在核糖-半胱氨酸体系以及其他反应体系中也发现了类似的 pH 影响[104]。

3　高压的影响

高压是最近发展起来的食品保鲜方法之一，其主要目的是灭活微生物。然而，高压也对食品成分功能特性以及食品加工和储存过程中的化学反应同样具有明显的影响。

根据物理原则，当反应体积减小并通过加成方式使分子数量减少时，高压将提高反应速率。所以高压有利于加成反应的进行，不利于风味化合物等小分子物质的生成（表 3.2）[105]。

在葡萄糖-色氨酸或木糖-色氨酸反应体系中，亚胺形成、Amadori 重排、氨基酮糖降解的活化体积分别为 $-14\ mL \cdot mol^{-1}$、$+8\ mL \cdot mol^{-1}$、$+17\ mL \cdot mol^{-1}$，所以加压将加速亚胺形成，抑制 Amadori 重排和氨基酮糖降解[106]。因此，一些挥发性产物，如木糖-赖氨酸体系 pH 值为 7 时生成的 4-羟基-5-甲基-3（2H）-呋喃酮和 pH 值为 10 时生成的 2-甲基吡嗪，在加压条件下将显著下降[107]。

加压（高至 500 MPa）对甘油醛与二肽、三肽的缩合反应影响不大，对甘油醛、乙醇醛或木糖与氨基酸的反应略有抑制。但是，由于甘油醛、乙醇醛或木糖与氨基酸反应的活化体积为 $13 \sim 28\ mL \cdot mol^{-1}$，所以反应体系的褐变明显受到抑制[108]。

pH 值为 5 的木糖–丙氨酸体系在常压还是 400 MPa 高压下反应，对色素 2-亚糠基-4-羟基-5-甲基-3-（2H）-呋喃酮和 2-亚糠基-5-甲基-3-（2H）-吡咯烷酮的产率有着显著影响[109]。在常压下，2 种色素的产率均随反应时间的延长而逐渐增大；但是，在高压下，2 种色素的产率在反应 2 h 时达到最大，超过 2h 后产率明显下降。吡咯烷酮在高压下的产率几乎是在常压下的产率的 2 倍。

表 3.2　葡萄糖–赖氨酸体系（pH 值为 10.1，60℃）常压和 600 MPa 下
反应分离出的挥发性产物[105]

挥发性产物	生成量/µg		
	AP①	600 MPa	RPY②
2-甲基-3-(2H)-呋喃酮	14	4	29
呋喃酮	108	17	16
甲基吡嗪	257	3	1
2,5-二甲基吡嗪和 / 或 2,6-二甲基吡嗪	3951	110	3
2,3-二甲基吡嗪	127	6	5
三甲基吡嗪	758	20	3
3-乙基-2,5-二甲基吡嗪	28	—	0
3-甲基-1,2-环戊二酮	25	4	16
2-乙酰基-1,4,5,6-四氢吡啶	30	9	30
2-乙酰基吡咯	38	—	0
2,5-二甲基-2,5-环己二烯-1,4-二酮	7	—	0
2,3-二氢-5-羟基-6-甲基-(4H)-吡喃-酮	51	4	8
2,3-二氢-3,5-二羟基-(4H)-吡喃-4-酮	442	5	1
5-甲酰基-6-甲基-2,3-二氢-(1H)-吡咯里嗪	17	5	29
7-乙酰基-5,6-二甲基-2,3-二氢-(1H)-吡咯里嗪	78	12	15

① AP 指大气压。
② RPY 指 600 MPa 下生成量占大气压下生成量的百分数。

对于葡萄糖–赖氨酸体系，加压对美拉德反应不同的阶段有着不同的影响。Moreno 等人[110]发现，在起始 pH 值为 8 的非缓冲体系中，Amadori 化合物基本不受加压（400 MPa）影响，而高级反应阶段（即中间阶段）却受到加压的抑制，这说明加压阻碍了 Amadori 化合物的降解。在 pH 值不超过 8 的缓冲体系中，由于加压促进酸性基团离解，引起 pH 值下降，美拉德反应的各阶段均受到抑制。在起始 pH 值为 10.2 的体系中，加压将促进 Amadori 化合物的生成和降解，从而导致高级反应阶段产物的提升。

Moreno 等人[111]还研究了高压（400 MPa，60 ℃，3 h）对碱性介质中乳糖（10 g·L^{-1}）降解的影响。表 3.3 显示了 4 mM 和 8 mM NaOH 溶液以及碳酸盐缓冲溶液（pH 值为 10.0）中乳糖的降解及其异构体（乳果糖与依匹乳糖）的形成情况。高压下，NaOH 体系的颜色变化（420 nm）几乎可以忽略，但碳酸盐缓冲体系的可见颜色却明显减弱。

表 3.3　高压对碱性介质中（60 ℃，3 h）乳糖异构化和降解的影响[111]

介质		pH①	乳果糖②	依匹乳糖②	半乳糖②
4 mM NaOH	AP③	8.2	823	18.6	30.3
	HP④	9.6	633	10.9	26.6
8 mM NaOH	AP	7.9	1329	45.7	104.4
	HP	9.1	1046	21.4	86.7
碳酸盐缓冲液	AP	9.7	1876	80.2	633.5
	HP	10.0	780	21.9	90.0

① 最终 pH 值。
② 以每 100 mL 多少毫克表示。
③ AP 指大气压。
④ HP 指高压（400 MPa）。

当常压下加热 β–酪蛋白与葡萄糖或 β–酪蛋白与核糖时，二者的荧光发射光谱无明显差异，但随着反应压力的增加，前者的荧光发射光谱减弱，而后者的荧光发射光谱增强，并且在 385 nm 处出现戊糖素对应的峰（见第八章）。将等摩尔的 N^{α}–乙酰赖氨酸、N^{α}–乙酰精氨酸及核糖置于更大的压力条件下[112]。600 MPa 下的戊糖素含量与常压相比增加了 6 倍。同样条件下处理 β–酪蛋白与核糖时，戊糖素常压下的含量低于检测限［低于 32 μg（每 100 g 蛋白质）］，而 600 MPa 下的含量为 4.8 mg（每 100 g 蛋白质）。美拉德反应中生成的吡咯素（见第八章）可以采用荧光法（λ_{ex} = 350 nm，λ_{em} = 430 nm）进行测定。当 N^α–乙酰赖氨酸与 3–DG 进行反应时，常压下生成了相当量的吡咯素，而 600 MPa 下却未检出吡咯素。

上述对比结果强调了蛋白质与碳水化合物反应的各个步骤在压力依赖性上存在显著差异，因此，复杂反应如美拉德反应，在高压下的反应行为不能轻易从常压反应推断而来。

4 荧光性质

荧光特征产生于美拉德反应的中间阶段。为了分析的目的，颜色测定一直是常用方法，尽管它远非理想。荧光分析由于其较高的灵敏度，对非美拉德反应体系，尤其是生物样品的颜色分析极其有效。美拉德反应中通过交联及相关结构产生的一些物质的荧光特征如表 3.4 所示。

表 3.4　通过交联及相关结构产生的一些物质的荧光特征

物质	$\lambda_{ex\,max}$/nm	$\lambda_{em\,max}$/nm	参考文献
精嘧啶	320	382/384	Al–Abed 等人[415] Shipanova 等人[626]
咪唑酮鸟氨酸	320	398	Lo 等人[627]
戊二赖氨酸	320/366	440	Graham 等人[369]
戊糖素	325/335	385	Westwood 和 Thornalley[370] Hayase 等人[359]
精氨酰羟基三糖苷	331	380	Tessier 等人[357]
C–戊糖素	335	385	Miyazaki 等人[376]
MRX[①]	340	402	Osawa 等人[383]
Blue–M1	349	445	Kato and Hayase[628]
其他高级糖化终产物	350/370	430/440	Westwood 和 Thornalley[370] Dawney 等人[629] Ruggiero–Lopez 等人[630]
赖氨酰羟基三糖苷	354	440	Tessier 等人[357]
咖啡沫分级物	361	440	Petracco[505]

续表

物质	$\lambda_{ex\,max}$/nm	$\lambda_{em\,max}$/nm	参考文献
荧光团 LM-1	366	440	Nagaraj 和 Monnier[631] Tessier 等人[368]
赖氨酰吡咯吡啶	370	448	Watanabe 等人[390]
乙酰-赖氨酰吡咯吡啶	376	450	Hayase 等人[359]
交联素等	379	463	Nakamura 等人[632]
N-甲基-2-羟甲基-吡咯聚合物	385	493	Tressl 等人[76]

①精氨酸（或胍类化合物）存在下，葡萄糖氧化产物与 BSA 中半胱氨酸残基的偶联物。

将木糖-甘氨酸体系在 0.07 M、pH 值为 8.2 的磷酸盐缓冲液中加热回流，冷却后依次用石油醚（沸点为 60~80℃）、乙醚萃取，在乙醚萃取物中含有大量荧光物质，其中许多成分是通过 HPLC 分离出来的[113]。两种类型的荧光光谱因重复出现而突出：

A 型：$\lambda_{ex\,max}$ = 270/285（nm），$\lambda_{em\,max}$ = 415/425（nm）

B 型：$\lambda_{ex\,max}$ = 270/310（nm），$\lambda_{em\,max}$ = 390/425+480/540（nm）

不幸的是，目前对荧光光谱的解析还很初级。通过以上数据与表 3.4 的对比，值得注意的是后者没有表现出 B 型双峰。但是，荧光是一种非常重要的现象，与美拉德反应密切相关，因此更多的关注将迅速提高其在诊断方面的价值。

5 α-二羰基中间体的测定

显然，α-二羰基中间体非常重要，因此其定性定量分析具有重要意义。Glomb 和 Tschirnich[114] 列出了如下 7 种方法：

① 直接检测；

② 检测还原后的相应醇；

③ 检测邻芳基或邻烷基羟胺，如邻甲基羟胺；

④ 检测联胺，如与 Girard 试剂 T 反应；

⑤ 检测半胱胺；

⑥ 检测与邻苯二胺反应后的叠氮化合物；

⑦ 检测与氨基胍反应后的三嗪类化合物。

由于 3-DG 的稳定性远大于 1-DG，在磷酸盐缓冲液中反应 24 h 后，可以使用氨基胍或邻苯二胺定量回收 3-DG，而 1-DG 在 5 h 内完全降解为无法被再捕获的化合物[114]。与氨基胍反应 24 h，葡萄糖酮的回收率仅为 50%。乙二醛和 2-氧丙醛反应更加迅速，即使与氨基胍的反应也几乎在 5 h 内完成。

Biemel 等人[115]通过氨基胍和邻苯二胺衍生物证明了羰基在碳水化合物主链上的不稳定性，并表明 1,4-二脱氧-5,6-己糖等化合物是非常重要的美拉德反应的中间体。

6 羟醛缩合 / 逆羟醛缩合反应的控制

虽然羟醛缩合和逆羟醛缩合在美拉德反应的许多方面，特别是在中间阶段发挥着重要作用，但实际上却鲜有人关注。这个问题早已被提出[116]，但针对性的工作却开展得不多。

7 美拉德反应动力学

Ge 和 Lee[117]研究了美拉德反应初始阶段的动力学，并提出了如下的动力学基本方程：

$$A+S \underset{k_{-1}}{\overset{k_1}{\rightleftharpoons}} [AS] \overset{k_2}{\longrightarrow} AP \tag{3.1}$$

其中，A 表示氨基酸，S 表示还原糖，AS 表示席夫碱，AP 表示 Amadori 产物。对初级反应阶段，在此作如下假设：① A 不会发生 Strecker 降解；② S 的焦糖化可忽略；③ AP 和 AMP 的相互转化可忽略。由于苯丙氨酸易于紫外检测，以它为研究对象可以发现 k_{-1} 和 k_2 是 k_1 的 103 倍，这说明反应速率的限制步骤在于席夫碱的形成而非 AP 的形成。E_{a2}（33.5 kJ·mol^{-1}，8.01 kcal·mol^{-1}）比 E_{a1}（27.3 kJ·mol^{-1}，6.52 kcal·mol^{-1}）和 E_{a-1}（31.3 kJ·mol^{-1}，7.49 kcal·mol^{-1}）略大，这说明 AP 的形成对温度的依赖性更强，高温有利于其生成。k_1 和 k_2 从 70℃开始升高，并从 90℃

时急剧上升。AP 的生成速率在 pH 值为 2 ~ 8 时基本持平，但从 pH 值为 10 时开始升高，并在 pH 值为 12 时急剧上升。

Wedzicha 和 Leong[118] 介绍了远远超出反应初始阶段的颜色的形成过程，并提出了如下路径（DH 表示脱氧己糖醛酮）：

$$醛糖 \xrightarrow{k_1} DH \xrightarrow{k_2} 中间体 \xrightarrow{k_3} 类黑素 \qquad (3.2)$$

在此，慢速的第一步（速率常数为 k_1）涵盖了 Hodge 路线（见第一章）的反应 A、B 及部分 C。慢速的第二步（速率常数为 k_2）也在反应 C 之内，而快速的第三步（速率常数为 k_3）则涉及了反应 F 和 G。Wedzicha 和 Leong[118] 明确提出赖氨酸、甘氨酸和丝氨酸第三步的速率常数远大于其他步骤的速率常数，并进一步分析了不同氨基酸之间的差异。其中甘氨酸的第二步相对最慢，而第三步则几乎最快；精氨酸的第二步相对最快，而第三步速率则为甘氨酸第三步的 1/7。

Mundt 等人[119] 按照如上路径研究了麦芽糖-甘氨酸体系（pH 值为 5.5，70℃）。多响应模型对葡萄糖、类黑素（A_{470}，引入 U-^{14}C 标记的麦芽糖数量）、3-DH（作为喹喔啉衍生物）、麦芽糖以及 S^{IV}（在麦芽糖-甘氨酸-S^{IV} 体系中）的浓度随时间的变化情况具有极好的模拟效果。

Martins 和 van Boekel[120] 考虑到上述反应路径中初始阶段的关键中间体，将反应路径修改如下：

$$
\begin{array}{ccc}
AS & \xleftarrow{k_1} ARP \xrightarrow{k_2} & 1\text{-}DG + A \\
k_4 \downarrow & & k_3 \downarrow \\
3\text{-}DG + A & & S* \\
k_5 \downarrow & & \\
M & &
\end{array}
\qquad (3.3)
$$

其中，AS 代表的是氨基酸（A）和还原糖（S）生成 Amadori 重排产物（ARP）之前的一种活性中间体，如席夫碱或葡糖胺/烯胺醇，其性质还未被研究。但是，当产物中只检测出甘氨酸、1-DG 和 3-DG 时，它的引入对果糖基甘氨酸自身降解（pH 值为 5.5，100℃）的多响应模型的拟合具有重要作用。DG 具有高反应活性，因此将会生成进一步的产物，从而引入了 k_3。

将所得的速率常数应用于葡萄糖-甘氨酸体系，得到了很好的拟合效果。与上述路径一致，ARP 和 3-DG 同时生成，而颜色的形成（类黑素，M）和 1-DG 的生成则相对滞后，并且 3-DG 是颜色形成的主要途径。

对于葡萄糖-甘氨酸模型体系（二者均为 0.2 M，在 0.1 M 磷酸盐缓冲溶液中，pH 值为 6.8），van Boekel 和 Martins[121] 指出葡萄糖的反应程度高于甘氨酸，其原因一方面是葡萄糖可异构成果糖，并参与美拉德反应，另一方面是部分甘氨酸通过从美拉德反应中间阶段产物上的释放得以循环。80 ~ 100℃时，Amadori 产物和类黑素完全取决于甘氨酸的损耗，但是，在更高温度下，反应损耗的甘氨酸高达 66%，却只有 10% ~ 20% 甘氨酸转变为 Amadori 产物和类黑素，这种现象目前却难以解释。部分原因可能在于一些 Strecker 降解产物没有形成类黑素分子，而是形成了低分子量的氮杂环化合物。因此，甘氨酸减少的反应动力学行为很明显不能作为美拉德反应的衡量标准。

Bates 等人[122] 采用实验室反应池模拟了淀粉-葡萄糖-赖氨酸体系（100 ~ 155℃，13% ~ 18% H_2O，pH 值为 2.9 ~ 10.7）的颜色变化。三刺激值 Z 使二次响应面回归方程得以建立，除较高 pH 值外，该方程拟合良好。在 120 ~ 155℃的温度范围内，颜色的形成遵循 Arrhenius 动力学，活化能在 41.1 ~ 110.6 kJ·mol^{-1}（9.8 ~ 26.4 kcal·mol^{-1}）范围内，并且活化能一般随着含水量的增加和 pH 值（8.5 ~ 10.7）的增加而降低。

Brands 和 van Boekel[123] 一直都关注单糖和酪蛋白相互作用的动力学。如图 3.2 所示，他们建立的模型比较复杂。该模型引入了与赖氨酸残基反应并形成高级美拉德反应产物（AMP）的未知中间体 C_n 和 C_5。从 100℃下果糖-酪蛋白体系中赖氨酸的损失来看，该模型比以前的模型具有更好的模拟效果，并且更高温度下拟合度不受影响。与预期相同，每一步反应计算得到的活化能约为 120 kJ·mol^{-1}（28.7 kcal·mol^{-1}）。但是，果糖与酪蛋白的反应具有更强的温度依赖性 [E_a = 175 kJ·mol^{-1}（41.8 kcal·mol^{-1}）]，因此在较低的温度下不如中间产物和蛋白质之间的反应重要。

Brands 和 van Boekel[124] 发现醛糖和酮糖之间存在显著差异，后者在糖降解反应中更具活性。醛糖-酪蛋白体系中检测到了 Amadori 化合物，但是在酮糖-酪蛋白体系中却未发现此类中间体。

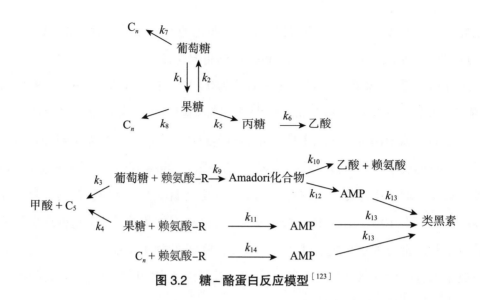

图 3.2　糖–酪蛋白反应模型[123]

Reineccius[125]通过美拉德反应挥发性产物 Arrhenius 图斜率的显著差异，指出高温加工有利于生成 2,3–二甲基吡嗪（坚果香），而较低的加工温度下主要生成甲基环戊烯酮（焦甜香）。但是，在储存温度下（30℃），这两类组分的形成速率可以忽略不计。低温有利于异味形成，例如羟甲基糠醛（陈腐气），延长时间将使问题复杂化，而不是补偿温度的升高带来的变化。Reineccius[125]认为，在某些特定的温度–时间组合下，可以感受到某种香味，但在其他温度–时间组合下，完全不可能感受到相同的香味。

Stahl 和 Parliament[126]在连续流动反应器中研究了葡萄糖–脯氨酸体系（二者均为 0.2 M）的高温反应，考察了 200℃不同时间（0.25～5.0 min）的反应情况以及相同时间（1.0 min）不同温度（160～220℃）下的反应情况。200℃反应 0.25 min 仅鉴定出 3 种挥发性产物：2–乙酰基四氢吡啶、5–乙酰基–2,3–二氢–1H–吡咯里嗪以及麦芽恶嗪（图 5.3）。反应 2 min 后，吡咯里嗪占主导，并且 3 种化合物的动力学均为准零级。吡咯里嗪的活化能为 188 kJ·mol^{-1}（45 kcal·mol^{-1}），与预测一致，远高于另外两种化合物 [25～63 kJ·mol^{-1}（6～15 kcal·mol^{-1}）]。麦芽恶嗪较低的活化能与其在发芽的大麦中的存在以及在葡萄糖–脯氨酸体系、麦芽糖–脯氨酸体系沸腾反应中的生成相吻合[127]。

Stahl 和 Parliament[126]还分析了葡萄糖和脯氨酸随反应时间的损失情况，发现在200℃时前者的速率常数约为后者的3倍（分别为0.633 min^{-1}和0.227 min^{-1}）。这种差异一方面可能是由于胺的再生，另一方面可能是由于不依赖胺的焦糖化反应。葡萄糖和脯氨酸的活化能分别为61.5 kJ·mol^{-1}（14.7 kcal·mol^{-1}）和86.7 kJ·mol^{-1}（20.7 kcal·mol^{-1}），褐变产物（A为300～304 nm）的活化能为112.6 kJ·mol^{-1}（26.9 kcal·mol^{-1}）。

Reineccius[128]对美拉德反应过程中香味成分形成的动力学进行了综述。Reineccius认为香味成分的形成高度依赖反应体系。香味成分形成的初期趋于线性，可以采用准零级动力学进行模拟。随着加热时间的延长，体系中香味成分的浓度将达到一个平台期，此时更适合用一级动力学进行模拟。香味成分形成的活化能为50～190 kJ·mol^{-1}（12～45 kcal·mol^{-1}），其中较高的活化能值对应于吡嗪形成的线性阶段。其他多数挥发性产物的活化能接近84 kJ·mol^{-1}（20 kcal·mol^{-1}），更与美拉德反应物的消耗以及类黑素的生成相一致。2-乙酰基-1-吡咯啉的活化能非常低，约为59 kJ·mol^{-1}（14 kcal·mol^{-1}），加之低阈值（0.1 μg·L^{-1}），这可以解释它在食品中经常通过嗅闻就能被检测到。

既然反应活性只有在一定温度下才明显，Peleg等人[129]将非Arrhenius和非Williams-Landel-Ferry动力学应用于美拉德反应，提出了一个相对简单的对数逻辑关系（其中，Y为速率参数，T_c为温度范围的标记，c和m为常数），并对一系列已报道数据集进行了非常令人满意的拟合：

$$Y = \ln\left\{1+\exp\left[c\left(T-T_c\right)\right]\right\}^m \tag{3.4}$$

Jousse等人[130]调研了美拉德反应生成香味成分的动力学公开数据，并提出了一个简化但基础广泛的动力学路线，如图3.3所示。该路线根据图3.3中的缩写概括为如下若干方程：

$$
\begin{aligned}
S' &= -R_1S-R_2S.AA \\
AA' &= -R_2S.AA+R_4ARP-R_8C.AA \\
ARP' &= R_2S.AA-R_3ARP-R_4ARP \\
PY' &= R_3ARP-R_{11}PY \\
RS' &= R_4ARP-R_5RS-R_6RS \\
FU' &= R_5RS+R_7C.C-R_{11}F \\
C' &= 2R_6RS-R_7C.C-R_8C.AA-R_{11}C \\
I' &= R_8C.AA-R_9I-R_{10}I.I \\
SA' &= R_9I-R_{11}SA \\
PZ' &= R_{10}I.I-R_{11}PZ
\end{aligned}
\tag{3.5}
$$

对于单分子反应步骤 R_1、R_3、R_4、R_5、R_6、R_9 和 R_{11}，速率用 s^{-1} 表示；对于双分子反应步骤 R_2、R_7、R_8 和 R_{10}，速率用 $M^{-1} \cdot s^{-1}$ 表示。缩写词，如糖的 S，代表摩尔浓度，而 S′ 代表时间导数。体系随时间的变化完全取决于糖和氨基酸的反应速率和初始摩尔浓度。

　　用于拟合葡萄糖–丙氨酸体系中 PY、FU、SA 和 PZ 实验数据的反应速率如表 3.5 所示。这些值可用于给出特定条件下特定组分之间美拉德反应预期产生挥发物的第一近似值。

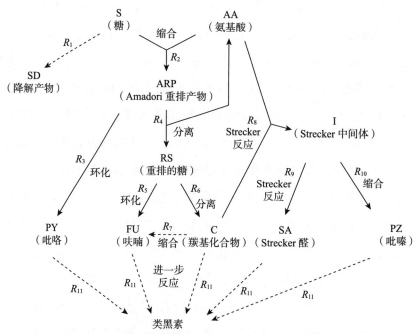

图 3.3　美拉德反应香味成分生成的简化动力学路线[130]

表 3.5　用于拟合葡萄糖–丙氨酸体系吡咯、呋喃、Strecker 醛和吡嗪的实验浓度的 Arrhenius 速率[130]

过程	R_0	$E / (kJ \cdot mol^{-1})$
$R_1(s^{-1})$	0	0
$R_2(M^{-1} \cdot s^{-1})$	5.0×10^{12}	120.5
$R_3(s^{-1})$	6.0×10	35.6
$R_4(s^{-1})$	1.5×10^5	52.9
$R_5(s^{-1})$	2.0×10^{11}	109.3

续表

过程	R_0	$E / (kJ \cdot mol^{-1})$
$R_6(s^{-1})$	5.0×10^5	66.5
$R_8(M^{-1} \cdot s^{-1})$	5.0×10^{11}	83.1
$R_9(s^{-1})$	1.0×10^{15}	116.3
$R_{10}(s^{-1})$	Fast	—
$R_{11}(s^{-1})$	1.0×10^{10}	99.7

注：R_0 表示零级反应速率，E 表示活化能。

8 玻璃化转变温度（T_g）的影响

Bell 等人[131]首次尝试将 T_g 对褐变的影响与对反应物消耗的影响联系起来，研究了 a_w 为 0.11～0.76 条件下含有甘氨酸（0.1 mol）和葡萄糖（0.1 mol）的 3 种聚乙烯吡咯烷酮（polyvinylpyrrolidone，PVP，分子量分别为约 40 kDa、约 30 kDa 及小于 3.5 kDa）体系。在 a_w 为 0.54 时，甘氨酸消耗的动力学曲线为二级曲线，而褐变的动力学曲线为准零级曲线。在 a_w 为 0.11 时，并且所有体系温度几乎为 30℃或者低于 T_g 时，甘氨酸消耗速率常数与褐变速率常数均很小。在 a_w 为 0.33 时，即使所有体系仍然处于玻璃态，甘氨酸消耗速率常数与褐变速率常数均升高（$P<0.05$）。在 a_w 大于 0.54 时，由于基质坍塌，甘氨酸消耗速率降低，而褐变速率保持稳定。随着 a_w 的增加，低分子量 PVP 体系由玻璃态转变为橡胶态，褐变速率常数随之增大 30 倍。对于其他 PVP 体系，反应速率常数随着玻璃态向橡胶态的转变几乎无变化。这肯定是因为其他因素在其中发挥了作用。此外，甘氨酸消耗速率常数与褐变速率常数无相关性。在某些情况下，褐变速率很高，但甘氨酸消耗速率很低；但是，最高甘氨酸损失速率并非对应于最高褐变速率。

Craig 等人[132]测定了海藻糖-蔗糖-水体系的非结晶基质 T_g 区葡萄糖和赖氨酸美拉德反应的反应物消耗速率。体系温度高于 T_g 时，反应消耗速率表现出 Arrhenius 温度依赖性，赖氨酸和葡萄糖的活化能分别为 135 kJ·mol^{-1} 和 140 kJ·mol^{-1}（32.3 kcal·mol^{-1} 和 33.5 kcal·mol^{-1}）。与非玻璃态样品相比，玻璃态样品的反应速率有限且更快。研究结果表明，高于 T_g 时消耗速率受反应控制，

而低于 T_g 时消耗速率则受扩散控制。

T_g 对含有麦芽糊精（maltodextrin，MD）或 PVP，并平衡到 a_w 为 0.23、0.33 或 0.44 的无定形赖氨酸和木糖混合物的褐变速率的影响已有研究[133]。褐变速率随温度或 a_w 升高而升高，但与 T_g 无关，PVP 体系的褐变速率大于 MD 体系。在此之后，Lievonen 等人[134]比较了水、MD、PVP 体系中木糖、果糖和葡萄糖（MD、PVP 体系 a_w 为 0.33）的褐变情况。在水溶液中，褐变表现出一个滞后阶段，然后呈线性变化；而在 MD 和 PVP 体系中，反应没有滞后阶段，先呈线性变化，然后趋于平稳。在所有体系中，木糖的褐变速率最快，果糖的褐变速率通常比葡萄糖快。不同基质中，果糖褐变降低的程度从大到小依次为水、MD、PVP，葡萄糖依次为水、PVP、MD，木糖依次为 PVP、水、MD。PVP 体系中的相分离可能是基质之间差异的一种解释。当温度低于 T_g 时，褐变比例一般较低，而当温度比 T_g 高 10 ~ 20℃时，褐变比例则显著提高。然而，木糖再次成为一个例外，其 PVP 体系的褐变比例在温度远低于 T_g 时就开始迅速增加。这显然与 PVP 体系的速率常数大于水体系的速率常数有关，即使在 PVP 体系为玻璃态的温度下也是如此。

Lievonen 等人[134]利用 Arrhenius 方程分析了非酶褐变的温度依赖性。该方法适用于所有体系的分析，并且在温度比 T_g 高 2 ~ 12℃时 6 个体系中有 5 个可观察到破裂。对于葡萄糖-MD 体系，温度低于 T_g 时可观察到破裂，而葡萄糖-PVP 体系没有出现明显破裂。低于和高于破裂温度所算得的 E_a 差异不大，因此物理状态的变化对非酶褐变动力学只有一定程度的影响。Williams-Landel-Ferry 方程在此研究中的应用没有表现出明显优势。

9 氨基酸以外的胺作为反应物

9.1 肽

人们长久以来已经认识到，氨基酸作为肽的组成部分时，在美拉德反应模型体系中的反应活性不一定保持不变。因此，van Chuyen 等[135,136]提出 80℃时氨基化合物与乙二醛的反应活性从高到低依次为四甘氨酸、三甘氨酸、二甘氨酸、双氨酸、甘氨酸、丙氨酸，肽的反应活性明显高于氨基酸，并且他们从反应混合物中分离表征了一系列吡嗪酮（图3.4）。

de Kok 和 Rosing[137] 对早期的相关工作进行了综述，研究了肽在美拉德反应中的活性，并考察了葡萄糖-肽体系（0.4 M，100℃，pH 值为5.6，6 h）中葡萄糖的降解动力学。在没有肽的情况下，糖降解可以忽略不计，反之亦然。葡萄糖降解活性按二甘酸、三甘酸、甘氨酸的顺序降低，尽管其 pK_2（氨基的解离常数）值分别为 8.25、7.91 和 9.77，这说明末端氨基并非发挥作用的唯一因素。羧基的分子内催化作用（图3.4）可能是一个可接受的解释。

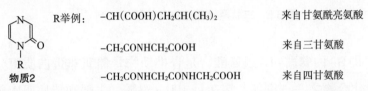

| | R举例： | –CH(COOH)CH₂CH(CH₃)₂ | 来自甘氨酰亮氨酸 |

R举例： $-CH(COOH)CH_2CH(CH_3)_2$ 来自甘氨酰亮氨酸

$-CH_2CONHCH_2COOH$ 来自三甘氨酸

物质2 $-CH_2CONHCH_2CONHCH_2COOH$ 来自四甘氨酸

图3.4 乙二醛-肽体系（100℃，pH 值为5.0）生成的 1-取代的吡嗪-2-酮[135,136]

对于 Gly$X$ 二肽（X = Gly，Val，Thr，Pro，Phe，His，Lys，Asp，Glu）[①]，除了 X 为 Glu 时反应活性明显增强外，其他二肽的反应活性基本相当，并且在有无磷酸盐的情况下均是如此，但磷酸盐的存在会将反应活性总体提高 3 倍左右。对于 Met$X$ 二肽（X = Met[②]，Gly，Glu，Lys，Pro），反应活性的情况与 Gly$X$ 完全一致，磷酸盐的存在会将反应活性总体提高 2 倍左右。对于 Pro$X$ 二肽（X = Gly，Glu，Lys，Pro），令人惊讶的是，"谷氨酸效应"并不明显，但 X 为赖氨酸时反应活性明显增强，磷酸盐使反应活性增强 3 倍左右。谷氨酸侧链上的羧基无法进行分子内催化，因为席夫碱的氮是四元的，无质子转移到羧基上；相反，赖氨酸的 ε-氨基却可以从糖基的 C-2 上获得质子。

磷酸盐的催化效率（DPC）即有无磷酸盐存在时反应速率之比，随着二肽性质的变化而变化。反应速率图表明，在每个体系中 DPC 与无磷酸盐的相对速

---

① Gly = 甘氨酸，Val = 缬氨酸，Thr = 苏氨酸，Pro = 脯氨酸，Phe = 苯丙氨酸，His = 组氨酸，Lys = 赖氨酸，Asp = 天冬氨酸，Glu = 谷氨酸。

② Met = 甲硫氨酸。

率呈负相关。磷酸盐被认为是二肽羧基和反应性亚胺中心之间的质子转移介质（图3.5）。如果质子从二肽羧基的直接转移已经足够有效的话，增强作用就会减弱。

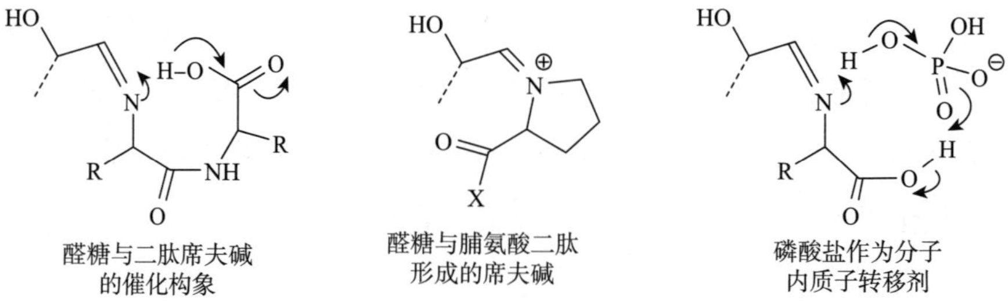

醛糖与二肽席夫碱   醛糖与脯氨酸二肽   磷酸盐作为分子
的催化构象   形成的席夫碱   内质子转移剂

图3.5 二肽及磷酸盐催化的活性机制[137]

肌肽，即β-丙氨酰-L-组氨酸，是脊椎动物骨骼肌非蛋白质组分中含量最丰富的含氮化合物之一，例如，它在每100 g鸡腿、牛腿和猪肩肌肉组织中的含量分别为50 mg、150 mg和276 mg。Chen和Ho[138]考察了肌肽对核糖-半胱氨酸模型体系（180℃，2 h，pH值为5和8.5）挥发性产物的影响。结果表明，其影响较为复杂，噻吩和一些肉味化合物，如2-甲基-3-呋喃硫醇、2-糠基硫醇及其相关二聚体的含量普遍降低，但重要的含氮化合物，如产生烘焙香和坚果香的吡嗪和噻唑类化合物的含量则会增加。

9.2 磷脂

含有氨基的磷脂可能在美拉德反应中作为氨基组分起作用——Bucala等人[139]首次提出在美拉德反应中有磷脂的参与。在体外37℃时，过量的葡萄糖主要以席夫碱的形式在2周内使二油酰磷脂酰乙醇胺糖化40%，只有18%的产物在37℃、pH值为5条件下稳定1h，GC-MS分析表明这些产物为Amadori化合物，而非席夫碱[140]。从红细胞膜分离的磷脂的糖化水平为0.48 mmol（每1 mol乙醇胺），并且几乎都是Amadori化合物。在糖尿病患者的样本中，磷脂糖化水平为此值的3倍。在早期的研究中[141]，采用LC-MS发现红细胞膜和血浆中的磷脂酰乙醇胺分别有1.2%和2.3%被糖化，而糖尿病患者样本中磷脂酰乙醇胺的糖化比例分别增加到 10% 和 16%。应该注意的是，糖尿病和非糖尿病患者样本中磷脂酰乙醇胺的糖化程度之比大约为 10∶1。

羧甲基乙醇胺已被证明存在于红细胞膜水解物中，含量约为 0.14 mmol（每 1 mol 乙醇胺）。膜蛋白中的羧甲基赖氨酸含量约为 0.2 mmol（每 1mol 赖氨酸），在这两种情况下，糖尿病患者（无并发症）和非糖尿病患者的样本之间没有差异[142]。在糖尿病和非糖尿病患者的空腹尿液中也检测到羧甲基乙醇胺，含量为 2～3 nmol（每 1 mg 肌酐）。Requena 等人[142] 计算出羧甲基乙醇胺的每日排出量为 2.8 μmol，其中超过 99% 来自细胞膜脂的正常转换而非红细胞。

Miyazawa 等人[143] 通过紫外吸收（318 nm），采用 HPLC 测定了二油酰磷脂酰乙醇胺的 Amadori 化合物为 3- 甲基 -2- 苯并噻唑啉酮腙，该方法对果糖基（F）和乳果糖基（L）化合物的检测限分别为 4.5 ng 和 5.3 ng，线性范围约达 2 μg。采用该方法，他们得到了如下结果：婴儿配方奶粉，F = 32～112 μg·g^{-1}，L = 49～88 μg·g^{-1}；蛋黄酱，F = 12.2 μg·g^{-1}；巧克力，F = 3.9 μg·g^{-1}，L = 1.5 μg·g^{-1}；牛奶，L = 0.079 μg·mL^{-1}；豆浆，F = 0.24 μg·mL^{-1}，L = 0.13 μg·mL^{-1}；大鼠血浆，F = 0.23 μg·mL^{-1}；在母乳中没有检测到显著的含量。

如上所述，N-（羧甲基）磷脂酰乙醇胺以 0.14 mmol（每 1 mol 乙醇胺）的水平[142] 存在于红细胞膜中，但 N-（羧甲基）磷脂酰丝氨酸含量水平为 0.44 mmol（每 1 mol 丝氨酸）[140]，尽管磷脂酰乙醇胺与磷脂酰丝氨酸之比约为 2∶1。这种对磷脂酰丝氨酸的优先修饰是出乎意料的。

低密度脂蛋白因其对健康的重要作用而备受关注。当低密度脂蛋白被氧化时，其蛋白质和脂质成分的糖化被认为是参与其中的。利用葡萄糖化的磷酸乙醇胺，Ravandi 等人[144] 确定了低密度脂蛋白中糖化的磷脂乙醇胺。富含葡萄糖化的磷酸乙醇胺的低密度脂蛋白对脂质氧化的敏感性增加，糖化脂质的存在使结合磷脂的过氧化氢和醛类分别增加 5 倍和 4 倍。低密度脂蛋白的表面脂质单层中糖化的磷酸乙醇胺的引入，导致氧化过程中颗粒内部的聚不饱和胆固醇酯迅速损失。在糖尿病和非糖尿病患者的动脉粥样硬化斑块中，也分离和鉴定出了糖化的磷脂乙醇胺。

糖尿病或肾功能不全患者的动脉粥样硬化发展迅速。在这些病例中，血浆脂蛋白谱一般会出现异常，含有载脂蛋白 B 的高密度脂蛋白和低密度脂蛋白含量水平较高。在糖尿病和终末期肾病患者血浆中也出现高含量水平的循环高级糖化终产物（AGE）。因此，Bucala 等人[145]研究了循环 AGE 与血浆脂蛋白直接反应，以阻止组织低密度脂蛋白受体对其识别，从而阻碍其被清除的可能性。AGE 特异性酶联免疫吸附试验（ELISA）显示，当天然低密度脂蛋白与人工合成的 AGE 肽或从患者血浆中分离出来的 AGE 肽一起培育时，AGE 修饰的低密度脂蛋白含量增加，AGE–LDL 很容易在体外形成。当注射到表达了人类低密度脂蛋白受体的转基因小鼠体内时，低密度脂蛋白被修饰到与肾功能不全的糖尿病患者血浆中的相同水平，其清除动力学明显受损。糖尿病患者服用高级糖化抑制剂氨基胍后在 4 周内循环低密度脂蛋白降低了 28%，这一结果支持了上述推论。

9.3 伏马菌素

伏马菌素首次被鉴定为生长在玉米上的轮枝镰孢菌产生的毒素。它通常存在于饲料中，但也存在于人类食用的玉米制品中。据报道，在南非和中国，伏马菌素与人类食道癌的高发病率有关[146]。伏马菌素 B_1（图 3.6）具有一个伯氨基，因此非酶褐变可能是样品长时间暴露于高温下伏马菌素降低的原因。

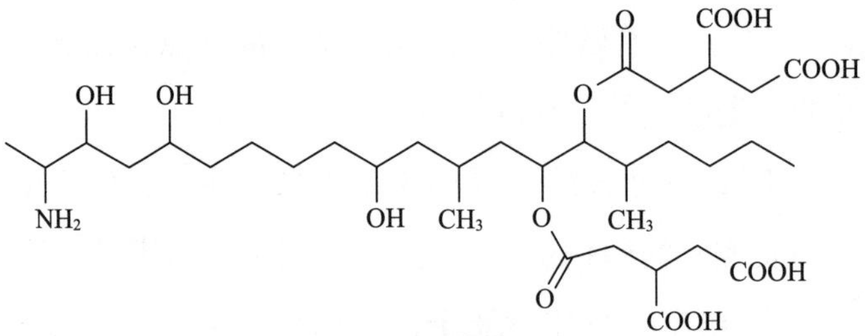

物质3

图 3.6　伏马菌素 B_1

Lu 等人[147]提出，伏马菌素 B_1 与葡萄糖在 65℃下加热 48 h 可得到 4 种主要产物：N–甲基、N–羧甲基、N–（3–羟基丙酮基）和 N–（2–羟基–2–羧乙基）衍生物。当加热温度限制在 60℃时，检测到了 N–（1–脱氧果糖–1–基）化合物。在 80℃下加热 48 h，可得到十多种产物。反应动力学明显为一级反应，活化能为 105.7 kJ·mol^{-1}（25.3 kcal·mol^{-1}），这意味着在可行的加工时间内要达到有效的反应程度需要加热处理。在 80℃下将玉米与葡萄糖一起加热会发生凝胶化，凝胶化的干扰可添加 α-淀粉酶以消除；60℃下加热不会发生凝胶化，50℃及以下则不会发生反应。60℃下，反应 8 天伏马菌素 B$_1$ 减少 50%，而 80℃下只需 2 天，但需要考虑添加 α-淀粉酶的额外成本。

Costelo 等人[148] 在 200℃下将葡萄糖与玉米松饼一起烘焙，伏马菌素 B$_1$ 减少 45%~70%，而 160℃下却能减少 90%。

9.4 壳聚糖

当壳聚糖在 25℃加热 1 h，然后在 175~180℃，水、酵母和还原糖存在时加热 15 min，由于美拉德反应，壳聚糖基本上变得不可恢复[636]。

10 脂质的影响

Whitfield[149] 综述了脂质对食品中挥发性成分的影响。脂质氧化产物与蛋白质和其他氨基化合物反应会形成褐色物质，类似于类黑素。这种褐色物质的形成已经在第一届美拉德研讨会上进行了讨论[150]。形成的物质部分溶于氯仿-甲醇，部分不溶，而真的类黑素大部分是水溶性的。大多数鱼肉的褐色物质溶于苯-甲醇，在水中的溶解程度较低，这意味着氧化脂质-蛋白质的相互作用比核糖-氨基酸美拉德褐变更重要。

在食品不同类型的脂质中，磷脂具有更强的不饱和性，对肉类香气的形成尤为重要[151]。采用己烷预先提取甘油三酯不会影响熟肉的香气，但是如果预先用极性更强的溶剂（氯仿-甲醇）提取磷脂等所有脂质，烹饪后肉香将转变为烘烤香或类似饼干的香味，相应的挥发物将由占主导的脂肪醛和醇转变为烷基吡嗪，这表明脂质参与美拉德反应将抑制杂环化合物的形成。

C-2 位具有长烷基链的噻唑类化合物证明了脂质氧化产物与美拉德反应中间体相互作用。据报道，在炸鸡、烤牛肉和炸土豆中都存在此类噻唑类化合物（见 Mottram[152]）。此外，将磷脂添加到半胱氨酸-核糖体系，还可以得到 C-2 位具有长烷基链的噻吩[153]，其生成途径可能是脂质降解生成的 2,4-二烯醛与 H_2S 反应[154]。

由于氧化脂质和蛋白质的相互作用而发生的体内褐变，褐色色素将在组织中沉积，并被称为脂褐素或蜡样物质。猪、水貂和鸡等动物的脂肪组织中出现褐色变色，被称为"黄色脂肪病"。蜡样物质积累缓慢，因此被称为"年龄色素"。

鱼油与过量的卵清蛋白混合，加热至 140℃ 反应 1h，并用氯仿-甲醇萃取后，可在硅胶上对脂溶物进行色谱分离。仅含痕量氮的组分颜色较浅，但深褐色组分的氮含量达 0.9%[150]。水分的影响取决于反应体系，在相对湿度为 0、33% 和 75% 三个条件中，亚油酸甲酯-酪蛋白体系在相对湿度 75% 时的褐变速率最高[155]。

当褐变产物由较少的不饱和脂形成时，其颜色明显较浅[156]。因此，引进低不饱和脂含量的新品种在需要浅色的食品加工领域如零食制造方面将具有明显优势。

11 蛋白质糖化位点

Tressl 等人[157]首先合成七肽 N^α-Lys-Lys-β-Ala-Lys-β-Ala-Lys-Gly，然后将之与等分子量葡萄糖或乳糖反应（2 h，110℃，pH 值为 6.7），采用 MALDI-TOF-MS、碰撞诱导分解 ESI-MS-MS、^{1}H-NMR 和 ^{13}C-NMR 对 RPHPLC 分离的产物进行糖化位置和性质进行分析。葡萄糖在 Lys1、Lys2 或两者处均产生 Amadori 化合物，并分析鉴定出了 Lys1 Amadori 化合物和 Lys2 糠氨酸(-2H) 或甲酰基吡咯，以及 Lys1 糠氨酸(-2H) 或羧甲基赖氨酸(-2H)。类似地，乳糖也在 Lys1、Lys2 或两者处产生 Amadori 化合物，并且也分析出了 Lys1 Amadori 化合物和 Lys2 甲酰基或羧甲基赖氨酸，以及 Lys1 甲酰基或一种 C_3 化合物。Lys3 和 Lys4 位置上没有发生糖化。

Hasenkopf 等人[158]采用葡萄糖、抗坏血酸或相关化合物，通过酶水解、硅烷化和 GC-MS，研究了各种蛋白质的糖化。聚赖氨酸和脱氢抗坏血酸生成羧甲基赖氨酸、羧乙基赖氨酸、草酰赖氨酸和甲酰赖氨酸（分别为 CML、CEL、OL 和 FOL），其中 CML 生成量最高，CEL 和 OL 生成量很小。在抗坏血酸化过程中只有 OL 生成，但如果在氧化条件下它也可以从糖中获得。抗坏血酸化的聚赖氨酸产生了另一种化合物，即 1-羧基-3-羟丙基赖氨酸（CHPL）。β-乳球蛋白和糖产生 CML、CEL、OL 和 CHPL。需要注意的是，在 GC-MS 分析中，合成的 OL 会转化为 FOL，但对于酶解却稳定，用异硫氰酸苯酯衍生化后，可以采用 HPLC-UV 进行测定。聚赖氨酸与不同的糖生成不同比例的 OL 和 FOL，分别为：7:1（抗坏血酸、脱氢抗坏血酸和麦芽糖），5:2（葡萄糖），3:2（核糖），2:3（果糖），1:3（乳糖）。在所有考察的蛋白质中，CML 的生成量最高，从乳球蛋白和乳糖的 3.0 mmol（每 1 mol 赖氨酸）到 AGE 乳球蛋白（与葡萄糖在 37℃ 条件下反应 60 天）的 167.2 mmol（每 1 mol 赖氨酸），这表明产率范围为 0.05～2.7 CML（每 1 mol 蛋白质）（16 个 Lys 残基）。OL 的生成量为 9.0～35.8 mmol（每 1mol 赖氨酸），FOL 为 1.2～24.2 mmol（每 1 mol 赖氨酸），CEL 为 1.1～3.5 mmol（每 1 mol 赖氨酸），但是 CHPL 的生成量却小于 0.25 mmol（每 1 mol 赖氨酸）。核糖的糖化产物总量最高，大致为 209.1 mmol（每 1 mol 赖氨酸），乳糖的最低，为 3.0 mmol（每 1 mol 赖氨酸）。当使用其他糖化标志物时，结果差异很大，因此在这一阶段需要避免泛化。

Kislinger 等人[159]采用 MALDI-TOF-MS 对糖化鸡蛋溶菌酶中的 CML、咪唑啉酮 A 和 Amadori 产物（AP）进行了相对定量分析。用葡萄糖（500 mM、250 mM、100 mM）将酶（0.7 mM）在 50℃ 的磷酸盐缓冲溶液（pH 值为 7.8）中处理 1 周、4 周、8 周和 16 周，然后用内蛋白酶 Glu-C 消化产物，并在得到的 N 端和 C 端肽片段中测定 3 种美拉德产物。在所考察的条件下，这三种物质构成了主要的糖化产物，形成取决于葡萄糖浓度和反应时间，反应动力学则与用于 CML 和咪唑啉酮 A 定量分析的 ELISA 得到的动力学类似。抑制实验表明，N^α-乙酰精氨酸对咪唑啉酮的形成有抑制作用，但对 AP 和 CML 的形成无抑制作用。在 N^α-乙酰赖氨酸存在下，Lys 的修饰受到抑制，但咪唑啉酮 A 的浓度增加。用邻苯二胺处理降低了 AP 的产率，完全抑制了 CML 和咪唑啉酮 A 的形成。内蛋白酶 Glu-C 特异性地将肽键 C 端裂解为谷氨酸或天冬氨酸，从而产生氨基酸片段 1-7（KVFGRCE）和 120-129（VQAWIRGCRL）作为 N 端和 C 端肽（来自溶菌酶）。将样品（500 pmol · μL^{-1}）在含 0.1% 三氟乙酸（TFA）和 33% 乙腈的饱

和 α-氰基-4-羟基肉桂酸中按 1 : 50 稀释，并将 1 μL 溶液点在 MS 靶上。在所使用的条件下，只检测到单电荷离子。将修饰肽的单同位素峰积分与未修饰肽的单同位素峰积分（定义为 1.0）进行比较，从而得出相对积分。AP 的形成同时取决于葡萄糖浓度和反应时间。较高的葡萄糖浓度似乎将引起过度糖化，从而导致不完全消化。对于 100 mM 葡萄糖，1 周后检测到 AP，却未检测到 CML，AP 在 16 周后趋于稳定，4 周后检测到 CML。作为高级糖化终产物（AGE），CML 含量预计随着时间延长而增加，但事实上，却减少了，这可能又是由于不完全消化。在 Arg-125 上形成的咪唑啉酮随葡萄糖浓度和反应时间增加而增加。与 CML 相反，100 mM 和 250 mM 葡萄糖的咪唑啉酮相对百分比曲线几乎是线性的，正如对 AGE 的预期一样，直到 24 周后才变平缓，500 mM 葡萄糖则 8 周后变平缓。

Brock 等人[160]采用 ESI-LC-MS 比较了核糖核酸酶 A（RNase A）的糖化和羧甲基化位点。核糖核酸酶 A 是一种 13.7 kDa 的酶，已知序列有 124 个氨基酸残基，包括 9 个赖氨酸残基。将酶（1 mM）与葡萄糖（400 mM）在磷酸盐缓冲液（0.2 M，pH 值为 7.4）中在 37℃下空气培养 14 天，然后用胰蛋白酶进行消化。糖化的主要位点是 Lys41、Lys7、Lys1 和 Lys37，糖化程度依次降低，其中 Lys41、Lys7 和 Lys37 也是 CML 形成的主要位点，反应程度依次降低。当核糖核酸酶 A 在厌氧条件下（1 mM 二乙烯三胺五乙酸，N$_2$ 净化）培养形成糖化蛋白，然后在有氧条件下培养以形成 CML 时，糖化和 CML 形成的主要位点保持不变。当培养核糖核酸酶 A 时，乙二醛高达 5 mM，远远超过在所用条件下葡萄糖自氧化所形成的量，赖氨酸残基仅被微量修饰，修饰位点主要在 Lys41 处。因此，CML 形成的主要途径是糖化蛋白的自氧化，而不是葡萄糖自氧化产生的乙二醛，而羧甲基化和糖化一样，具有位点特异性。

Ahmed 等人[50]建立了一种大范围分析早期产物和 AGE 的方法。该方法包括水解、6-氨基喹啉-N-羟基琥珀酰亚胺氨基甲酸酯衍生化、荧光检测 HPLC［源自乙二醛的氢咪唑啉酮异构体、2-氧丙醛、3-DG、THP、N^δ-（4-羧基-4,6-二甲基-5,6-二羟基-1,4,5,6-四氢嘧啶-2-基）鸟氨酸］。AGE 具有固有荧光特性（嘧啶和戊糖素），可以不经衍生化，直接进行分析。方法的检测限为 2 ~ 17 pmol，回收率 50% ~ 99%。除戊糖素外，检测到的化合物在 pH 值为 7.4 时的半衰期很短，只有 0.7 ~ 12 天。与体外实验[161] 相反，体内样品由于缺乏灵敏度和 / 或分辨率而无法测定 GOLD、MOLD、DOLD、CML、CEL 和吡咯素。

在 100 mM 磷酸盐缓冲液（pH 值为 7.4）中，采用 0.5 mM 或 100 mM MGO 与 HSA 反应 24 h，分别检测到 MG-H1 1.45 mol 和 1.92 mol（每 1 mol 蛋白质），THP 0.27 mol 和 1.72 mol（每 1 mol 蛋白质），ARGPy 0.23 mol 和 3.19 mol（每 1 mol 蛋白质）[161]。采用 40 mM 和 1670 mM 葡萄糖进行类似实验主要生成果糖基赖氨酸和 CML，以及少量 THP、MG-H1、G-H1、3-DG-H1、ARGPy 和 DOLD。随着葡萄糖浓度的升高，除发现吡咯素外，果糖基赖氨酸含量达到 8 mol（每 1 mol 蛋白质）（36 个赖氨酸残基）。精氨酸衍生的 AGE 占被修饰精氨酸残基的 80%，而赖氨酸残基的相应值仅为 25% 左右。值得注意的是，商品化的 HSA 含有大量和可变量的 G-H1［高达 3.15 mol（每 1 mol 蛋白质）］和少量果糖基赖氨酸、3-DG-H1、MG-H1、THP 和 ARGPy［均为 0.28 mol（每 1 mol 蛋白质）或更少］。

毛细管电泳是一种非常强大的分离手段。Hinton 和 Ames[162] 将 BSA（1 mM）单独或与乙二醛（25 mM）在 37℃磷酸盐缓冲液（pH 值为 7.5）中培养 14 天后，进行了毛细管电泳实验。胰蛋白酶消化物中分子量小于 5 kDa 组分的电泳谱图有超过 70 个峰，其中一些峰对每个样品都具有特征性。

Chevalier 等人[163] 在 0.1M 磷酸盐缓冲液（pH 值为 6.5）中，60℃，严格厌氧条件下，用等分子量的核糖、阿拉伯糖、半乳糖、葡萄糖、鼠李糖或乳糖将 β-乳球蛋白（0.217 mM）糖化 72 h，修饰的氨基平均数分别为 11.0、8.8、6.7、6.6、6.5 和 5。

Scaloni 等人[164] 研究了酪蛋白的乳糖化反应。他们借助 MALDI-MS 和 Edman 降解法进行分析，结果发现适度加热时反应位点为 Lys34（α_{S1}-酪蛋白）和 Lys107（β-酪蛋白），过度加热将进一步导致在 Lys7、Lys83、Lys103、Lys105、Lys132、Lys193，以及 Lys32、Lys48、Lys176、Lys193 位点的反应。

12 寡糖和多糖的影响

在乳糖的美拉德反应中，4-羟基被取代，因此 β-二羰基的形成被阻断，从而阻止了 2-乙酰基吡咯的生成[30]。

Hollnagel 和 Krohc[165] 在不含甘氨酸和含甘氨酸（0.5 mL，0.25 M）的水溶液中（0.5 mL，0.25 M，在 100℃ 下在密封管中反应 240 mins），比较了葡萄糖、麦芽糖和麦芽三糖的焦糖化和美拉德反应。在两种条件下，麦芽糖和麦芽三糖体系产生的 α-二羰基化合物主要为 3-脱氧戊糖醛酮，葡萄糖体系不产生此化合物。因此，针对 3-脱氧戊糖醛酮的形成，他们提出了一种特殊的"剥落"路径（图 3.7），"剥落"产生的（n-1）低聚糖可以进一步循环反应。氨基酸的存在有利于此路径的进行，并且此路径在单糖的美拉德反应与单糖和低聚糖的焦糖化反应中都不重要。

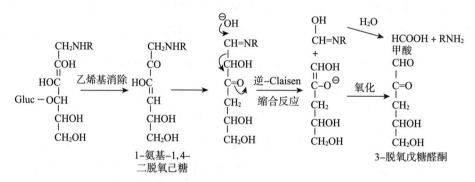

图 3.7 低聚糖如麦芽糖形成 1-氨基-1,4-二脱氧己糖的"剥落"机理[165]

在赖氨酸与麦芽糖、麦芽三糖或麦芽糖四糖的模型体系中，110℃ 下加热 15 min，采用 HPLC-MS-MS 分别鉴定出了葡萄糖基吡咯（GP）、二葡萄糖基-β-吡喃酮或三葡萄糖基-β-吡喃酮[166]。当糖源为直链淀粉，并且在热处理后加入 β-淀粉酶时，仅检测到 GP 和二葡萄糖基-β-吡喃酮。在含有麦芽糖和赖氨酸含量不断增加的加热体系中，研究了 GP 以及衍生的葡萄糖基异麦芽酚（GIM）和葡萄糖基赖氨基吡咯（GLP）的形成。当赖氨酸、麦芽糖的比例超过 1:100 时，GIM 开始生成，并且随着 GP 的降解，其含量快速升高。GLP 表现类似（见参考文献 [45]）。

干意大利面条含有 3~600 μmol·kg⁻¹ 的 GP 和 0.02~6 μmol·kg⁻¹ 的 GIM，具体含量取决于干燥过程中的加热程度[166]。将饼干和面包皮暴露于较高温度下，将形成较低含量的 GP（50~100 μmol·kg⁻¹）和较高含量的 GIM（10~30 μmol·kg⁻¹）。

第四章

非酶褐变反应中颜色的形成

1 概述

颜色形成是美拉德反应的主要特征，但到目前为止对产生颜色的有色基团的认识依然还很粗浅。

通过读取光谱可见区域的吸光度，可以很容易地测量产生的颜色，典型波长为 360 nm 和 420 nm。由于美拉德反应粗产物的光谱几乎没有特征，在 400 nm 以下吸收很强，但在更大波长处逐渐衰减，因此，在测试保持一致的情况下，选择哪种波长进行仪器定量并不重要。

颜色从许多方面来看是一种生理感觉，应该通过视觉来评估。与气味分子的处理类似，Hofmann[73]在这方面迈出了关键的一步，他定义了颜色稀释因子（colour dilution factor，CD）和颜色活性值（colour activity value，CAV）。CD 是颜色分子 x 的任何溶液稀释到其颜色阈值时的系数。CAV_x 是颜色分子 x 的浓度（$\mu g \cdot kg^{-1}$）与颜色阈值（$g \cdot kg^{-1}$）的比值。一种颜色分子 x 对混合物颜色的贡献则可以定义为

$$颜色贡献度（x）= \frac{CAV_x}{CD_{total}} \times 100\% \tag{4.1}$$

在此 CD_{total} 为混合物的总体颜色稀释因子。

图 4.1 显示了在美拉德反应模型体系中形成的一些低分子量有色化合物。有关类黑素颜色的化学机制一直不是很清楚，直到 1972 年，Severin 和 Krönig[167]

从木糖和醋酸异丙胺的加热水混合物中以 0.07% 的产率分离出一种特殊化合物（图 4.1 中 4a）。该化合物为黄色，$\lambda_{max} = 365$ nm。当胺被甘氨酸或赖氨酸代替时，产率进一步下降。当阿拉伯糖代替木糖时，也得到了类似的结果。后续工作进一步鉴定出了相关化合物（图 4.1 中 4b 和 4c），其中一些化合物中糠醛基团的环氧被 NR 取代。

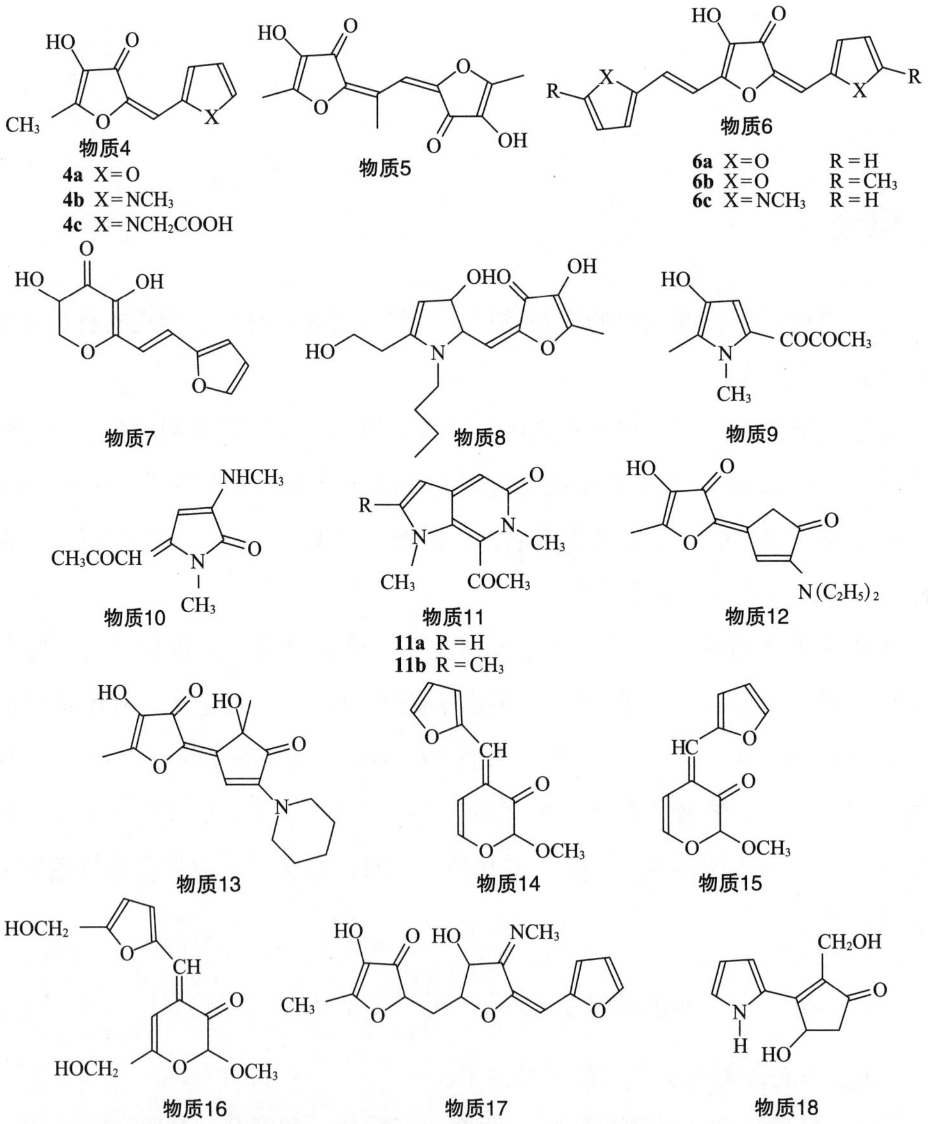

图 4.1 美拉德反应模型体系中形成的一些低分子量有色化合物

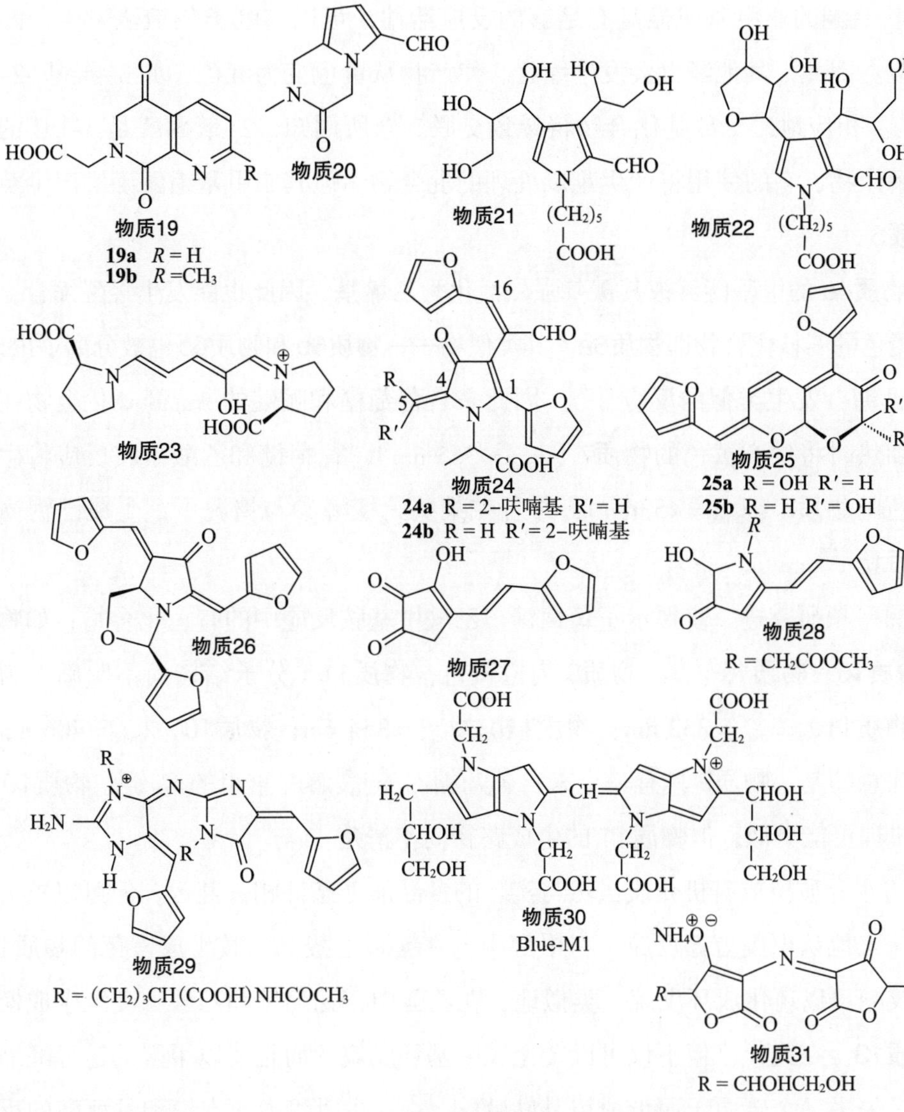

图 4.1（续）

尽管**物质4a**及其类似物是相对简单的化合物，但当考虑到来源时，此类化合物将变得很重要。它们结构中的两部分来源不同：糠醛部分来自 Amadori 化合物的 1,2-烯醇化，呋喃酮来自 2,3-烯醇化（见第二章），其中低 pH 有利于前者形成，适中 pH 有利于后者形成。这意味着要使两种部分能相互作用，需要仔细平衡反应条件。反应 pH 的优化也会受到 Amadori 化合物氨基酸残基酸碱性质的影响。

　　呋喃酮的亚甲基明显具有足够的反应活性，可以与醛类如糠醛发生羟醛缩合反应。因此，其他醛也会发生缩合，使产物从黄色变为红色，如3-羟基-2-丁酮[168]。相应地，二羰基化合物将导致交联。众所周知，2-氧丙醛是3-DG的一种裂解产物，它的使用将产生难以处理的混合物，但其二甲基缩醛确实产生黄色的**物质5**。

　　物质4a的甲基能够被其羰基强烈活化为乙烯基，因此也能发生羟醛缩合，形成深橙色的三核化合物即**物质6a**，其类似物——**物质6b**和**物质6c**也被分离了出来。

　　己糖会发生类似的反应[169]，因此来自葡萄糖和哌啶的Amadori化合物在与糠醛加热时将生产黄色的**物质7**（$\lambda_{max} = 365\,nm$）。葡萄糖和乙酸丁胺反应将生成橙黄色的**物质8**（$\lambda_{max} = 453\,nm$），并且在某些无糠醛参与情况下，生成己糖当量的**物质1c**[170]。

　　另一项研究进一步揭示了葡萄糖与乙酸甲基胺反应中的有色化合物，如**物质9**、**物质10**、**物质11**[171]。**物质9**为橙黄色，**物质11**（分子结构尚不明确）为黄色（**物质11a**，$\lambda_{max} = 352\,nm$；**物质11b**，$\lambda_{max} = 354\,nm$；**物质10**，$\lambda_{max} = 406\,nm$）。需要注意的是，**物质9**具有一个来自葡萄糖C_6链裂解并重组的C_8链，**物质10**的形成机理可能类似，但**物质11**的生成路径尚不清楚。

　　将水介质换成有机介质虽然与实际的食品加工条件相去甚远，但可以更为全面、深入地认识美拉德反应。在甲醇中，木糖和乙酸二乙胺生成橙色的**物质12**，说明戊糖可以环化成环戊烷。类似地，在乙醇中，葡萄糖和乙酸哌啶酯生成橙色的**物质13**。在此，己糖不仅可以转化成甲基环戊烷，而且能以甲醛的逆羟醛缩合方式，失去一个碳原子而形成甲基呋喃酮[172]。在甲醇中，木糖和甘氨酸的反应产物中能够分离出黄色的**物质14**、**物质15**（$\lambda_{max} = 386\,nm$），类似地，木糖和甘氨酸生成**物质16**，并可分离出其黄色乙酸盐（$\lambda_{max} = 384\,nm$）。

　　对木糖-甘氨酸体系的美拉德产物（在pH值为8.2的缓冲溶液或起始pH值为6.0的水溶液中）进行分离可以得到分子量范围为149～448 Da的17种有色化合物，其中主要为**物质4a**[113]。基于高分辨MS、PMR以及UV分析数据，可以确定$\lambda_{max} = 292\,nm$的黄色物质为具有三元环结构的**物质17**，而且明显是来自3个木糖单元。分离出的高分子量的化合物很可能为四元环结构。

类似地，木糖和赖氨酸盐酸盐在初始 pH 值为 4.6 的水溶液中反应生成黄色二元环化合物即**物质18**[173]，其中吡咯环连接了一个环戊烯酮，后者在水介质中产生（参见上文）。

喷雾干燥在工业上有着广泛的应用，因此喷雾干燥葡萄糖-甘氨酸模型体系已初步鉴定出了**物质19**、**物质20**[174]。

亚硫酸盐可以作为抑制剂来捕获模型体系中的中间体[175]，研究人员已在 37℃的磷酸盐缓冲液（pH 值为 7.35）中，用 6-氨基己酸（0.38 M）与木糖或葡萄糖（2.8 M）的混合物体系对它（0.2 M）的作用进行了探索。采用 IEC 和 HPLC 分别分离出了黄色的**物质21**和**物质22**，并且它们与半缩醛平衡存在。

研究者们对其他抑制剂和阻断剂也进行了探索。糠醛是一种缺乏 α-氢原子的醛，在羟醛缩合反应中不能起亲核作用（见参考文献［176］）。因此，尽管它是美拉德反应的重要产物，但它在聚合反应中起着链终止剂的作用。Hofmann[177]利用其阻隔性质发现了几种新的有色美拉德反应产物。糠醛与脯氨酸在水溶液中 50℃反应 15 min 生成不稳定的深黄色的**物质22**[177]。类似地，糠醛与丙氨酸在水溶液中 70℃反应 1 h 生成红色的**物质24**[171]。通过 ^{13}C 标记发现，**物质24** 中的第 1、4、5、16 位的碳来自糠醛的羰基。其形成机理是从糠醛分子的 C-4 中衍生出**物质24** 的醛基，该醛基保持完整的原始羰基并延伸形成碳原子 4。在进一步的实验中，木糖（66 mmol）和丙氨酸（16 mmol）在磷酸盐缓冲溶液（pH 值为 7.0）中回流反应 15 min 后，加入糠醛（100 mmol）继续反应 1 h，然后通过精细分离，可以得到橙色的**物质25a**、**物质25b**，以及**物质4a**、**物质6a**、**物质24a**、**物质24b**。当在缓冲溶液与甲醇体积比为 2∶1 的溶液中重复上述实验时，可以分离出**物质26a**、**物质26b** 以及以上 6 种已提及的化合物和**物质25a**、**物质25b** 的甲酯[73]。

在乙醇介质中使用阻断剂可以分离出红色的**物质27**[169]，该化合物被认为是通过己糖美拉德反应的重要中间体即 4-羟基-2,3,5-己三酮形成的。研究发现，**物质27** 是人肿瘤细胞体外生长的潜在抑制剂[178]（见第八章）。Hofmann[179]指出，当在仲胺（脯氨酸）存在下加热时，**物质27** 产生于 4-羟基-2,3,5-己三酮，而伯胺（甘氨酸甲酯）产生黄色的**物质28**，这是一个非常重要的转换。**物质28** 衍生于己糖，但它与戊糖衍生的**物质4c** 非常相似。

精氨酸作为类黑素前体近年来受到广泛关注。在模型体系中，N^x-乙酰精氨酸首先与乙二醛在 pH 值为 7 的水溶液中反应，然后再与糠醛反应后，采用乙酸乙酯萃取，水相残留物反复色谱分离可以得到产率 1% 的深红色的**物质29**[180]。这种化合物提供了一种蛋白质通过美拉德反应形成潜在的有色交联物质的实例（见第八章）。

Mustapha 等人[181]考察了反应介质对颜色的影响。将木糖和赖氨酸（均为 1 g）加入水 / 二级溶液混合物（水 10 g，二级溶液 0 ~ 10 g），20℃保存 1 周后测定 A_{480}。介质含水量约为 16.5% 时的测试结果见表 4.1。

表 4.1　含有不同二级溶液的样品 20℃保存 1 周的 A_{480} 和 a_w [181]

二级溶液	a_w	A_{480}
丙二醇	0.868 ± 0.009	59.9 ± 2.3
丙三醇	0.012 ± 0.006	23.0 ± 2.8
水	0.983 ± 0.010	15.4 ± 1.5
聚丙二醇 425	0.135 ± 0.011	0
聚丙二醇 1200	0.175 ± 0.014	0

美拉德反应中的颜色形成通常在中等 a_w 时达到最大值，但在此时水–甘油体系的数据不一致。在较高水含量（25% ~ 33%）下，每个体系均表现出最高的颜色强度（A_{480} 范围为 96 ~ 122）。对水–甘油体系和水–丙二醇体系的赖氨酸残留量进行分析发现，赖氨酸残留量与 A_{480} 呈良好的反比关系。水–聚丙二醇体系由于相分离，结果比较复杂。

到目前为止，研究已经从模型体系中分离出了大量分子量相对较小的有色分子。由于反应产物的复杂性，有时需要使用亚硫酸盐或糠醛等捕获剂来促进其有效分离。总体而言，已鉴定出的化合物和类黑素在颜色强度方面似乎仍有相当大的差距。

2　有色大分子美拉德产物

根据 Rizzi[182]的分类，所研究的反应体系可以划分为还原糖–胺或氨基酸模型体系、还原糖-蛋白质模型体系以及仅含糖的焦糖化体系。对于每种体系，需要注意，核心问题是大分子产物主链本身是否具有颜色，或者颜色是否存在于连接在无色主链的基团上。

2.1　还原糖-胺或氨基酸模型体系

木糖/葡萄糖-氨/丁胺体系形成的聚合物的化学降解表明，重复单元是衍生于 Amadori 化合物的不饱和 $C_{5/6}$ 化合物，然而，由于没有广泛共轭结构，这意味着聚合物主链是没有颜色的[183]。水溶性的葡萄糖-甘氨酸体系产生的类黑素的 ^{13}C-NMR 分析证明了这一结论[71]，但研究中只发现了非常有限的不饱和烯烃和芳烃结构。一项葡萄糖/果糖-甘氨酸体系在 pH 值为 3.5 时生成的类似聚合物（>16 kDa）的 ^{13}C-NMR 分析也发现了一些不饱和芳烃结构[184]。采用同位素标记的甘氨酸（$1\text{-}^{13}C$、$2\text{-}^{13}C$）和葡萄糖（$1\text{-}^{13}C$），并结合 ^{13}C-NMR 分析，发现甘氨酸的两个碳原子均进入了类黑素的主链，而葡萄糖的 C-1 则以甲基的形式存在。通过 HMF 制备的类黑素与通过葡萄糖和果糖制备的类黑素结构存在以下差异：

葡萄糖＋甘氨酸：C 51.2%，H 5.3%，N 6.2%

果糖＋甘氨酸：C 50.5%，H 4.9%，N 6.9%

HMF＋甘氨酸：C 47.6%，H 3.7%，N 3.5%

一项研究采用 ^{13}C 和 ^{15}N-CP-MAS-NMR 分析了木糖-甘氨酸体系产生的类黑素（>12 kDa）[70]。在 68℃下，随着时间的延长，不饱和度明显增加，在木糖反应完全（约 45 天）后趋于平稳。不饱和结构的增加伴随着羰基和糖碳信号的减少。存在于吡咯和/或吲哚结构的氮原子增加，并且氮原子没有氢原子结合。正如预期，木糖-丙氨酸体系产生的类黑素具有额外的脂肪族-C 共振，而木糖-尿素体系产生的类黑素却很少。在起始原料不受限制的情况下，将木糖-甘氨酸体系 68℃下反应 3 天和 22℃下反应 150 天生成的类黑素进行了对比。^{13}C-NMR分析表明，主要差异在于脂肪族-C 区域，35 ppm 处的共振向 48 ppm 处偏移。^{15}N-NMR 分析表明，高温产物仅产生一个酰胺共振，而低温产物产生两个酰胺共振，低分子量组分中存在 C_{12} 烯醇结构。

ESR 分析发现，在葡萄糖与 4-氯苯胺模型体系的棕色聚合物（MS 测得的平均分子量为 1 kDa）中存在自由基[185]。这些自由基（见第二章）可能是颜色的来源。将该类黑素暴露于自由基捕获剂——一氧化氮，其 ESR 信号降低 48%，并且颜色变为红棕色。

一种分离于 D–木糖–甘氨酸体系的有色化合物被命名为 Blue–M1[75]。它被鉴定为吡咯化合物（**物质30**），并被认为是黄色的吡咯–2–甲醛的二聚体[186]。这种化合物可以进一步聚合生成类黑素，和其他类黑素一样，具有强抗氧化性。有证据表明，该体系还存在另一种分子量为 0.942 kDa 的有色化合物 Blue–M2。基于聚合吡咯环的类黑素在第二章讨论过。

2.2　还原糖–蛋白质模型体系

Hannan 和 Lea[187] 关于色素形成的早期研究涉及了葡萄糖与酪蛋白、聚赖氨酸以及 N^α–乙酰赖氨酸的关系。与预期基本一致，主要涉及的基团是结合于蛋白质的赖氨酸的 ε–氨基。化学分析表明，无色的 N–糖苷键首先形成，然后形成 Amadori 重排产物。

将葡萄糖–酪蛋白体系（质量比为 1 : 2，pH 值为 7.0 条件下溶解、冻干）在 36℃或 55℃，相对湿度为 75% 条件下反应制得的类黑素在蛋白质等电点处洗涤，过滤，并用蛋白酶水解[188]。采用 GFC 和 IEC 纯化所谓的"限制性肽色素"（LPP）。该物质为水溶性的（每 100 mL 含 10 ~ 50 g），并显示出典型的无特征电子光谱。基于 420 nm 处的吸光度，最纯部分的分子量为 1.5 kDa，但仍含有一些蛋白质。ESR 分析表明，该物质分子链中不含自由基。采用葡萄糖–6–t 可以发现，氚的损失与褐变程度直接相关，这表明在 C–6 位置的脱水是导致交联和颜色产生的关键步骤[189]。在 55℃下制得的 LPP 在 37 天后损失 26% 的氚。采用 U–^{14}C 标记的葡萄糖和胰岛素制得的 LPP（约 1.5 kDa 和 7.8 kDa）含有的糖残基与有效氨基具有较高的比值，约为 1.5 : 8[190]。

Hofmann[73] 也进行了葡萄糖和 β–酪蛋白的反应（95℃，4 h，在水溶液中），并通过超速离心对深棕色产物按分子量大小进行了分级分离（表 4.2）。高分子量组分（>50 kDa）质量分数为 61.5%，产物颜色主要源于该部分产物，而低分子量组分（<1 kDa）虽然质量分数为 23.7%，但几乎没有任何颜色。需要注意的是，

β−酪蛋白的分子量为 24 kDa，结果表明大部分 β−酪蛋白在葡萄糖的作用下交联成了四聚体或更大的低聚物。

表 4.2　采用不同截留分子量的连续超速离心分离得到的葡萄糖−酪蛋白体系各组分产物的
产率和棕色程度[191]

组分	分子量/kDa	产量/mg	产率/%	颜色稀释因子（CD）
1	>100	895.3	43.4	2048
2	50 ~ 100	373.8	18.1	512
3	30 ~ 50	93.1	4.5	8
4	10 ~ 30	76.5	3.7	<1
5	3 ~ 10	9.1	0.4	<1
6	1 ~ 3	36.0	1.7	<1
7	<1	488.5	23.7	2
1 ~ 7		1972.3	95.5	未检出
总和		2061.0	100.0	4096

酪蛋白与糠醛在水溶液中加热迅速变成橙棕色。将超速离心分离得到的类黑素（>10 kDa）进行酶解，然后采用 HPLC 进一步分离。两种有色化合物对应的峰面积比为 1∶7，这两种化合物被 Hofmann[191]明确鉴定为**物质24a**、**物质24b**（分子量为 0.476 kDa）的赖氨酸类似物。该研究首次证明一种特定类型的有色美拉德产物连接在蛋白质主链上，这说明美拉德反应修饰的蛋白质的颜色不是源自主链，而是源自侧链。这一类物质被统称为"类黑蛋白"[72]。

对于葡萄糖−酪蛋白体系，截留分子量为 12 kDa 的透析能够保留约 70% 的有色物质（420 nm），而对于葡萄糖−氨基酸体系仅保留约 10%，即使在 3.5 kDa 截留分子量下也是如此。Brands 等人[192]使用 ^{14}C 全标记的葡萄糖研究了类黑素吸光度与 ^{14}C 引入量的关系，并得到葡萄糖−酪蛋白体系和木糖−酪蛋白体系产生的类黑素的 ε 值分别为 $477 \pm 50 \ cm^2 \cdot mol^{-1}$ 和 $527 \pm 35 \ cm^2 \cdot mol^{-1}$，二者差异无统计学意义。根据微量分析数据，在 120℃下反应 10 min、30 min 和 60 min 后，每个酪蛋白分子上连接的葡萄糖或果糖分子数分别为 2、5 和 10，或 2、7 和 13。酪蛋白分子具有 13 个赖氨酸侧链。

在葡萄糖−麸质体系中，颜色主要源于葡萄糖与谷氨酰胺残基脱酰胺产生的氨相互作用生成的低分子量化合物[193]。

乙醇醛是吡嗪自由基阳离子形成的关键前体（见第二章）。加热乙醇醛和 BSA 会导致快速褐变[179]。吡嗪自由基阳离子的形成将导致交联，因此对超速离心得到的分子量超过 100 kDa 的化合物（BSA 的分子量为 67 kDa）进行了考察。该部分化合物呈橙棕色，ESR 光谱无精细结构，但与固定自由基的存在一致，具有单一的宽的谱带（g = 2.003 8；自由电子自旋值 = 2.002 3）。当反应在 20% 亚硫酸盐存在下进行时，没有检测到 ESR 信号。在不含亚硫酸盐的情况下，当乙醇醛被乙二醛取代时，ESR 信号消失，但在添加抗坏血酸（见第二章）时，重新出现抗坏血酸自由基的双峰信号（g = 1.8）。

将浅棕色小麦面包屑和深棕色烤面包皮研磨后进行 ESR 分析，前者没有信号，而后者与乙醇醛/BSA 的结果一致，具有一个宽的单峰（g = 2.003 8）。将小麦面包屑用 20% 亚硫酸盐喷雾处理后，35 ℃烘干，然后烘烤，褐变受到强烈抑制，并且无 ESR 信号。深棕色的烤可可和咖啡豆具有 ESR 信号（g = 2.003 8），而未发生褐变的热牛奶无 ESR 信号[179]。氨基酸或蛋白质的模型体系中的褐变自由基机制（见第二章）似乎同样适用于复杂的食品体系。

Tressl 等人[76]强烈地提出了相反的观点，认为聚合物主链本身对颜色有实质性的贡献，高分子量有色化合物是由低分子量美拉德反应中间体（如吡咯）聚合生成的。

氨基酸和脱氢抗坏血酸反应将生成一种红色物质，Kurata 等人[194]证明了其结构如**物质31**所示（见第 65 页）。

2.3　焦糖化体系

从理论上讲，焦糖化是糖自身加热或至少在没有氨基化合物的情况下发生的褐变反应，其产物被厨师称为焦糖。

焦糖也是某些食品色素添加剂的名称，欧洲议会和理事会关于食品用色素的指令将其编码为 E150（a–d）[195]，对应于国际焦糖技术协会的四个焦糖等级（Ⅰ到Ⅳ）。焦糖是通过加热食用糖生产的：Ⅰ类需要氢氧化钠；Ⅱ类需要氢氧化钠和二氧化硫，或者以亚硫酸钠或焦亚硫酸氢盐的形式；Ⅲ类需要氨；Ⅳ类需要氨和二氧化硫，或者以亚硫酸铵、亚硫酸氢铵、亚硫酸钠、亚硫酸氢钠、焦亚硫酸钠的形式。

根据该指令，术语"焦糖"指的是用于食品着色的或多或少呈深棕色的产品，并非指通过加热糖得到的用于食品（如糖果、糕点和酒精饮料）调味的焦甜香香料产品。焦糖是麦芽面包、醋和酒精饮料（如啤酒、威士忌和利口酒）中唯一允许使用的着色剂。

显然，Ⅲ类和Ⅳ类焦糖与美拉德反应产生的类黑素很类似，但这些商品化焦糖的有色成分详细结构目前尚无明确定论。

焦糖色素是使用最广泛的食品着色剂，占英国食品工业总着色剂的 90%，占全球食品工业总着色剂的 80%[196]。在某些情况下，焦糖色素也有助于食品的风味和 / 或稳定性。焦糖在英国的总生产量 / 使用量相当于每人每天 550 mg，远低于联合国粮食及农业组织 / 世界卫生组织食品添加剂联合专家委员会（JECFA）给出的可接受每日摄入量（Ⅲ类和Ⅳ类为每千克体重 200 mg，Ⅰ类和Ⅱ类无摄入量限制）。全球焦糖年消耗量超过 20 万吨[196]。

焦糖色的颜色强度被定义为 0.1%（w/v）焦糖水溶液在 1 cm 比色皿中 610 nm 处的吸光度，四类焦糖的吸光度范围分别为 0.01 ~ 0.12、0.06 ~ 0.10、0.08 ~ 0.36 和 0.10 ~ 0.60。Linner[196]开发出了焦糖的色调指数或红色度量：

$$色调指数 = 10 \log \left(A_{510}/A_{610} \right) \tag{4.2}$$

焦糖色的色调指数通常为 3.5 ~ 7.5。

这四类焦糖分别主要用于烈酒和甜点、冰激凌和利口酒、啤酒和烘焙食品以及软饮料的加工生产。在英国，Ⅲ类焦糖几乎占总焦糖消耗量的 70%，Ⅳ类和Ⅰ类焦糖分别占 25% 和 5%。全球范围内则非常不同，Ⅳ类占 70%，Ⅲ类占 28%，Ⅰ类占 2%，Ⅱ类占 1%。

焦糖的热裂解与 GC–MS 分析得到了一些有趣的结果[197]，分析出了 100 多种挥发性裂解产物。Ⅲ类焦糖产生相对大量的氮杂环化合物，包括异构的甲基吡嗪 –2– 甲醛。采用膜超滤法将市售焦糖色素（分子量从低于 0.5 kDa 到高于 10 kDa）分离成 5 个组分，其特征颜色强度（610 nm）随分子量的增加而迅速增加[198]。根据 610 nm 处的吸收，Ⅲ类焦糖呈现出最强烈的颜色，值得注意的是，大部分有色物质存在于低分子量化合物（1~5 kDa）中。

通过 pH 值为 2.5 和 9.5 下的毛细管电泳，并结合截留分子量 5 kDa 的再生纤维素膜超滤，能够看到各类焦糖的明显差异[199]。高分子量 Ⅰ 类和 Ⅳ 类焦糖峰在两个 pH 值下都带负电荷迁移，但 Ⅳ 类焦糖也有几个来自低分子量组分的尖峰，而 Ⅰ 类焦糖仅具有一个宽的中性峰。Ⅲ 类焦糖有一个宽的高分子量峰，并且在 pH 值为 2.5 时带正电荷，其迁移时间与焦糖中决定电荷多少的氮含量成反比。对于高分子量 Ⅳ 类焦糖，在 pH 值为 9.5 时为彩色宽峰，其迁移时间与焦糖的硫含量有关[200]。因此，pH 值为 9.5 下的毛细管电泳可用于软饮料中的 Ⅳ 类焦糖的测定。

食品中 Ⅲ 类焦糖的测定比较困难。采用离子对 RPHPLC 可对部分食品中的 Ⅲ 类焦糖进行半定量分析[201]。

阿斯巴甜（α-L-天冬氨酸-L-苯丙氨酸甲酯）被广泛用作强力甜味剂，特别是在无糖软饮料中。在可乐中，Ⅳ 类焦糖是主要成分，典型浓度为 1 400 ppm。该浓度影响阿斯巴甜在典型 pH 值为 3.0~3.2 下的稳定性[202]。因此，在 55℃下，模拟饮料（4 mM 磷酸盐，pH 值为 3.1）中的阿斯巴甜由于通过肽水解、重排、酯水解和环化转化为二酮哌嗪，27 天内损失约 90%。阿斯巴甜的降解在焦糖浓度为 250 ppm 时不受影响，但是从 700 ppm 时开始降解。

加热蔗糖（如 125℃下加热 46 h 或 170℃下加热 100 min）通过 GPC 谱能够得到聚合度约为 25 的果聚糖，产率大约为 40%[203]。果糖与葡萄糖的比例约为 1:2，并在 450 nm 处有明显的吸收。

第五章

非酶褐变反应中风味和异味物质的形成

1 风味

风味是一种由人的大脑受到外界物质刺激所产生的复杂的主观感受，通常风味是通过人的嗅觉和味觉来捕捉，主要体现为香气和味道，但在特定情况下触觉和听觉也会对人们感受到的风味有所贡献。人类的嗅觉和味觉在灵敏度上存在一定差异，这种差异取决于引起感官的物质本身性质的差异性。例如有些物质对人的感觉不会产生任何影响（如氧气或二氧化碳）或者表现出很低的阈值［如浓度为 2×10^{-14} g·mL^{-1} 双（2-甲基-3-呋喃基）二硫的水溶液］[204]。通常，嗅觉阈值远低于味觉阈值，因此风味往往由有气味的成分控制，这些物质通常具有一定的挥发性，能够进入鼻腔并到达嗅觉上皮处。因此，本章将重点讲述美拉德反应产生的挥发性化合物。

2 挥发性化合物

Mottram[152]，以及 Tressl 和 Rewicki[30] 对来源于美拉德反应的挥发性物质进行了系统的阐述。研究结果显示，美拉德反应所产生的挥发性物质可以分为三类[205]。

（1）简单的糖脱水 / 裂解产物：

· 呋喃类　　　　　（例如 HMF）

· 吡喃酮类　　　　（例如 麦芽酚）

· 环戊烯类　　　　（例如 甲基环戊烯醇酮）

· 醛酮类　　　　　（例如 $CH_3COCOCH_3$）

· 酸类　　　　　　（例如 CH_3COOH）

（2）简单的氨基酸降解产物：

· 源自 Strecker 降解的醛类物质

甘氨酸　　　　　CH_2O

丙氨酸　　　　　CH_3CHO

缬氨酸　　　　　$(CH_3)_2CHCHO$

亮氨酸　　　　　$(CH_3)_2CHCH_2CHO$

异亮氨酸　　　　$CH_3CH_2CH(CH_3)CHO$

苯丙氨酸　　　　$C_6H_5CH_2CHO$

酪氨酸　　　　　不稳定

天冬氨酸　　　　不稳定

谷氨酸　　　　　不稳定

赖氨酸　　　　　不稳定

精氨酸　　　　　不稳定

组氨酸　　　　　不稳定

色氨酸　　　　　不稳定

丝氨酸　　　　　$[CH_2OHCHO]$

苏氨酸　　　　　$[CH_3CHOHCHO]$

半胱氨酸　　　　$[CH_2SHCHO]$

甲硫氨酸　　　　$CH_3SCH_2CH_2CHO$（甲硫基丙醛）

脯氨酸　　　　　无

羟脯氨酸　　　　无

·硫化物

半胱氨酸　　　　H_2S

甲硫基丙醛　　　$CH_3SH + CH_2CHCHO$

（3）复杂反应产生的挥发性物质：

·吡咯类化合物

·吡啶类化合物

·咪唑类化合物

·吡嗪类化合物

·恶唑类化合物

·噻唑类化合物

·非羟醛缩合反应产物

Teranishi 等人[206]与 Reineccius[207]对来源于美拉德反应的挥发性香气成分的分离、分析与表征技术进行了系统的总结与梳理。固相微萃取（SPME）是一项可以实现挥发性物质直接采样并富集的技术，该技术在香味物质检测方面的便利性引发了越来越多的关注。但是 SPME 技术也有自身的局限性，因此，Coleman Ⅲ[208]对 SPME 中的吸附材料进行了改进研究，结果显示大多数物质使用 CW/DVB 纤维检测到的回收率要高于传统的 PDMS 纤维，但是在 4-乙基-2-甲基吡啶和 5-乙基-2-甲基吡啶的检测中得到了相反的结果。基质效应也应引起足够的注意，基质物质的存在也会对回收率造成一定的影响。例如在检测吡啶化合物时，使用 carboxen/PDMS 探头得到的回收率是最高的，同时 carboxen/PDMS 也是唯一能够检测 2-甲氧基-3-甲基吡嗪或 2-甲氧基-6-甲基吡嗪的负载材料。除此之外，采用 MixxorTM 溶剂萃取设备［新生物系统有限公司（New Biology Systems Ltd.）］也是一个值得考虑的方案[209]。

4-羟基-2,5-二甲基-2-呋喃酮（HDMF；Furaneol™）是一种重要的香味物质。该物质难以稳定存在于有机相中，这对它的纯化与准确定量造成一定的困难。

一项研究通过 GC-MS 实现了 HDMF 以及其甲基、乙基同系物的定量检测[210]。

将木糖–甘氨酸体系与木糖–丙氨酸体系在磷酸盐缓冲液（pH值为6.0）中于90℃加热1h，定量结果显示，HDMF及其同系物的浓度分别为16.6 g·mmol^{-1}和0.3 g·mmol^{-1}以及4.7 g·mmol^{-1}和8.5 g·mmol^{-1}，糖的含量为8.5 g·mmol^{-1}（$n = 6$）。

研究表明，在4-羟基–2,3,5-己三酮的异构体中，只有开链的异构体表现出香气特征，而其环状异构体则完全没有气味[211]。

2.1 形成机理

在第二章中我们系统性地介绍了糖的脱水和裂解反应，这其中就包括Strecker降解反应。下面，我们将对挥发性杂环化合物的形成进行详细介绍。

2.1.1 呋喃类

Wnorowski和Yaylayan[212]将葡萄糖与甘氨酸混合物分别在热裂解体系（250℃，20 s）与水溶液体系（120℃，3 h，密封管）中的反应情况进行了比较，并在所有实验中对葡萄糖的C-1到C-6进行了标记跟踪。结果显示，相对于水溶液体系中的反应，热裂解体系中形成的产物更多，但大多数水溶液体系中的产物都包含于热裂解体系的产物中，尽管比例上有所差异。在两组反应条件下，羰基碳标记实验表明，葡萄糖裂解产生5-甲基呋喃的转化效率可以达到100%。2-乙酰基呋喃可以100%来自葡萄糖C-1位的裂解反应，而在水溶液体系中，这一反应的转化率只有70%，另外有30%的1-乙酰基呋喃来自甘氨酸C-2位的反应。在水溶液体系，2-羟甲基呋喃可以100%来自葡萄糖分子骨架中C-2到C-6位的反应，然而在热裂解体系中这一转化效率只能达到90%，10%来自葡萄糖C-1到C-5位的反应。水溶液体系中葡萄糖反应生成2-甲基四氢-3-呋喃酮［2-甲基二氢-3（2H）-呋喃酮］的转化效率同样可以达到100%，同时伴随着C-3位的去甲基化反应（图5.1），来自C-1位的甲基并没有发生裂解反应，反应机理目前并不清楚。

4-羟基–2,3,5-己三酮是HDMF形成的重要中间体（与硅胶混合，180℃，反应10 min），反应体系中还原剂（例如抗坏血酸和亚甲基还原酸）能够显著提高反应产率（从 748 μg·mmol^{-1} 分别增加到 1959 μg·mmol^{-1} 和 1 485 μg·mmol^{-1} ）[213]。在该体系中脯氨酸的生成同样有效，反应机理推测为 Strecker 反应（产量为 1765 μg·mmol^{-1} ）。在所有这些反应中，标记实验表明 4-羟基-2,3,5-己三酮分子骨架可以完整地嵌入 HDMF 分子骨架中，但是在水溶液体系反应中，只有 1/3 的 HDMF 分子是 4-羟基-2,3,5-己三酮参与反应的产物，其余的则是通过 C$_3$ 分子片段形成的。在这些化合物中，2-氧丙醛和二羟基丙酮的混合物被证明是最有效的。这些实验数据充分证明了美拉德反应对其反应条件的敏感性。

Kobayashi[214] 通过实验证明了，在 2-氧代丁酸和 2-氧代丙酸的反应模型中产生的葫芦巴内酯和乙基葫芦巴内酯在一定程度上对烘焙咖啡香气具有较大贡献（图 5.1 ）。

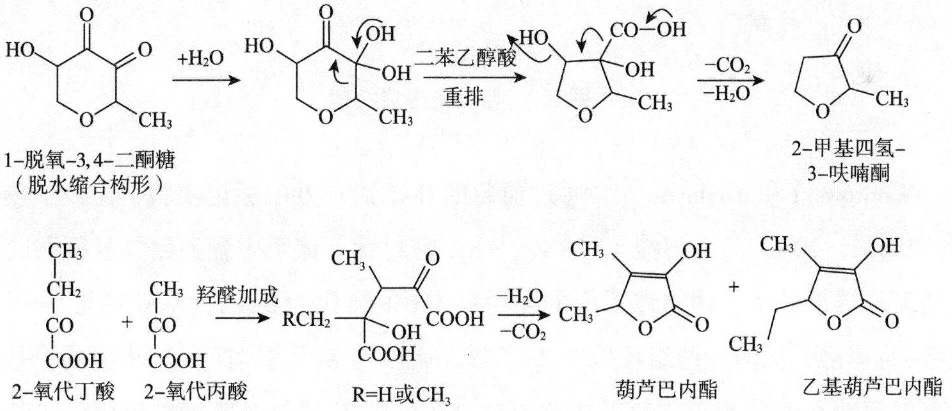

图 5.1 通过 1-脱氧-3,4-二酮糖[212]形成 2-甲基四氢-3-呋喃酮以及通过 2-羰基酸[214]形成葫芦巴内酯与乙基葫芦巴内酯可能的机理

2.1.2 吡咯类

Maga[215] 在一篇文献综述中对吡咯类化合物进行了详细阐述，Vernin 和 Párkányi[216] 对 20 个反应模型中 37 种吡咯类化合物的反应情况进行了汇总整理。

糠醛可以通过 1,2-烯醇化的反应途径由 Amadori 化合物转化为类黑素，类似的反应也可以衍生出吡咯类化合物，Kato 和 Fujimaki[217] 对此反应首次进行了报道（图 5.2）。

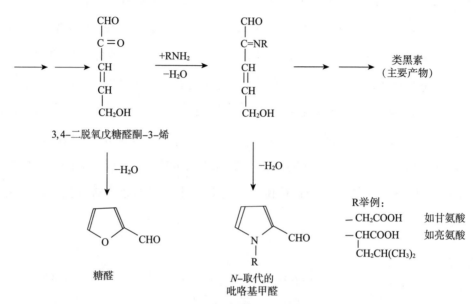

图 5.2 吡咯的形成机理[217]

Wnorowski 和 Yaylayan[212] 通过葡萄糖 C-1 到 C-6 的标记实验，比较了热裂解（250℃，20 s）与水溶液（120℃，3 h，密封管）体系中葡萄糖与甘氨酸的反应情况，结果显示，两组体系中的葡萄糖 100% 转化为 2-乙酰基吡咯与 5-甲基吡咯-2-甲醛，同时，两组反应中 2-乙酰基吡咯与 5-甲基吡咯-2-甲醛的甲基都来自葡萄糖 C-6 位的碳。值得注意的是，在生成 2-乙酰基呋喃的反应中，其甲基来自葡萄糖 C-1 位的碳（见前文）。

吡咯烷体系存在于脯氨酸反应体系中。对于脯氨酸和羟基脯氨酸，由于不能发生氨基转移，Strecker 降解反应不会产生，但是仍会产生一系列完整的美拉德反应产物。Shigematsu 等人[218] 从葡萄糖与脯氨酸（各 0.1 mol）混合物在 200℃ 反应 6 min 后的产物中鉴定出了 5-乙酰基-2,3-二氢-1H-吡咯里嗪，以及其 6-甲基和 5-甲酰基同系物，此外还有 8-氧代-5,6,7,8-四氢吲哚嗪与其 2-甲基同系物。截至 1985 年，Tressl 等人[219,220] 已经鉴定出超过 120 种脯氨酸特异性化合物。其中，脯氨酸可以转化产生麦芽恶嗪与 N-5-羟基-甲基糠基吡咯烷，而羟基脯氨酸则转化为 N-烷基吡咯与吲哚嗪酮（图 5.3）[30]。

深色麦芽中麦芽恶嗪的含量可以达到 10 mg·kg⁻¹，麦芽酚、麦芽酚二氢羟基衍生物、环戊烯以及 HDMF 的含量分别可以达到 15 mg·kg⁻¹、60 mg·kg⁻¹、3 mg·kg⁻¹ 和 3 mg·kg⁻¹[127]。麦芽糖−脯氨酸体系可以产生 40 mg·kg⁻¹ 的麦芽恶嗪类化合物，而在葡萄糖−脯氨酸体系中仅有少量类似的反应产物。

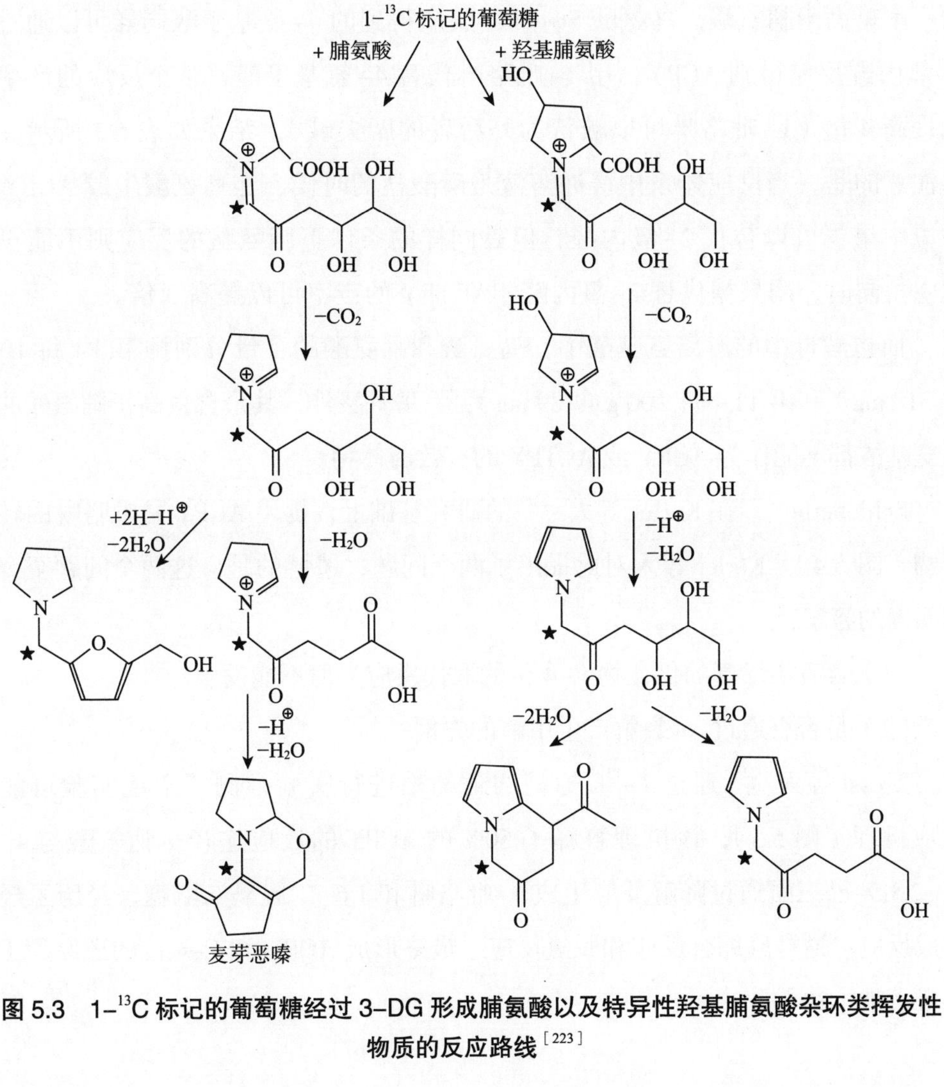

图 5.3　1−¹³C 标记的葡萄糖经过 3−DG 形成脯氨酸以及特异性羟基脯氨酸杂环类挥发性物质的反应路线[223]

2−乙酰基−1−吡咯啉（ACPY）是一种非常重要的香味物质，具有烘烤、甜香特征和极低的嗅觉阈值（$T = 0.1\ \mu g \cdot L^{-1}$）。该化合物的来源曾经引起很多研究者极大的兴趣。一般情况下，伴随 ACPY 产生的还有同样具有烘烤香，但是阈值更高（$T = 1.6\,\mu g \cdot L^{-1}$）的 2-乙酰基四氢吡啶（ACTPY；参阅下一节），ACTPY 的产生使体系中的反应情况变得更为复杂。Schieberle[221] 通过稳定的同位素稀释分析表明，在 2-氧丙醛参与的反应中，脯氨酸和鸟氨酸都可以产生 ACPY，但是 ACTPY 只能来自脯氨酸的转化。同时鸟氨酸参与反应生成 ACPY 的产率略高于脯氨酸。鸟氨酸 Strecker 反应得到的 4-氨基丁醛同样可以通过与 2-氧丙醛反应得到 ACPY。用 1-吡咯啉代替 4-氨基丁醛，整个反应的产率可以提高 4 倍（1-吡咯啉可以被认为是后者的席夫碱），结果如表 5.1 所示。值得注意的是，当反应体系中缓冲溶液是磷酸盐的时候，在鸟氨酸生成 ACPY 的反应中果糖可以替代 2-氧丙醛，但是同样的条件下脯氨酸的反应则不能正常发生。同时，用果糖代替 2-氧丙醛，ACTPY 的产率可以提高 3 倍。

面包酵母中的游离氨基酸中，鸟氨酸和脯氨酸的含量分别排第 3（每 100 g 含 318 mg）和第 11（每 100 g 含 89 mg）。除鸟氨酸外，其余含量高于脯氨酸的游离氨基酸都不能作为 ACPY 或 ACTPY 的有效前体物。

Schieberle[227] 在 Kerler 等人[222] 的研究基础上，提出 ACPY 是吡咯啉的转化产物（图 5.4）。Kerler 等人对此提出了两个问题，遗憾的是，这两个问题至今没有明确的答案：

（1）含有乙烯基的化合物 C-4 位的取代反应为何不能发生？

（2）是否有通过 α-裂解产生甲醛的先例？

Tressl 等人[223] 通过 1-^{13}C 标记的葡萄糖进行实验推测了上述实验可能的反应机理（图 5.5），该机理解释了 50% 的 ACPY 的反应途径。脯氨酸与 4-羟基-2,3,5-己三酮通过降解反应生成 1-吡咯啉和 1,6-二脱氧二酮糖，经历了羟醛加成反应、逆羟醛缩合反应和脱氢反应，最终形成 ACPY 和 C-4 位的还原酮（见参考文献［30］）。

表 5.1　2-乙酰基-2-吡咯啉（ACPY）和 2- 乙酰基四氢吡啶（ACTPY）
在模型体系中的分布[221]

反应物		ACPY /μg	ACTPY /μg
4 mmol	0.1 mmol		
鸟氨酸	2-氧丙醛①	43	<0.3
脯氨酸	2-氧丙醛①	41	160
鸟氨酸	果糖②③	53	<0.3
脯氨酸	果糖②③	<0.3	478
鸟氨酸	果糖③④	0.5	<0.3
赖氨酸	2-氧丙醛①	<0.3	<0.3

① 100 mL 0.1 M 的磷酸盐溶液，pH 值为 7.0。
② 大概与注释①一致。
③ 2 mmol。
④ 注释①中磷酸盐替换成丙二酸盐。

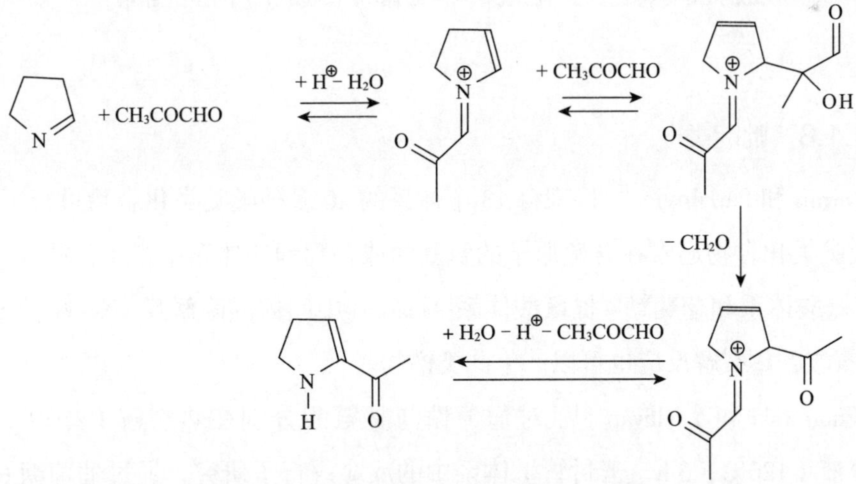

图 5.4　通过 1-吡咯啉与 2-氧丙醛形成 2-乙酰基-2-吡咯啉（ACPY）的反应
路线（基于 Schieberle[227] 的报道）

　　值得注意的是，ACPY 曾被认定为使蒸煮后的大米产生香气的典型物质之一[224]，随后被证明在更多烹饪方式的大米中都起着重要作用[225]。

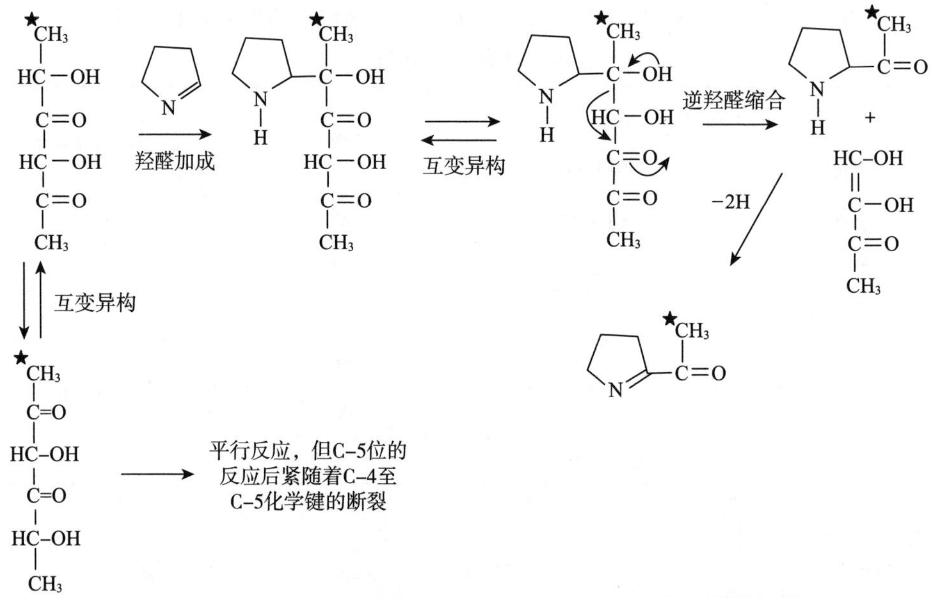

图 5.5 1–¹³C 标记的葡萄糖与脯氨酸经 1–脱氧–2,3–己二酮糖和 4–羟基–2,3,5–己三酮
形成的 50% 标记的 2–乙酰基–1–吡咯啉（ACPY）的反应路线[223]

2.1.3 吡啶类

Vernin 和 Párkányi[216]将来自 13 个体系的 20 多种吡啶类化合物进行了整理，这些吡啶类化合物通常在含硫原子的氨基酸或葡萄糖的体系中产生，此外，葡萄糖–脯氨酸体系和葡萄糖–甘氨酸体系 Amadori 中间体的降解反应、α–丙氨酸和β–丙氨酸的热裂解反应也可以产生此类产物。

Wnorowski 和 Yaylayan[212]对葡萄糖与甘氨酸分别在热裂解（250℃，20 s）与水溶液（120℃，3 h，密封管）体系中的反应进行了研究，通过葡萄糖 C–1 至 C–6 位碳的标记实验证明，在两种反应体系中，甘氨酸都可以 100% 转化为 3–羟基–2–甲基吡啶，其中 C–6 位的碳转化为产物的甲基。

最近，在香粳 8618 大米和糯米香草（yahonkaoluo）香料中都检测到了 2–乙酰基吡啶[226]。在前文中我们介绍了一种重要的香气物质即 2–乙酰基四氢吡啶（ACTPY）。ACTPY 与 ACPY 都是对爆米花的香气起关键作用的物质[227]。冷冻的干玉米中脯氨酸的含量很高（155 mg·kg⁻¹），但是鸟氨酸的含量却低于检测限

（5 mg·kg^{-1}）。Schieberle[227]对玉米提取物中小分子挥发性组分的提取方法进行了筛选优化，并通过同位素稀释法检测到了 ACTPY 和 ACPY（表 5.2）。通过水蒸气蒸馏萃取得到的 ACTPY 是 ACPY 的 130 倍，在体系中有 2-氧丙醛存在的情况下，ACTPY 的产率可以提高 4 倍，而 ACPY 的产率则可以提高到之前的 29 倍。采用干加热方式有利于 ACPY 的产生，但 ACTPY 则无法检测。

根据 Hunter 等人[228]的研究结果，ACTPY 在脯氨酸-二羟基丙酮反应体系中首次被发现并鉴定，随后 Hodge 等人[229]推测了其可能的反应机理，见图 5.6。De Kimpe 等人[230]试图通过合成双保护基团的 N-丙酮基-4-氨基丁醛对该反应的机理进行验证，但是，在上述化合物的水解反应产物中没有检测到 ACTPY。

该反应的机理[30]如图 5.7 所示，4-羟基-2,3,5-己三酮是反应的起点，该化合物通常是由葡萄糖的中间体 1-DH 转化而来。在 4-羟基-2,3,5-己三酮中，通过互变异构作用，中心的酮羰基可以从 C-3 位转移到 C-4 位，导致 C-1 位 ^{13}C 标记的甲基减少 50%。

表 5.2　以不同方式处理的玉米低分子水溶性组分中 2-乙酰基四氢吡啶（ACTPY）和
2-乙酰基-2-吡咯啉（ACPY）的测定[227]

物质	模型 A	模型 B	模型 C
ACTPY/［μg（每 1 kg 玉米）］	40	166	未检测到
ACPY/［μg（每 1 kg 玉米）］	0.3	8.7	12.7

模型 A：乙醚蒸馏萃取 2 h。
模型 B：预加入 4 mg 的 2-氧丙醛，其余操作同模型 A。
模型 C：冷冻干燥的提取物与硅胶混合 150℃加热 10 min。

Hofmann 和 Schieberle[213]在磷酸盐缓冲溶液（10 mL，0.5 mM，pH 值为 5.0）中将各反应物（各物质的量都为 1 mmol）在 145℃条件下加热 20 min，其中包括脯氨酸与葡萄糖（作为 Amadori 化合物）以及 4-羟基-2,3,5-己三酮，最终检测到 ACTPY 的含量分别为 3.2 μg、2.0 μg 和 62.5 μg。结果显示，当反应体系中存在 4-羟基-2,3,5-己三酮时，ACTPY 的产率可以提高 20 倍，这个结果充分证明了 4-羟基-2,3,5-己三酮在该反应中的重要作用。在水溶液体系中，ACTPY 的形成主要通

过 C_3 断裂反应进行，而不是通过整体加成到 4-羟基-2,3,5-己三酮的反应模式进行。

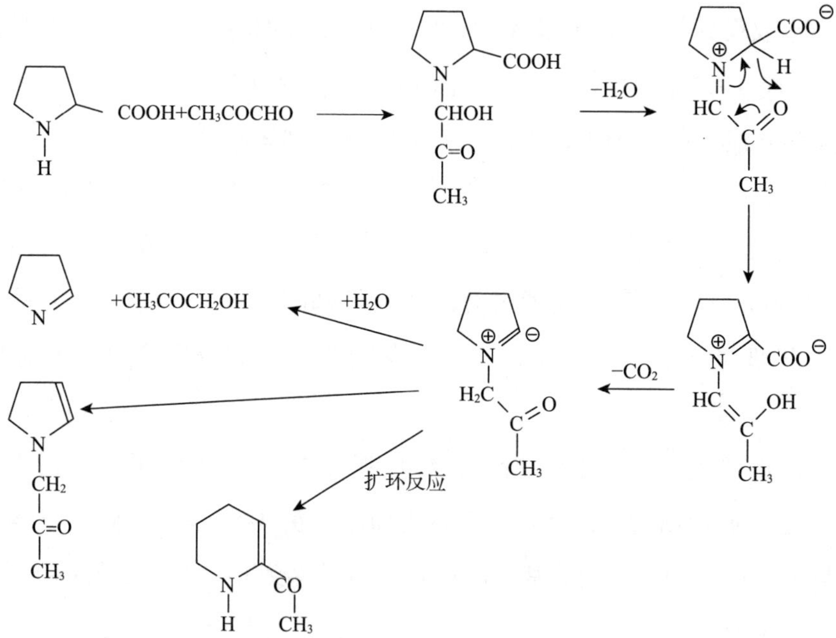

图 5.6　脯氨酸转化为 1-吡咯啉、N-丙酮基-2-吡咯啉与 2-乙酰基四氢吡啶（ACTPY）的反应路线（基于 Hodge 等人[229]的研究）

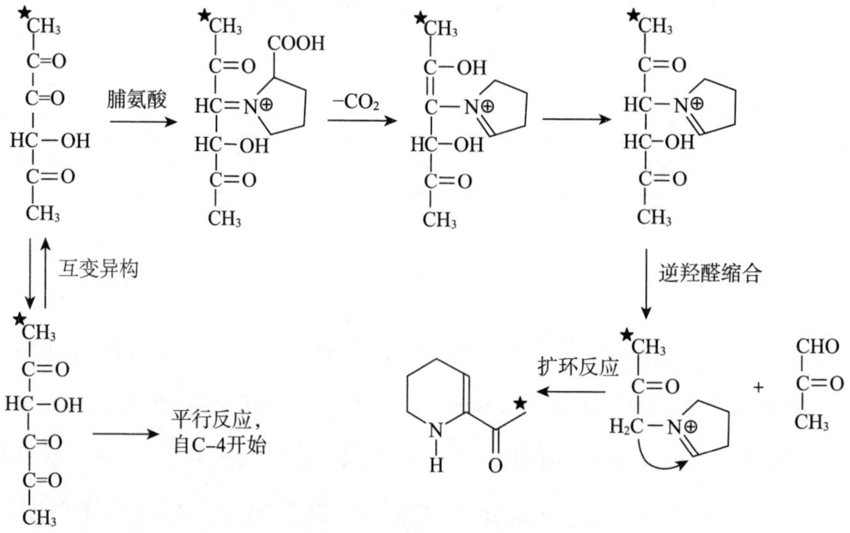

图 5.7　1-^{13}C 标记的葡萄糖和脯氨酸经 1-DH 与 4-羟基-2,3,5-己三酮形成的 50% 标记的 2-乙酰基四氢吡啶（ACTPY）的反应路线（基于 Tressl 等人[223]的研究）

Hofmann 和 Schieberle[213]合成了中间体 2-（1-羟基-2-氧代丙基）吡咯烷，并将溶液在 0.5 M 磷酸盐缓冲液中回流 30 min，随着体系 pH 值由 3 升至 9，ACTPY 的产率可以提高至 35%，这一结果表明了吡咯烷在反应中的关键作用。

2.1.4　吡嗪类

在前文中，我们对一些吡咯、吡咯啉、四氢吡咯、吡啶与四氢吡啶类化合物的合成进行了详细叙述。下面的内容将重点介绍另一种重要的香味物质——吡嗪类化合物。Maga 对此类化合物进行了综述[231-233]。此外，Vernin 和 Párkányi[216]通过研究详细列举了来自 15 个反应体系中的 26 种吡嗪类化合物、11 种 6,7-二氢（5H）-环戊吡嗪类化合物与 9 种 5,6,7,8-四氢喹喔啉类化合物。

吡嗪的形成通常与 Strecker 降解有关（请参阅第二章），反应过程中二羰基化合物通过转氨基反应生成 α-氨基羰基化合物，该产物通过两分子的缩合可以进一步形成二氢吡嗪（见图 5.8）。

值得注意的是，该反应机理涉及最终的氧化反应。然而 Shibamoto 和 Bernhard[234]通过研究发现，当参与反应的氨基酸侧链上带有 α-羟基官能团时（丝氨酸和苏氨酸），则不需经过此过程（见图 5.9）。Baltes 和 Bochmann[235]通过在咖啡烘焙条件下使蔗糖与丝氨酸和苏氨酸相互反应，获得了多达 123 种单环和双环吡嗪类化合物。

Koehler 和 Odell[236]通过分析葡萄糖和天冬氨酸（含量各 0.1 mol）在二甘醇/水（体积比为 10∶1）体系中 120℃加热 24 h 的反应情况，对吡嗪类化合物形成的影响因素进行了研究。馏出物经二氯甲烷萃取后通过 GC 分析，结果显示：当体系温度低于 100℃时，基本上没有吡嗪产生，但是随着体系温度升高，吡嗪的产率急剧增加。当体系温度为 120℃时，产量随时间快速增加，直至 24 h 后趋于平稳。在开始的 3 h 内，甲基吡嗪是主要产物，但是 9 h 内二甲基吡嗪与甲基吡嗪的比值持续增加，到 9 h 时，基本保持在 3 左右。当反应物的比例为 3∶1 时，甲基吡嗪的产率降低了 90% 左右，二甲基吡嗪的产率降低了 96% 左右；而当反应产物的比例为 1∶3 时，甲基吡嗪的产率只降低了 25% 左右，二甲基吡嗪几乎没有影响。向反应体系中加入 0.1 mol 硫酸时，甲基吡嗪的产率降到了 0，加入 0.1 mol 的 NaOH 时，其产率则提高了 10 倍，同时二甲基吡嗪的产率提高了 5 倍。相比甘氨酸、丙氨酸、赖氨酸或天冬氨酸，天冬酰胺参与反应时产率至少可以提高 5 倍。氨气的使用可以使甲基吡嗪的产率提高约 13 倍，但是二甲基吡嗪的产率则降低了 86% 以上，最终二甲基吡嗪与甲基吡嗪的比值降低至 0.04。用果糖代替葡萄糖可以使二甲基吡嗪的产率增加 3 倍，但甲基吡嗪的产率只增加了 25%，二者比值为 2。另外，阿拉伯糖使二甲基吡嗪的产率降低了约 88%，而甲基化合物的产率降低不到 20%，最终二者的比值降低至 0.5。用潜在的裂解产物替代葡萄糖参与反应产生了一些有趣的结果。乙二醛参与反应的产物以未取代的吡嗪为主，除此之外还有少量甲基衍生物。丁二酮的参与有利于四甲基吡嗪的产生，而羟基丙酮则在参与生成二甲基吡嗪方面表现突出，这两种反应的产物中基本没有其他同系物的出现。

Rizzi[237] 对一些相关的反应模型体系进行了研究。在二甘醇二甲醚中于 160℃加热时，丁二酮和丙氨酸在 2 h 内产生 0.5% 的四甲基吡嗪，3,4–己二酮和丙氨酸反应 7h 时开始产生四乙基吡嗪，偶苯酰和丙氨酸反应则在 7h 内生成 14% 的四苯基吡嗪。然而，2–氧丙醛和甘氨酸反应不仅产生了 2,5–二甲基吡嗪和 2,6–二甲基吡嗪，而且得到了三甲基吡嗪。为了说明这一出乎意料的结果，将氨基丙酮和甘氨酸的反应温度控制在 25℃，此时生成的吡嗪类产物由 50% 的 2,5–二甲基吡嗪、33% 的三甲基吡嗪和 17% 的 3–乙基–2,5–二甲基吡嗪组成。Rizzi 对这一结果提出了合理的假设，如图 5.10 所示，特定的中间体会通过与甲醛或乙醛的缩合反应产生额外的甲基或乙基产物。

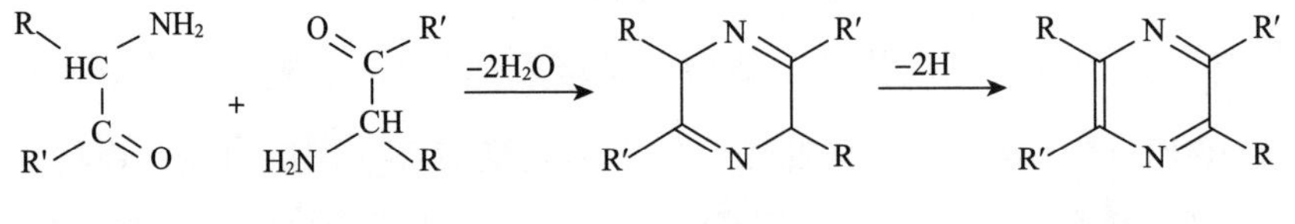

图 5.8　由 1,2–氨基羰基化合物通过 Strecker 降解反应生成吡嗪的反应路线

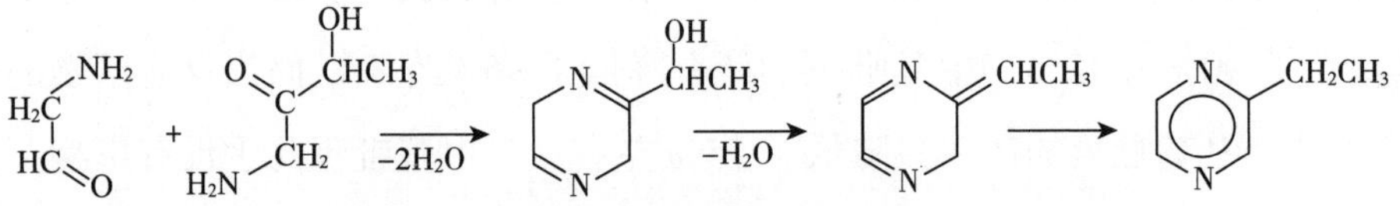

图 5.9　无氧化过程的吡嗪合成路线[234]

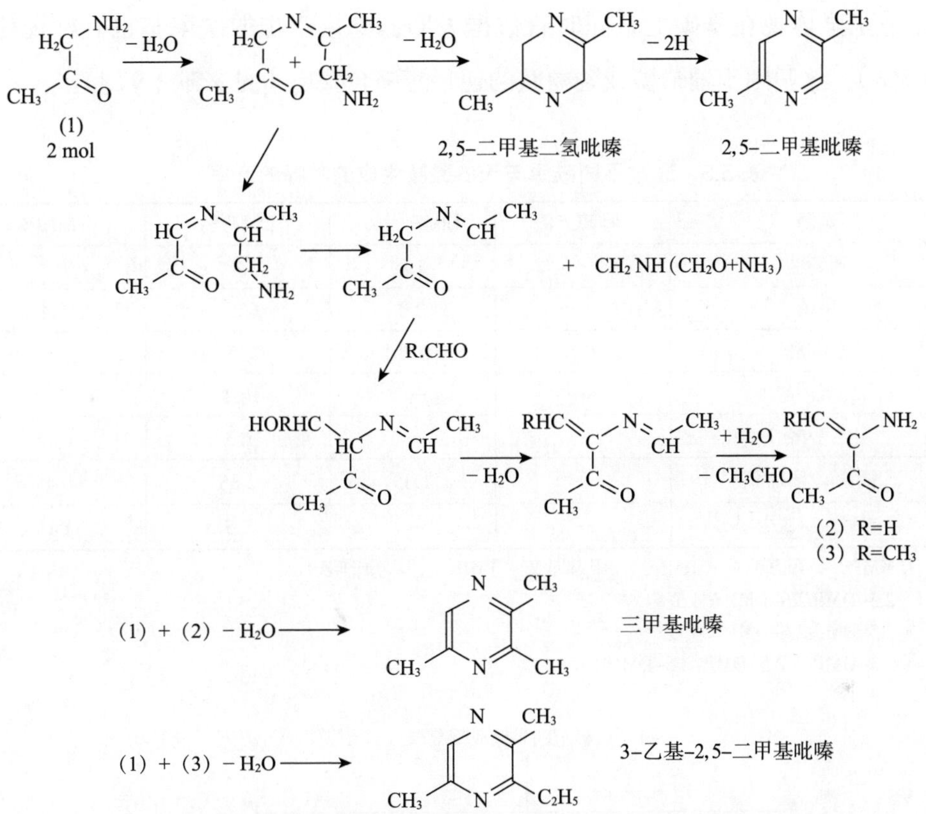

图 5.10　通过氨基丙酮生成三甲基吡嗪与 3-乙基-2,5-二甲基吡嗪可能的机理[237]

Weenen 等人[238]使用 ^{13}C 标记的葡萄糖和果糖与天冬酰胺反应，并对反应中更多的细节进行了研究。结果显示，果糖参与反应后整体产率略高于葡萄糖体系，但两种反应的产率并没有显著差异（表 5.3）。反应途径的差异性取决于是否涉及 Amadori 化合物或 Heyns 化合物，但无论什么反应途径，均会产生 1-DH 和 3-DH（详细反应途径见图 5.11）。二者均进行逆羟醛缩合反应生成 2-氧丙醛和甘油醛，但是通过 1-DH 生成的 2-氧丙醛在甲基上带有标记，而通过 3-DH 生成的 2-氧丙醛的标记则出现在醛基上。1-DH 和 3-DH 途径产生的吡嗪标记分别出现在其甲基和次甲基上。果糖在两种反应途径中的贡献大致相同，但是葡萄糖对前者贡献更大。由于 2,3-二甲基吡嗪的形成可以忽略不计，因此通过 4-DH 的途径并没有实际意义。

同预期的结果一致，2-^{13}C 标记的葡萄糖产生的甲基吡嗪中，被标记的碳原子几乎完全体现在季碳上。同时有数据表明，少量产物的次甲基也有标记信号（约5%），这归因于葡萄糖或葡糖胺的逆羟醛缩合反应（见文献［92］）。

表5.3　通过不同碳源与天冬酰胺生成的吡嗪的产率[238]

碳源	吡嗪/%	MMP[①]/%	DMP/%	TMP/%
葡萄糖	—	1.8	3.8[②]	0.3
果糖	—	2.0	6.2[③]	0.4
乙醇醛	0.1	0.35	0.25[④]	—
2-氧丙醛	—	—	6.2	1.5
乙醇醛	—	—	6.3	0.55
乙醇醛+2-氧丙醛	—	1.05	2.35	0.45
乙醇醛+2-氧丙醛	—	—	7.5	1.15

① MMP，一甲基吡嗪；DMP，二甲基吡嗪；TMP，三甲基吡嗪。
② 2,5–DMP/2,6–DMP = 4.6。
③ 2,5–DMP/2,6–DMP = 4.1。
④ 2,3–DMP/（2,5–DMP+2,6–DMP）= 5。

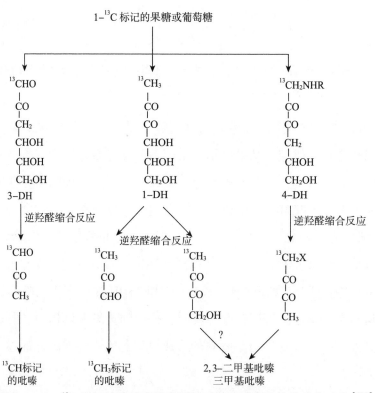

图 5.11　1–^{13}C 标记的果糖或葡萄糖经过 DH 形成吡嗪的反应路线[238]

Heyns 化合物的逆羟醛缩合反应或 1-DH 的 α-裂解反应产生的乙醛可以通过进一步反应生成乙基甲基吡嗪或乙基二甲基吡嗪，但是该反应过程中只能检测到微量的反应产物（参阅 Rizzi[237] 的研究）。

2,5-二甲基吡嗪的产率是 2,6-二甲基吡嗪的 4~5 倍。Weenen 等人[238] 将之归因于 2-氧丙醛和甘油醛中醛基对氨气或氨基的优先吸收，而具有 2-NH$_2$ 基团或 2-NHR 基团的 C$_3$ 化合物对形成 2,6-二甲基吡嗪至关重要。

表 5.3 中列举了天冬酰胺 C$_2$ 和 C$_3$ 前体参与产生吡嗪的反应数据。羟基乙醛理论上有利于未取代吡嗪类化合物的生成，但实际这类化合物的产率只有 0.1%。与预期一致的是，2-氧丙醛没有产生未取代的吡嗪或一甲基吡嗪，主要产生二甲基吡嗪，但也有一些三甲基吡嗪产生。这归因于产生的甲醛参与二氢二甲基吡嗪中间体的反应（参见 Rizzi 的研究[237]）。

谷氨酰胺侧链上的酰胺键构成了额外的氮源，因此相对于丝氨酸和苏氨酸，谷氨酰胺在 160℃ 的水溶液中与葡萄糖或果糖反应生成更多的吡嗪类化合物[239]。同样，相对于核糖体系，葡萄糖和果糖体系能够生成更大量的乙酰基吡嗪。

Wnorowski 和 Yaylayan[212] 通过 C-2 被标记的甘氨酸研究了葡萄糖-甘氨酸体系在热解条件下（250℃，20 s）与在水溶液中（密封管，120℃，3 h）反应的差异，结果显示没有标记信号的三甲基吡嗪的产率分别为 20% 和 70%，有甲基标记信号的 2-甲基吡嗪的产率为 10% 和 30%，有双重甲基标记信号的 2-甲基吡嗪和 5-甲基吡嗪的产率为 60% 和 10%。

2-乙酰基吡嗪（烘烤香，T = 62 ppb）被认为是由乙二醛、氨气和 C-甲基三糖还原酮反应产生的（图 5.12）[240]。

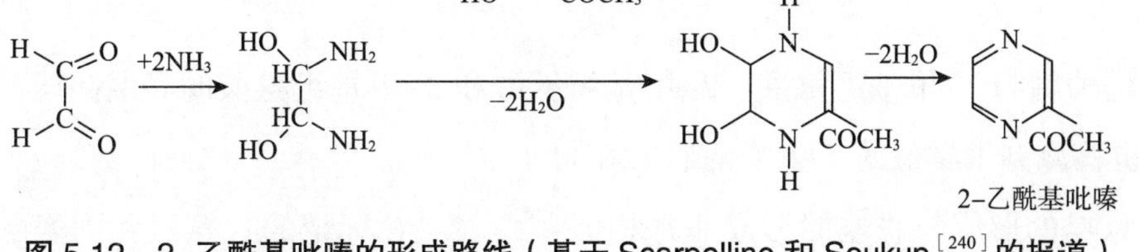

图 5.12　2-乙酰基吡嗪的形成路线（基于 Scarpellino 和 Soukup[240] 的报道）

二肽和乙二醛则可以生成一些有趣的吡嗪酮类化合物（参见第三章）。

通过添加碳酸氢铵和 2-氧丙醛可以显著提高精制小麦粉体系中吡嗪类化合物的种类和含量[241]。

2.1.5 恶唑类

α-酰胺类化合物不仅是吡嗪类化合物的前体，同时也可以转化为吡咯[242]、咪唑和恶唑类化合物[243]。热裂解与 GC-MS 联用是一种适用性广的成熟检测技术。正如前文所述，Wnorowski 和 Yaylayan[212] 的研究结果表明，尽管在热裂解过程中形成的产物比在水性溶液中形成的产物更多，但在水性体系中鉴定出的大多数产物在热裂解体系中都可以检测到，即使比例可能有所不同。通过分析 2-^{13}C 标记的甘氨酸或丙氨酸模型体系的热裂解反应（250℃，20 s）发现，在丁二酮-甘氨酸体系中，没有发现羧基裂解产生的甲醛和乙醛的标记信号，但是可以检测到 Strecker 降解产生的甲醛。2,4,5-三甲基恶唑是未标记的，是由乙醛形成的，同时有 15% 的 4,5-二甲基恶唑有单标记信号，即有 15% 的甲醛前体物是通过 Strecker 降解得到的。

2.1.6 咪唑类

Vernin 和 Párkányi[216] 已将来自四种反应模型的 14 种咪唑列出。

咪唑类化合物主要来自组氨酸的反应产物。组氨酸与葡萄糖在高温（220℃）或高压灭菌（120℃、150℃或 180℃）的条件下分别可以生成 2-乙酰基吡啶［3,4-d］咪唑和 2-丙酰基吡啶［3,4-d］咪唑与相应的四氢化合物[244]。此类反应产物是在金枪鱼肉与葡萄糖加热反应中被首次发现的，而金枪鱼肉中含有相对较高的组氨酸（最高可达 1%）。组氨酸与 2-氧丙醛一起加热时，也会产生相同的产物（图 5.13）。

葡萄糖与 1-甲基组氨酸、2-甲基组氨酸和 3-甲基组氨酸的高温高压反应体系中也检测到了类似的产物（见第二章）。

咪唑的形成与恶唑的形成非常相似[243]。2-^{13}C 标记的甘氨酸和丙氨酸的反应证明了咪唑氮原子上的烷基来自氨基酸的转化。

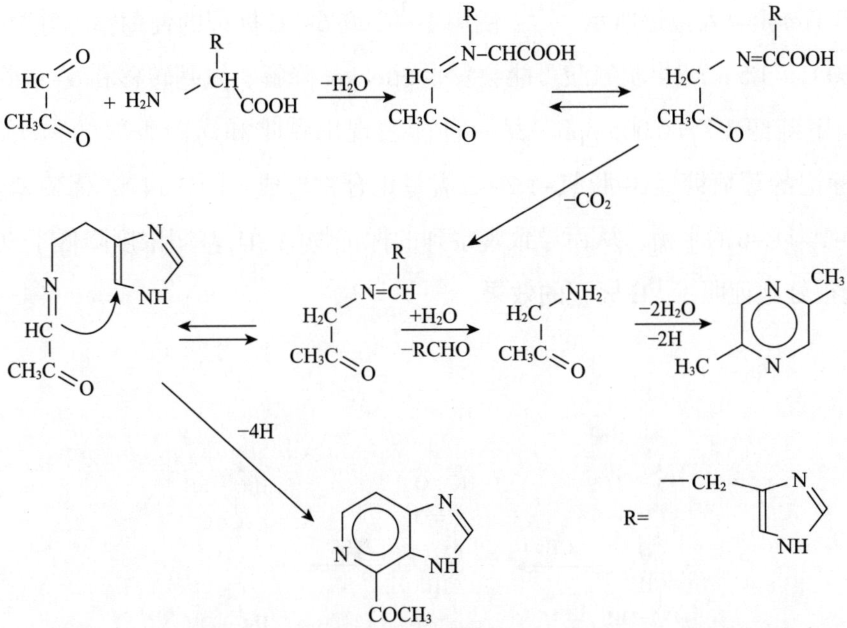

图 5.13　组氨酸与 2–氧丙醛通过 Strecker 降解反应产生 2–乙酰基吡啶
[3,4-*d*] 咪唑可能的机理[244]

咪唑环在一些精氨酸基团的生理修饰过程中起作用（见第八章）。一些咪唑
类化合物会引起不良的生理反应（见第六章）。

2.1.7　含硫杂环化合物

在一些特殊情况中，含硫氨基酸同样可以参与反应。MacLeod[245] 参考截至
1986 的报道，整理并列举了具有肉类香味的 7 种脂肪族与 65 种杂环硫化物（其
中硫原子分布在环状基团或其他取代基上）。

H_2S 通常可以作为直接或间接的硫源。Zheng 和 Ho[246] 发现，在 pH 值为
3～9 的范围内，半胱氨酸形成所需的活化能为 123.0～134.7 kJ·mol^{-1}（29.4～32.2
kcal·mol^{-1}），而谷胱甘肽形成所需的活化能则为 78.9～128.9 kJ·mol^{-1}（18.8～30.8
kcal·mol^{-1}）。在 pH 值为 5 时，两者形成所需的活化能几乎相同，但在其他 pH
条件下，半胱氨酸形成所需的活化能约高出 44 kJ·mol^{-1}（10 kcal·mol^{-1}）。

谷胱甘肽形成所需的活化能较低表明了分子环境对 H_2S 的释放有较大影响。
半胱氨酸和谷胱甘肽的等电点也相差很大，分别为 5.07 和 2.83。

如 Tressl 等人报道所示[247]，使用 1–13C 或 6–13C 标记的葡萄糖（等摩尔水溶液，160℃，1.5 h），半胱氨酸可能会发生 Strecker 降解、氨基转移和 α–消除反应。2–呋喃甲硫醇（$T = 0.005$ ppb）是一种能表现出咖啡和烤肉香气的物质，它由 1–13C 标记的葡萄糖经 3–脱氧–1,2–二羰基化合物形成（图 5.14），葡萄糖经脱水达到 C–1 与 C–6 的平衡，从而导致观察到的标记物中 CH_2 基团浓度降低了 50%[30]。该实验很好地证明了 13C 标记的效果。

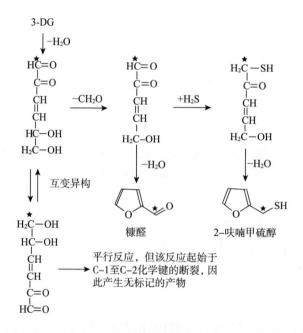

图 5.14 由 1–13C 标记的葡萄糖和半胱氨酸经 3–DG 形成 50% 标记的糠醛和 2–呋喃甲硫醇的反应路线[223]

咖啡呋喃（图 5.15）是一种呋喃的硫衍生物，通常与其二甲基和乙基同系物一起存在于咖啡中。该化合物在高度稀释的溶液中也能表现出较为明显的烧烤和烟熏的香气。目前，尚不清楚其在咖啡中的形成机理[248]。此外，在面包的香气物质中也发现了咖啡呋喃与其二甲基和乙基同系物[249]。

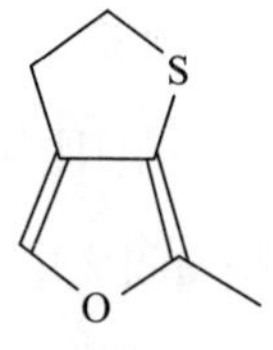

物质32

图 5.15 咖啡呋喃

Cerny 和 Davidek[250] 使用 13C5 标记的核糖实验表明，当将其与半胱氨酸以 3∶1 的比例在 95℃ 的磷酸盐缓冲液（0.5 M，pH 值为 5）中加热 4 h 时，核糖不仅完整地嵌入呋喃甲硫醇中，而且可以嵌入 2-甲基-3-呋喃硫醇（表现为肉类香气，$T = 0.000\ 4\ \mu g \cdot L^{-1}$）和 3-巯基-2-戊酮中。2-甲基-3-（甲硫基）呋喃的甲基呋喃部分也来源于核糖，但甲硫基的碳原子部分来自核糖，部分来自半胱氨酸。3-巯基-2-丁酮的所有碳原子均来自核糖，其中包括一种裂解反应途径。3-噻吩硫醇的所有碳都来自半胱氨酸。而当去甲基呋喃酮参与反应时，几乎所有的 2-甲基-3-呋喃硫醇都由核糖反应生成。虽然 2-巯基-3-戊酮也是来自类似的反应，但是 C-2 位和 C-3 位的异构体却分别来自去甲基呋喃酮与核糖。

在不考虑异构体的情况下，为了解释 3-巯基-2-戊酮的形成，图 5.16 列举了一条可能的反应途径，其中有两个关键的中间体产物，分别为 1,4-二脱氧松酮和 5-羟基-3-巯基-3-戊烯-2-酮。2-甲基-3-呋喃硫醇和 2-甲基-3-羟基呋喃均易于从该反应途径中产生而无需去甲基呋喃酮的参与。

当反应在 2-呋喃甲醛（与核糖等摩量）的存在下进行时，结果证明它是 2-呋喃甲硫醇更有效的前体（二者之比为 92 : 8）。

上述噻吩类物质的所有碳原子均来自半胱氨酸，而糖类物质显然对反应没有贡献。但是从另一方面看，理论上噻吩可以仅通过呋喃与 H_2S 反应而得到。Belitz 和 Grosch[251] 对噻吩类物质可能的转化途径进行了研判——其可能来自 2-巯基乙醛（来自半胱氨酸的 Strecker 醛）与丙烯醛或丁醛（乙醛的羟醛缩合产物）。Vernin 和 Párkányi[216] 分别列举了 2-甲酰基噻吩类物质的 4 种生成途径：①由 3,4-双脱氧戊二烯和 H_2S 反应得到；②由 2-糠醛和 H_2S 反应得到；③通过巯基乙醛进攻 3 位取代的丙烯醛的 C-3（得到 5-取代的 2-甲酰基噻吩）；④同③的反应途径类似，但巯基乙醛进攻的是 C-1（得到 3-取代的 2-甲酰基噻吩）。Maga[252]，以及 Vernin 等人[253] 对噻吩类物质的反应情况进行了详细的阐述。2-乙酰基噻吩（$T = 0.1$ ppb）具有类似洋葱或芥末的香气，但在咖啡中表现出麦芽和烘烤的香气[152]。2-甲酰基噻吩（$T = 2$ ppm）及其 5-甲基同系物（$T = 1$ ppb）分别具有苯甲醛和樱桃样的气味。

当核糖和半胱氨酸在 140 ~ 145℃下加热 20 ~ 30 min 时，会同时形成 3,2-巯基戊酮和 2,3-巯基戊酮，其中 3,2-巯基戊酮的量占主导地位[254,255]。较高的温度和较短的时间有利于反应的进行，见图 5.16。

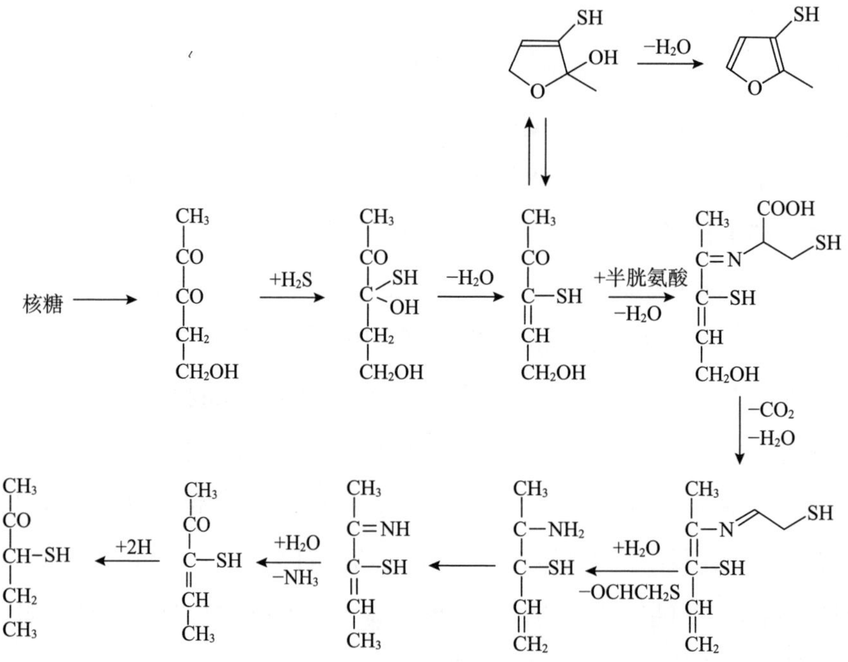

图 5.16 由核糖与半胱氨酸经 1,4–二脱氧–2,3–二酮糖形成 3–巯基–2–戊酮和 2–甲基–3–呋喃硫醇可能的机理[250]

通常 2–甲基–3–呋喃硫醇可以来自半胱氨酸，但是硫胺素可能是更为重要的反应前体[256]。当反应体系为水溶液并且有硫胺素存在时，120℃条件下反应 1h 后体系中有 8% 的硫醇源自半胱氨酸，但是当体系中无硫胺素时则检测不到硫醇的产生。硫胺素反应可能的机理见图 5.17[257]。

仅在 Cerny 和 Davidek[250]使用的条件下形成的噻唑被单独标记，标记结果显示在 C–2 处，这表明该化合物由半胱胺和核糖衍生的甲醛形成（见参考文献［258］）。

Maga 对噻唑和相关化合物的反应情况进行了总结报道[259]。Vernin 和 Párkányi[216]汇总整理了 7 个模型体系中 25 种噻唑类化合物的情况。

值得注意的是，2,4–二甲基–5–乙基噻唑具有很低的阈值（2 ppb），表现出坚果、烘烤和肉类的香气[260]。

2–乙酰基–2–噻唑啉的阈值更低（1 ppb）。它可以少部分由半胱氨酸和葡萄糖以较低的比例反应产生[258]。相反，当半胱胺和 2–氧丙醛参与反应时[261]，它与 2–乙酰基噻唑烷和 2–甲酰基–2–甲基噻唑烷同时产生。从表 5.4 的结果可以看出，当 pH 值为 6 时，温度对 CH_2Cl_2 萃取体系中 3 种化合物的比例有很大的影响。25℃条件下反应得到的 2-乙酰基-2-噻唑烷可以作为邻苯二胺缩合物的替代品，作为食品和饮料中 2-氧丙醛检测的标志物，在 17 个样品中检测到它的浓度为 0.04 ~ 47 ppm。

Hofmann 和 Schieberle[262]证实了半胱胺与 2-氧丙醛反应形成 2-乙酰基-2-噻唑啉，该反应表明铜离子和氧气可提高反应产率。噻唑烷和异构体 2-噻唑啉在水中以 100℃加热 20 min 后，2-乙酰基-2-噻唑啉的产率分别为 34% 和 7%，继续延长反应时间则不利于产率的提高。图 5.18 对该结果进行了解释。

2-(1-羟乙基)-2-噻唑啉转化为 2-乙酰基-2-噻唑啉的活化能（E_a）为 57.4 kJ·mol^{-1}（13.7 kcal·mol^{-1}）。

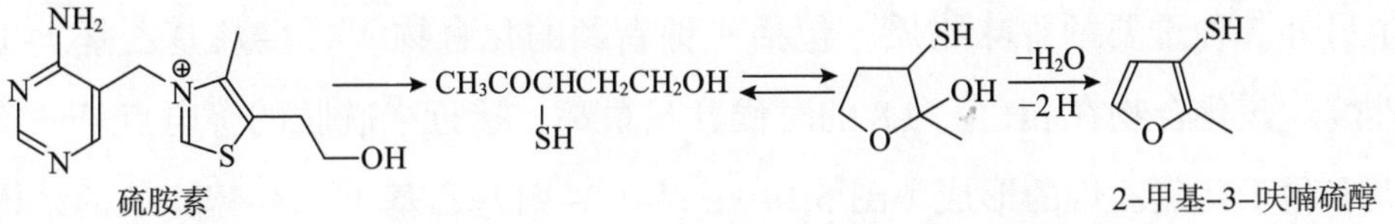

图 5.17　由硫胺素转化为 2-甲基-3-呋喃硫醇可能的机理[257]

表 5.4　2-氧丙醛与半胱胺在 3 种不同温度下的反应产物比例分布[261]

温度 /℃	2-乙酰基噻唑啉 /%	2-乙酰基噻唑烷 /%	2-甲酰基-2-甲基噻唑烷 /%
0	2.0	40.0	58.0
25	8.5	89.0	2.5
100	81.0	19.0	0.0

反应过程中最后一步的脱氢反应，存在两种可能性：烯胺醇参与金属催化的过氧化反应[263]，随后脱去一分子的 H_2O_2；或者与 2-氧丙醛发生醛胺缩合反应，随后通过消除反应脱去一分子的羟基丙酮[262]。

Rhlid 等人[264]尝试通过微生物发酵技术制备 2-(1-羟乙基)-2-噻唑啉（半胱胺，L-乳酸乙酯和带有面包酵母的 D-葡萄糖），并将其加入比萨制备的过程中（每 50 g 生面团 5 mg），结果显示，制作出的产品烘烤香、焦香和爆米花的香气都有所增强。

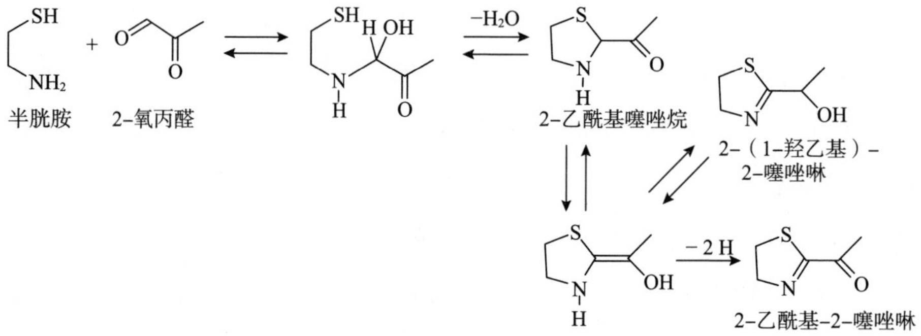

图 5.18　由 2-氧丙醛与半胱胺反应生成 2-乙酰基噻唑烷、2-（1-羟乙基）-2-噻唑啉与 2-乙酰基-2-噻唑啉的反应路线[262,263]

　　Engel 和 Schieberle[265] 研究表明，0.1 的磷酸盐缓冲溶液中，20 min 内温度从 20℃升至 145℃，半光胺与果糖反应不仅可以产生 2-乙酰基-2-噻唑啉，而且产生另外 3 种重要的香味物质，包括一种新颖的化合物 N-（2-巯基乙基）-1,3-噻唑烷。该化合物在 pH 值为 8 的时候含量最高，接近半胱胺的等电点——该等电点有利于环硫乙烷的形成（图 5.19）。N-（2-巯基乙基）-1,3-噻唑烷的结构已经确定，该化合物具有烘烤和爆米花样的香气[266]。该化合物在空气中的阈值为 0.005 ng·L^{-1}，只有 2-乙酰基-2-噻唑啉的阈值的 1/4。该化合物是两性的，并且具有热不稳定性。

　　在早期研究中，Mulders[267] 在 pH 值为 5.6 M 的磷酸盐缓冲液（35 mL）和二甘醇（200 mL）中，将核糖（0.025 mol）与半胱氨酸（0.01 mol）、胱氨酸（0.1 mol），在 125℃下回流 24 h，最终在该体系中鉴定出 45 种成分，包括 7 种噻唑类化合物，其中一种为 2-乙酰基衍生物。

　　苯并噻唑是食品挥发性成分中非常常见的化合物之一。在图 5.20 中，Vernin 和 Párkányi[216] 推测其由 1-DH 转化而来。

　　Shibamoto 和 Yeo[268] 将葡萄糖-半胱氨酸体系在微波（700 W，高功率，15 min）和热处理（回流，100℃，40 h）两种条件下的反应情况进行了对比。反应条件主要取决于褐变反应的发生和香气物质的产生。两组条件的产物都具有相似的爆米花和坚果香味，但是经微波处理的样品同时也带有生青气、焦煳气和刺激性气味，常规加热则不存在这些气味。常规条件下，在 pH 值为 9 时制备的样品中含有更高含量的甲基吡嗪、2,6-二甲基吡嗪和 HDMF，而经微波处理的样品中 4,5-二甲基恶唑的含量更高，并且是唯一可产生 2,3-二氢-3,5-二羟基-6-甲基-4H-吡喃-4-酮的条件。这些数据在某种程度上解释了两种加热方法在可接受性上的差异。为了在微波中发生褐变，至少需要 10% 的水分。令人惊讶的是，在 pH 值为 2 条件下微波处理时，反应体系在 420 nm 处的吸光值约为在 pH 值为 9 时的两倍（约 1 AU），pH 值为 5 和 7 时，这一值接近于 0（<0.1AU）。

Baltes 和 Song[269] 在面包皮中鉴定出了另一个不太常见的硫杂环挥发性化合物，即 1-[H]-吡咯-[2,1c]-1,4-噻嗪。这一物质早期由 Guntert 等人[269] 从核糖-半胱氨酸体系中获得。

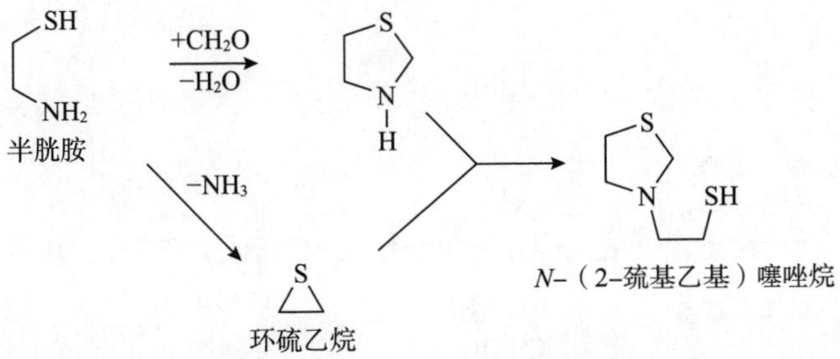

图 5.19　由半胱胺与甲醛反应形成 N-（2-巯基乙基）噻唑烷的反应路线[265]

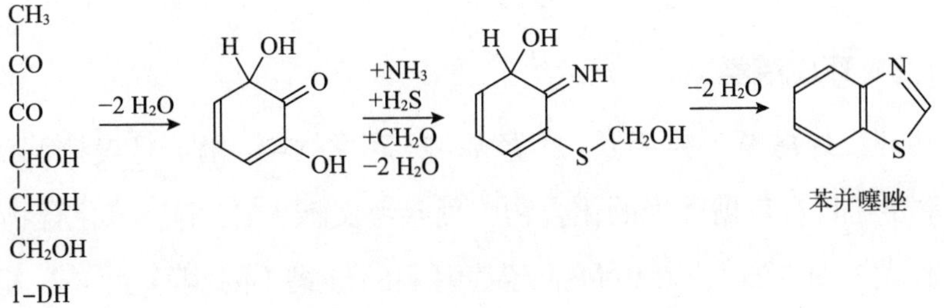

图 5.20　由 1-DH 形成苯并噻唑可能的反应机理[216]

由丁二酮和半胱胺形成的另一种具有爆米花香气的化合物为 5-乙酰基 2,3-二氢-1,4-噻嗪（T = 1.25 ppb），该化合物生成的最适 pH 值为 7，而通过半胱氨酸和糖类化合物转化的最佳 pH 值为 5[270]。机理如图 5.21 所示。

肝香肠的罐头加工过程中会产生焦味[271]，给实际生产中带来很大的问题，在实验中发现，其焦味强度与游离甘氨酸、谷氨酸和苏氨酸的损失线性相关。在装罐前添加还原型谷胱甘肽不影响风味和颜色，但添加 N-乙酰半胱氨酸可有效抑制焦味的形成，最佳添加量为 0.15%[272]。然而，焦味得到抑制的同时酸味会有所增加，可通过进一步添加 0.25% 的二磷酸进行缓解。

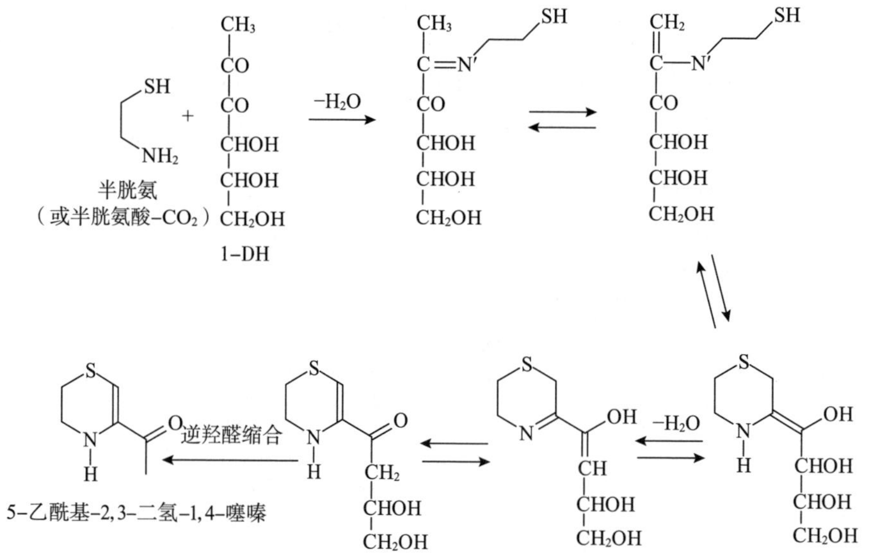

图 5.21　由半胱胺（或半胱氨酸）与 1-DH 形成 5-乙酰基-2,3-二氢-1,4-噻嗪可能的反应机理[270]

2.1.8　环戊烷类

甲基环戊烯醇酮（3-甲基-2-羟基-2-环戊烯-1-酮）是美拉德反应中产生的一种重要的具有焦糖香气的化合物（见参考文献［273］）。该化合物具有 12 个异构体形式（图 5.22），其中包括羟基丙酮的形式（丙酮醇）[274]，但是，通过热解（250℃，20 s）与在水溶液中的反应（120℃，3 h，密封管）进行比较时发现，对于葡萄糖-甘氨酸体系，在一系列实验中，葡萄糖中标记信号分别出现在 C-1 至 C-6 处，Wnorowski 和 Yaylayan[212] 发现葡萄糖骨架完整地掺入了形成的甲基环戊烯醇酮分子中，其中 C-1 在甲基处而 C-4 出现在羰基处，两种反应条件都是如此。

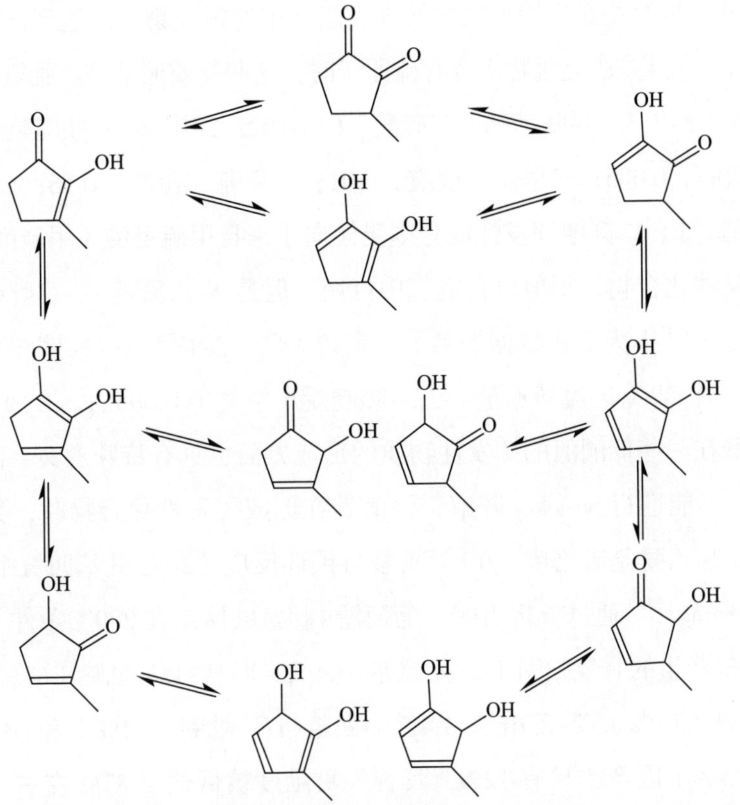

图5.22　甲基环戊烯醇酮的12种异构体形式[274]

2.2　嗅觉阈值

Arnoldi 等人[275] 首次尝试通过嗅觉阈值理论来合理化解释美拉德反应中产生的挥发性产物的综合贡献，但是由于研究缺乏阈值数据而受到一定的影响，尽管如此，该研究的方向仍然是值得肯定的。

第2类组分中的主要挥发性物质 Strecker 醛往往具有较低的阈值（苯乙醛，水中阈值为 $4\,\mu g \cdot L^{-1}$。除非另有说明，否则均以 $\mu g \cdot L^{-1}$ 为单位给出阈值，数据取自 Rychlik 等人[204] 和 Maarse[276] 的研究；3-甲基丁醛，0.35；甲硫基丙醛，0.2）。

部分第1类组分中的挥发性物质具有较为相似的阈值（HDMF，0.6；丁二酮，4），而其他的化合物则具有较大差异（去甲基呋喃酮，2 100；麦芽酚，9 000；乙酸，22 000）。同样为 Strecker 醛的乙醛具有相对较低的阈值（15）。

通过进一步的相互作用形成的第 3 类组分中的挥发物可以达到比前两个组分更低的阈值，尤其是当化合物中含有硫原子时，这些物质通常是半胱氨酸裂解形成的产物［双（2-甲基-3-呋喃基）二硫醚，0.000 02；2-甲基-3-呋喃硫醇，0.000 4；2-呋喃甲硫醇，0.005；二甲基三硫醚，0.01；二甲基二硫醚，0.16；二甲基硫醚，0.3；硫化氢，10］。其他挥发性成分则更倾向于来自甲硫氨酸（甲硫醇，0.2）。

对于某些化合物，阈值仅在空气中可用，但是 2-乙酰基-2-噻唑啉（在空气中为 0.05 ng・L^{-1}）为上述数据提供了一定的关联：2-丙酰基-2-噻唑啉（空气中 0.02 ng・L^{-1}）；N-（2-巯基乙基）-1,3-噻唑烷（空气中 0.005 ng・L^{-1}）[265]。

脯氨酸在一些低阈值的挥发性物质的形成方面也具有特殊意义。由于脯氨酸不是伯胺，不能进行 Strecker 降解，因而其在形成挥发性化合物时，其吡咯烷环可以保留（2-乙酰基吡咯啉，0.1）或参与扩环反应（2-乙酰基四氢吡啶，1.6）。Roberts 和 Acree[277] 通过分析表明，葡萄糖-脯氨酸体系在 200℃条件下的水溶液中反应 1 min 产生的香气归因于 2-乙酰基-3,4,5,6-四氢-1H-吡啶（63%）、2-乙酰基-1-吡咯啉（19%）、2-乙酰基-1,4,5,6-四氢-1H-吡啶（12%）和 HDMF（4%）。丁二酮（0.5%）因产率只有 12%，其香气贡献度被低估了 87% 左右。作为主要产物的 5-乙酰基-2,3-二氢-1H-吡咯里嗪，其贡献度仅有 0.3%。而另一主要产物麦芽嗪对香气几乎没有影响。

Strecker 反应的反应物，即 α-二羰基化合物，在反应过程中通过吸收氨形成杂环挥发性成分，尤其是吡嗪类化合物。其中香气强度最大的包括 2-乙基-3,5-二甲基类衍生物（0.04）和 2,3-二乙基-5-甲基类衍生物（0.09）。值得注意的是，大多数其他烷基吡嗪的阈值要高得多，因此对加热食品的香气的贡献相对较小。

2.3　香味特征[278]

香味的研究不仅要关注香气强度，还要关注其香气特征。我们可以尝试从 Harper[279] 列出的 44 种香气特征描述中挑选出与美拉德反应产物最相关的选项：

似杏仁的	003	温暖的	021
焦煳气息，烟熏	004	加热后的蔬菜	034
肉香（熟肉）	013	甜	035

以下是来自 Dravniek[280] 的对 146 种香气品质的研究结果的一部分：

麦芽	024	坚果（核桃等）	115
爆米花	026	咖啡	118
烧纸	062	烧焦的牛奶	121
焦糖	094	烘焙（新鲜的面包）	126
巧克力	097	枫糖（似糖浆）	133
蜜甜	098	木香（似谷物气息）	137

几年前，Lane 和 Nursten[176] 对 400 多个美拉德反应模型体系中获得的香气成分进行了研究，并根据香气描述将它们分为 14 组，如下所示：

（1）甜，白糖，焦糖，太妃糖

（2）巧克力，可可

（3）面包，面包皮，饼干，蛋糕，吐司

（4）肉类，牛肉

（5）土豆，土豆皮，薯片

（6）果味物质，芳香酯

（7）芹菜，菊苣，韭菜，抱子甘蓝，芜菁

（8）膨化的小麦，糖泡芙

（9）坚果

（10）花香物

（11）氨气

（12）令人讨厌的"引起咳嗽"的物质

（13）醛

（14）烧焦、辛辣的物质，与薯片、吐司及烟熏物接近

从数据分析中可以明显看出一定的相关性，例如，第 10 组物质只与苯丙氨酸有关，第 2 组物质的气味可能源自 13 个氨基酸，第 3 组物质的气味则源自 12 个氨基酸。

关于暴露于微波辐射下产生的香气，Yaylayan 等人[281] 研究了糖和氨基酸

的许多组合，将氨基酸分为脂族类、羟基取代类、芳香族类、含二级碳类、碱性类、酰胺类、酸类和含硫氨基酸等类型。根据香味类型将检测到的香气物质分为8组，如下所示：

焦糖香物质	1
肉香物质	4
坚果香物质	9
"肉香＋蔬菜香" 物质	
芳香物质	6
烘烤蔬菜香物质	
烤马铃薯香物质	5
烘焙香物质	3

焦糖类香气的产生需要脂肪族氨基酸的参与；而肉类香气则多来源于含硫氨基酸；坚果香气来源于酰胺类化合物或羟基取代的氨基酸；兼具肉香和蔬菜香的香气来源于含硫芳香氨基酸；芳香气息来源于芳香族氨基酸；烘烤蔬菜香气来源于芳香族、含硫、酸性、脂肪族和碱性或氨基取代的氨基酸；烤马铃薯香气来源于含硫氨基酸；而烘焙香气则来源于含有二级碳的氨基酸。在每种情况下加热的混合物中都可能存在或不存在其他氨基酸。

Kerler 和 Winkel[282]在研究中对众多的美拉德反应产物的香气进行了描述。

关于葡萄糖–脯氨酸体系，Roberts 和 Acree[277]对感官方面进行了更为详细的研究（请参见前文的嗅觉阈值部分）。其中 4 类化合物包括了大部分类型的香气：2–乙酰基–3,4,5,6–四氢–1H–吡啶（焦煳味，焦糖味；63％），2–乙酰基–1–吡咯啉（爆米花香；19％），2–乙酰基–1,4,5,6–四氢–1H–吡啶（焦煳味，焦糖味；12％）和 HDMF（棉花糖香；4％）。所有需要深入研究的美拉德体系的产物都有必要进行类似的详细分析。

同时，对美拉德反应的研究而言，目前经验主义仍然远远超过理性分析。

3 香脂化合物

3.1 苦味化合物

到目前为止，在美拉德反应中已分离出许多苦味化合物。

例如，Tressl 等人[219]从脯氨酸–单糖体系和脯氨酸–环烯醇酮体系中鉴定出了 8 个 2–（1–吡咯烷基）–2–环戊烯酮类化合物和 11 个环戊氮杂卓–8（1H）–酮类化合物。这些化合物具有苦味（图 5.23），同时前者还表现出涩味。**物质33、物质34** 在水中的苦味阈分别为 50 ppm 和 10 ppm。

图 5.24 中展示了反应可能的机理。

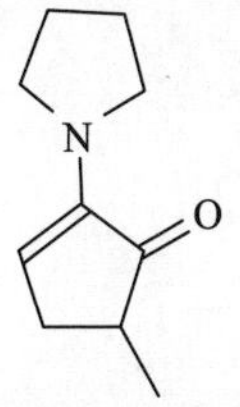

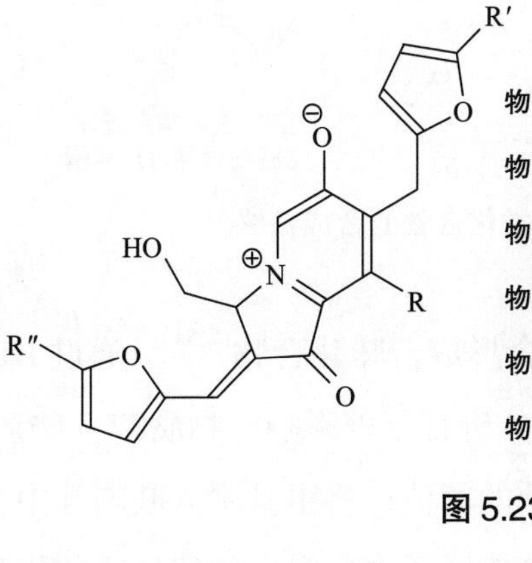

	R	R′	R″	T
物质37	H	H	H	2.5×10^{-4}
物质38	H	H	CH_3	2.5×10^{-4}
物质39	H	CH_3	H	5.0×10^{-4}
物质40	H	CH_3	CH_3	1.0×10^{-3}
物质41	CH_2OH	H	H	1.0×10^{-3}
物质42	两个呋喃基中的O替换为S			6.3×10^{-5}

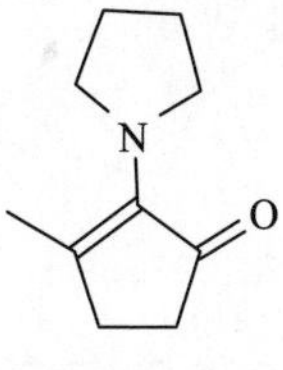

物质33　　物质34　　　　物质35　　物质36

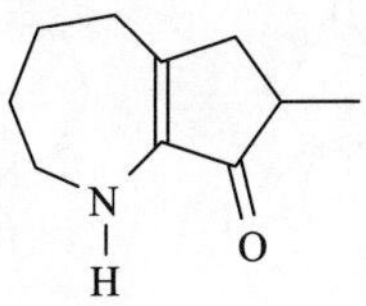

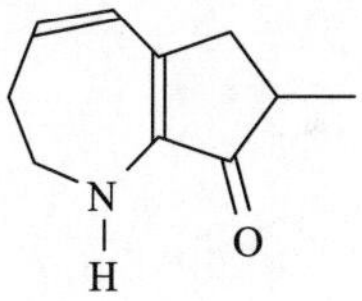

图 5.23　苦味物质

Ottinger 和 Hofmann[283]通过定量分析对这些化合物前体的有效性进行了研究。己糖衍生的甲基环戊烯醇酮是**物质33、物质35** 以及**物质34、物质36** 最常见的前体。每种化合物的形成在很大程度上取决于含氮前体物本身的化学性质。例如，吡咯烷（源自脯氨酸的热脱羧反应）通过加成甲基环戊烯醇酮生成**物质33**、**物质35**，而1-吡咯啉（源自脯氨酸的Strecker降解反应）通过加成甲基环戊烯醇酮则只能生成**物质36**。然而作为脯氨酸与环戊烯相互作用产生的主要的**物质34**，在这两种氮源参与的反应中均未检测到。即使 Cu^{2+} 存在，它仍然是主要产物，这一结果使人们怀疑图5.24中氧化反应的重要性。

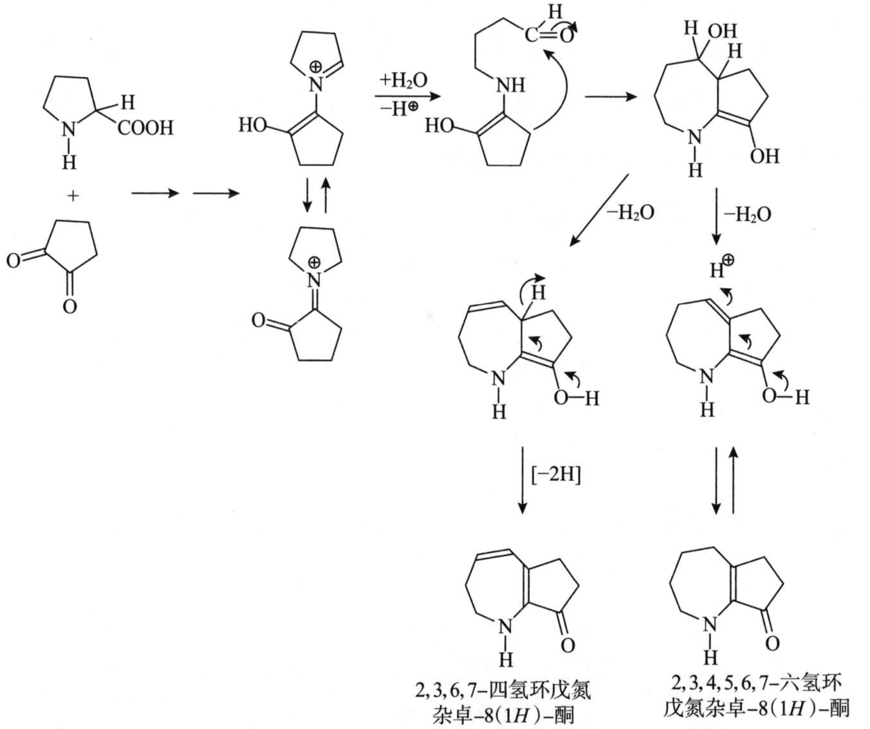

图5.24 环戊酮并氮杂环庚烷类化合物的合成路线[219]

2,3,6,7-四氢环戊氮杂卓-8(1*H*)-酮

2,3,4,5,6,7-六氢环戊氮杂卓-8(1*H*)-酮

在丙氨酸与木糖和鼠李糖的溶液中也会形成苦味化合物[284]。通过 HPLC 分离得到的 26 个组分中，有 7 个组分对稀释分析有显著影响。**物质37 ~ 物质41**占总体苦味成分的 57%。这些化合物具有较低的阈值；将甲基引入呋喃环中会使阈值有所增加。相反，当呋喃环上的氧原子被硫原子取代时，阈值的摩尔值降低至咖啡因的 1/10 000。

加热木糖和丙氨酸时，得到了对应的苦味物质即**物质43**、**物质44**（图5.25）[285]，在糠醛存在时产率提高了约 6 倍。核糖与木糖的反应中**物质43**、**物质**

44的产率几乎一致，而葡萄糖和果糖则无法产生相应的苦味成分。在pH值为5.0的磷酸盐缓冲液中，缬氨酸和亮氨酸反应生成的**物质43**、**物质44**的量是甘氨酸或丙氨酸的3~4倍。而将体系的pH值从3.0升至9.0，**物质43**、**物质44**的产率降低了约75%。图5.25中展示了通过$^{13}C_5$标记的核糖实验推测的反应机理。

3.2　甜味增强剂

Ottinger等人[286]通过比较味觉稀释分析（cTDA）法对D–葡萄糖和L–丙

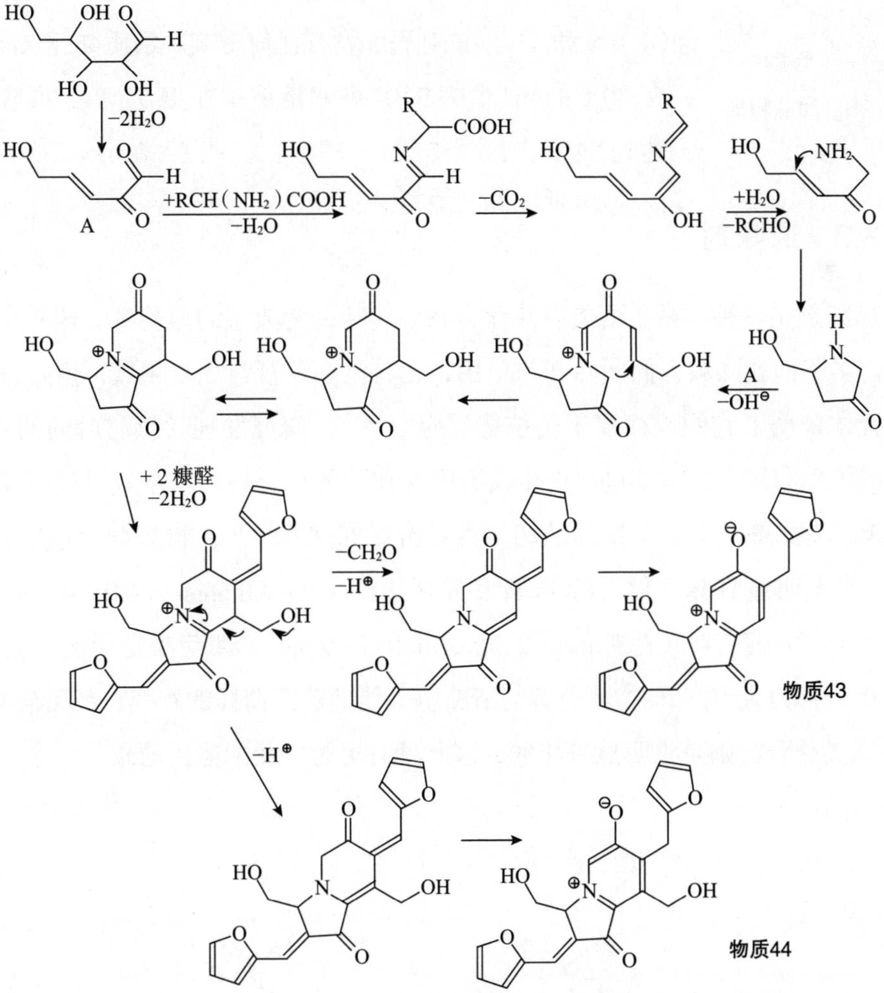

7–（2–呋喃基）–2–（2–呋喃亚甲基）–3,8–双羟甲基–
1–氧代–2,3–二氢–1H–6–羟基吲哚盐

图5.25　苦味成分中6-羟基吲哚盐的合成路线[285]

氨酸水溶液体系中不能用溶剂提取的产物进行了研究。研究发现 HPLC 分离得到的组分有一种被证实具有很强的甜味增强效果。分离后的组分通过 LC–MS 和 NMR 进行了综合分析；根据分析结果与其通过 HMF 和丙氨酸合成的信息综合判断，最终确定该化合物的结构为 *N*–（1–羧乙基）–6–（羟甲基）–3–羟基丙氨酸衍生的吡啶盐（图 5.26，**物质45**）。它本身没有味道，这在许多应用中将是一个优势。通过 pH 值的调节，它可以降低甜糖、氨基酸和阿斯巴甜的检测阈值，等摩尔的葡萄糖和**物质45**混合物，其阈值仅为葡萄糖的 1/16。对映异构体（+）–S 和（–）–R 对甜度没有任何影响。**物质45** 相对稳定，在 80℃ 的 pH 值为 3～7 的水溶液中加热 5 h 后，回收率可达到 84% 以上。

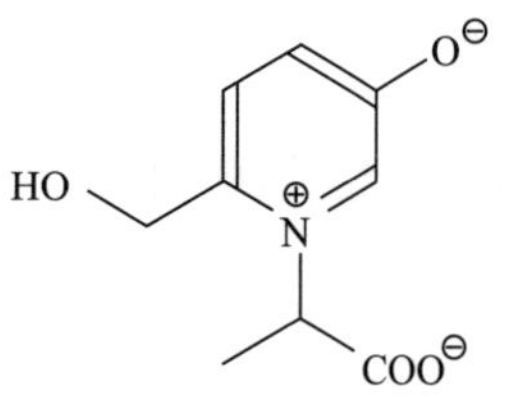

物质45

图 5.26　甜味物质

3.3　凉味剂

凉味剂是一种非常重要的香味化合物，包括最为典型的薄荷醇。这些化合物早在许多年前就已被人们所熟知与应用，尤其是在牙膏与烟草领域，但是直到最近研究才证明了它们也存在于美拉德反应中[287]。研究发现，烘烤后的葡萄糖–脯氨酸体系和焦麦芽中都可以产生具有降温作用的化合物，其中效果最明显的为**物质35**、**物质33**。反应产物的结构活性研究结果表明[288]，**物质46**、**物质47**（图 5.27）均无明显香味，但是凉味阈值分别达到 1.5～3.0 ppm 和 0.02～0.06 ppm，后者比（–）–薄荷醇（凉味阈值 $T_{cooling}$ 为 0.9～1.9 ppm；薄荷嗅觉阈值 $T_{mint-like}$ 为 0.1～0.2 ppm）低约 97%。薄荷醇的清凉感会伴随着薄荷样的香气，而**物质46**、**物质47** 这类化合物则是无明显香味的，因此具有更为广泛的应用前景。

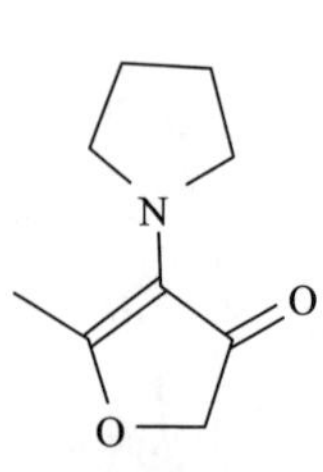

物质46 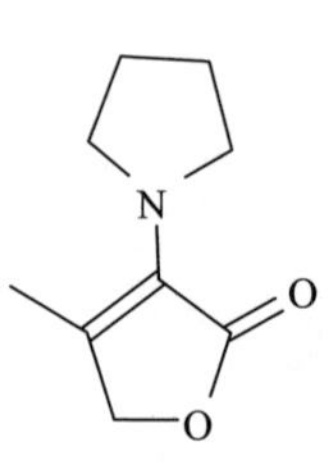　　　　　　　　物质47

图 5.27　凉味物质

4　小结

综上所述，美拉德反应过程中会产生丰富的风味物质和非风味物质，反应的复杂程度也是令人惊奇的。

第六章

毒理学和防护方面

1 有毒产物

美拉德反应及其产物的毒理学问题已由 Lee 和 Shibamoto[289]以及 Frieman[290]进行过系统阐述。

本章重点将放在考察致癌产物方面，其次是致突变产物。然后介绍致敏产物，以及其他毒理学方面的产物和保护作用。

2 致癌产物

致癌性本身是一个极其复杂的问题，与体内的酶息息相关。异生物质在膳食致癌物和致突变剂的解毒过程中起主要作用。肠内的 Caco-2 细胞为评价异生物质对酶活性的影响提供了有效的模型。因此，Faist 等人[291]研究了类黑素对 I 期酶［细胞色素 c 氧化还原酶（CCR）］和 II 期酶［谷胱甘肽 S 转移酶（GST）］的影响。实验结果表明，酶活性有显著的降低，这意味着在类黑素的存在下，酶的解毒效率会有所降低（等摩尔葡萄糖和甘氨酸在 125℃干燥加热 2 h；等摩尔葡萄糖和酪蛋白在 90℃下干燥加热 144 h）。唯一的例外只有与 I 期酶有关的下游系统。值得注意的是，两种加热方式在单独加热葡萄糖时存在差异，这意味着两个反应有着不同的产物形成。

Faist 等人[292]还研究了食物中 CML 对大鼠肾脏 GST 表达的影响。在他们的研究 1 中，酪蛋白连接的 CML 以两种剂量（每天每千克体重 110 mg 和 300 mg CML）给药 10 天。在研究 2 中，持续 42 天用额外的面包皮使大鼠每天每千克体重摄入 11 mg 的 CML。在研究 1 中，相较于对照组，大鼠肾脏中的谷胱甘肽水平分别增加了 43% 和 65%，GST 活性分别增加了 12% 和 96%。在研究 2 中，异构酶 GST 1 π-1 的蛋白含量增加，而对照组中 GST 1 μ-1 和 GST 1 α-1 保持相同水平。这两个研究在 Caco-2 细胞实验中均得到验证。暴露于纯化过的 CML（5 μM，96 h）使 GST 活性增加 46%，在含有面包皮的细胞培养基（每 1 mL 培养基含 0.5 mg 面包皮）中，GST 活性提高 38%，GST 1 π-1 蛋白增加 40%，表明 CML 是具有保护作用的。

超滤日本酱油中的低分子量棕色化反应产物（<1 kDa）能够抑制 CCR，但体外实验表明，其在低浓度（0.25 mg · mL⁻¹）下可以提高 GST 活性，对肠道细胞具有化学预防作用[293]。超过 90% 的酱油成分的分子质量小于 1 kDa。

在亚硝酸钠的存在下，葡萄糖和甘氨酸的反应产物经过二氯甲烷提取、纯化后具有低细胞毒性，也没有遗传毒性，但这些物质在由苯并[a]芘诱导的 C3H10T1/2 细胞的两阶段癌变中起到了肿瘤促进剂的作用[294]。

用核糖、阿拉伯糖、半乳糖、葡萄糖、鼠李糖或乳糖糖化的 β-乳球蛋白对 COS-7 和 HL-60 细胞的甲基噻唑基四唑进行测定，结果未显示出细胞毒性的增加[163]。

早在 1939 年，Widmark[295] 就观察到，将烤制的马肉提取物敷在小鼠皮肤上会产生致癌作用。埃姆斯试验（Ames test）被开发出来后，重点就转移到了高度热处理的食品的致突变性上（请参阅下一节）。

目前，关于致癌性的关注点集中在丙烯酰胺上。1994 年，国际癌症研究机构（IARC）将 2A 组中的丙烯酰胺归为人类可能的致癌物（见参考文献[296]）。瑞典在建造某隧道时，由于灌浆材料中所用组分的不完全聚合，丙烯酰胺单体被释放出来。其后在对暴露于丙烯酰胺的人和野生动植物进行的研究中发现，对照组的血样中发现的血红蛋白-丙烯酰胺加合物的水平明显高于预期。这使相关研究者认为食物中的丙烯酰胺可能是致癌的主要原因。因此，研究者们先后在瑞典、英国以及其他地区对食物样品进行了分析（表 6.1）。

似乎只有当食物含有大量淀粉并以油炸、烘烤或以其他高温方式加工时，食物中才会形成大量的丙烯酰胺。根据 Tareke 等人的研究[297]，在未暴露于环境丙烯酰胺的人中，经常观察到丙烯酰胺与血红蛋白的 N-端加合物。据估计，瑞典成年人的平均加合物水平相当于每天摄入约 100 μg 丙烯酰胺。

表 6.1　一些食品中丙烯酰胺的含量

样品	烹饪方式	丙烯酰胺 / (ng·g^{-1})
土豆	生	未检出
土豆	水煮	未检出
土豆	切条，油炸	>3 500
土豆	切条，过度油炸	>13 000
土豆	切片油炸	>2 300
薄脆饼干	—	>4 000
早餐麦片	大米主成分	>250
早餐麦片	—	>1 400

聚丙烯酰胺的主要用途为在水处理、纸浆加工中用作絮凝剂。因此，水体也是人体内丙烯酰胺的潜在来源。聚丙烯酰胺还可以用于去除工业废水中的悬浮固体以及用于许多其他领域，例如化妆品和土壤改良剂。此外，吸烟也会使人体接触丙烯酰胺。

食物中丙烯酰胺的来源是一个重要的问题，很明显美拉德反应是重要因素之一，那么本身具有酰胺基的天冬酰胺就成为典型的研究目标。因此，Mottram 等人[296]在密闭管的磷酸盐缓冲液体系中，以 185℃处理等摩尔的氨基酸和葡萄糖混合物，得到 3 100 μmol·mol^{-1} 的丙烯酰胺。丙烯酰胺在低于 120℃时不会形成，而在约 170℃时达到最大值。在甘氨酸、半胱氨酸和甲硫氨酸的平行实验中，185℃条件下丙烯酰胺并未有明显检出（< 7 μmol·mol^{-1}）。谷氨酰胺和天冬氨酸仅产生痕量的丙烯酰胺（约 10 μmol·mol^{-1}）。天冬酰胺和葡萄糖的干燥混合物 185℃加热处理后（无缓冲溶液的条件下），仅得到 350 μmol·mol^{-1} 丙烯酰胺。在这种干燥的条件下，除了甲硫氨酸（70 μmol·mol^{-1}），仅谷氨酰胺

和天冬氨酸生成痕量的丙烯酰胺，而其余氨基酸均没有检出丙烯酰胺。当使用丁二酮代替葡萄糖作为 Strecker 二羰基化合物时，天冬酰胺在缓冲液体系中产生 890 μmol·mol⁻¹ 的丙烯酰胺，而在无缓冲液的干燥体系中产生 560 μmol·mol⁻¹ 的丙烯酰胺。天冬酰胺本身在 185℃不会产生丙烯酰胺，这证实了 Strecker 反应需要二羰基化合物参与。除了甲硫氨酸（干燥状态 84 μmol·mol⁻¹），丁二酮与其他任何氨基酸均未产生大量丙烯酰胺。甲硫氨酸会被转化为甲硫基丙醛，后者会分解为丙烯醛、氨和甲硫醇。丙烯醛很容易被氧化成丙烯酸，而丙烯酸可以与氨反应转化为酰胺。丙烯醛也可以源自脂质。

与上述研究相类似，Stadler 等人[298]在 180℃时分别加热 20 种氨基酸 30 min，分别从甲硫氨酸和天冬酰胺中获得了丙烯酰胺（3.6 μmol·mol⁻¹ 和 0.6 μmol·mol⁻¹）。当与等摩尔的葡萄糖混合反应时，丙烯酰胺的产量会显著提高，尤其是使用天冬酰胺（370 μmol·mol⁻¹）。用天冬酰胺的一水合物代替天冬酰胺，或添加少量水可以进一步提高产率（960 μmol·mol⁻¹）。改变糖的种类（果糖、半乳糖、乳糖、蔗糖）可得到相同产率的丙烯酰胺。将天冬酰胺、谷氨酰胺和甲硫氨酸的葡糖胺在 180℃热解 20 min，分别得到 1 305 μmol·mol⁻¹、14 μmol·mol⁻¹ 和 8 μmol·mol⁻¹ 的丙烯酰胺。同样，果糖基天冬酰胺得到 1 420 μmol·mol⁻¹ 的丙烯酰胺。

利用 ¹³C₆ 标记的葡萄糖进行相同反应，结果显示，天冬酰胺是丙烯酰胺碳原子的来源。同样，98.6% 的 ¹⁵N–酰胺标记的天冬酰胺转移到了丙烯酰胺中，而 ¹⁵N–α–胺标记的天冬酰胺没有。

需要注意的是，从天冬酰胺转化为丙烯酰胺时，来自天冬酰胺的 Strecker 醛需要还原羟基并失去水分子。

谷物和马铃薯中游离的天冬酰胺含量相对较高：小麦粉中游离的天冬酰胺含量为 167 mg·kg⁻¹，相当于游离氨基酸总量的 14%[296]；而马铃薯中游离的天冬酰胺含量为 940 mg·kg⁻¹，占游离氨基酸总量的 40%[299]。

总体而言，食品中的丙烯酰胺可以通过多种途径获得，其中天冬酰胺的美拉德反应是主要途径。最近有研究者还提出了一种关于食品中丙烯酰胺来源的观点[641]。

3 致突变产物

日本的一课题组研究发现了一组新的高度致突变化合物[300,301]，这种化合物现在被归类为杂环芳胺（HAA）。在对啮齿动物和猴子的长期动物研究中发现，许多 HAA 是多位点肿瘤诱导剂（见参考文献[302]）。人体细胞体外实验表明，HAA 能够被代谢为生物活性物质并形成 DNA 加合物。这些结果结合流行病学数据表明，HAA 对遗传易感人群以及中度到高度暴露人群具有致癌作用[303]。

到目前为止，HAA 的数量已有 20 多种[304]。它们分为两大类，即氨基咔啉和氨基咪唑-氮杂芳烃（AIA），区别在于不同位置存在不同数量的甲基。氨基咔啉细分为 α-咔啉、β-咔啉和 γ-咔啉以及二吡啶并咪唑（δ-氮杂咔啉），例如 AαC 和 MeAαC，Harman 和 Norharman，Trp-P-1 和 Trp-P-2，Glu-P-1 和 Glu-P-2。所有的 AIA 都具有 2-氨基咪唑基团，其中一个甲基与一个氮杂环相连。这部分结构据推测源自肌酸，并融入喹啉（IQ、MeIQ）、喹喔啉（IQx、MeIQx、DiMeIQx、TriMeIQx）或吡啶（PhIP、4′-OH-PhIP、DMIP、TMIP）系统中（见图 6.1）[290,302]。

IARC 已将一些 HAA（MeIQ、MeIQx 和 PhIP）归类为"可能致癌物"，并将 IQ 分类为"高风险人类致癌物"（见参考文献[305]）。

通过沙门氏菌突变检测（埃姆斯试验），煎炸后的肉的外层显示出致突变活性，并且油炸肉和烤鱼中的致突变活性很大比例来自咪唑并喹啉和咪唑并喹喔啉，就是所谓的 IQ 化合物。埃姆斯试验表明，HAA 的致突变能力比任何其他类别的化合物确实都要强[304]。表 6.2 给出的鼠伤寒沙门氏菌 TA98 具有 S9 活化作用的实验结果能够证明这一点。通常，TA100 每微克 HAA 产生的回复突变数较少；该菌株检测到的是碱基置换突变而不是移码突变。

Barnes 和 Weisburger 量化了各种食物中的致突变剂的生成量[306]，如表 6.3 中所示。

IQ 化合物应该是在相对高温和相对无水的条件下，通过 2-甲基吡啶或 2,5-二甲基吡嗪，与肌酐、氨基酸（甘氨酸或丙氨酸）和还原糖通过美拉德反应形成的[307]。将这些混合物置于二甘醇-水［6∶1（v / v），沸点 128℃］溶液中，在 128℃下回流 4 h，每毫升可获得多达 10^5 个的回复子。

有研究利用该模型的相似实验中生成了 7,8-DiMeIQx[308]。当换成果糖和丙氨酸重复该实验时发现，4,8-DiMeIQx 是主要的致突变剂[309]。

苯乙醛及其与肌酐的羟醛缩合产物，在 PhIP 形成过程中是非常重要的中间体。但是在反应体系或油炸肉中找不到相应的席夫碱[310]。

通过 ^{14}C 标记的葡萄糖可以确认，葡萄糖在反应后融入了 IQx、MeIQx 和 DiMeIQx[311]。

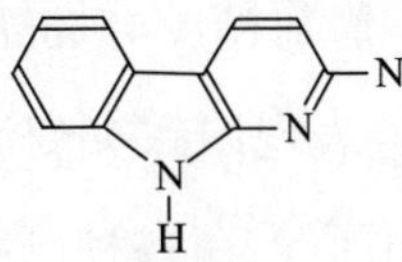
物质48
AαC

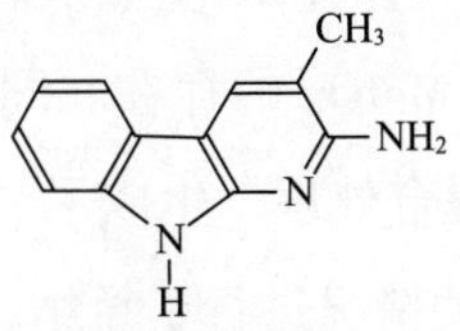
物质49
MeAαC

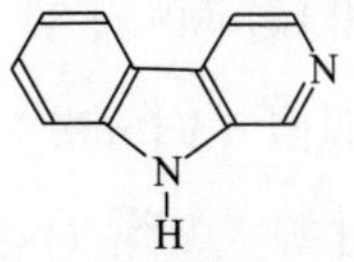
物质50
Norharman

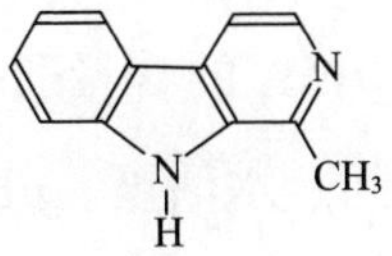
物质51
Harman

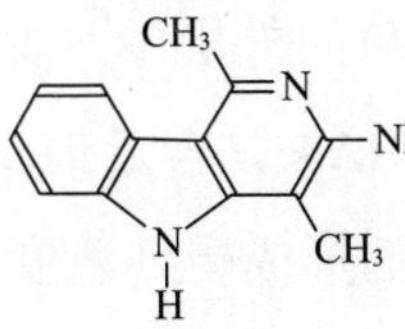
物质52
Trp-P-1

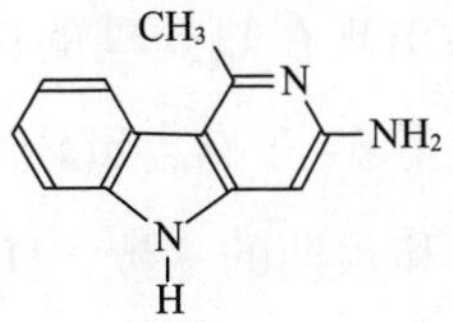
物质53
Trp-P-2

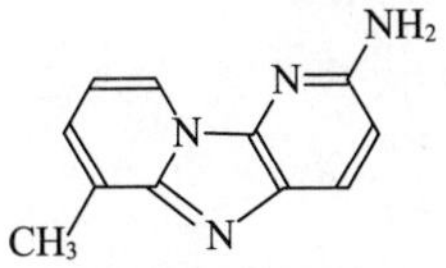
物质54
Glu-1-P

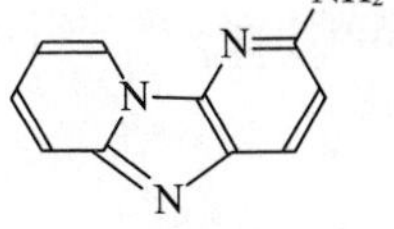
物质55
Glu-2-P

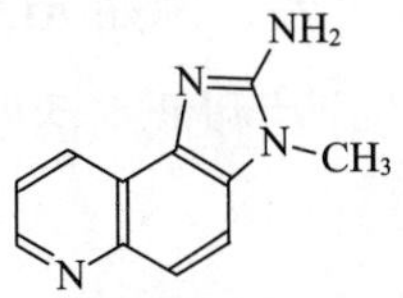
物质56
IQ

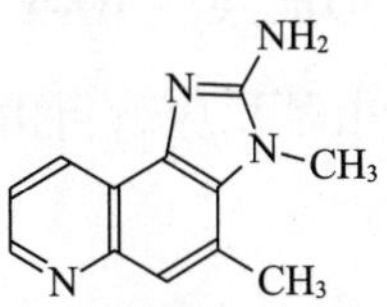
物质57
MeIQ

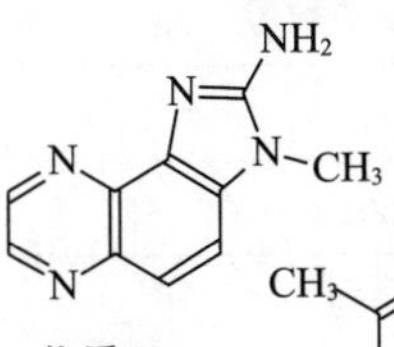
物质58
IQx

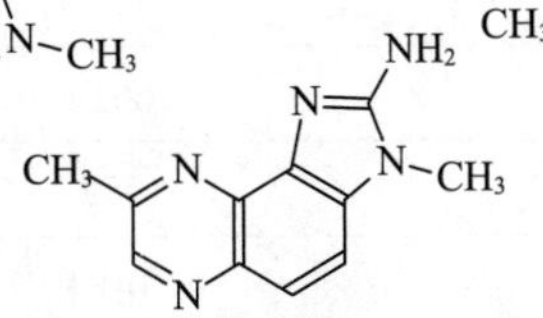
物质59
MeIQx

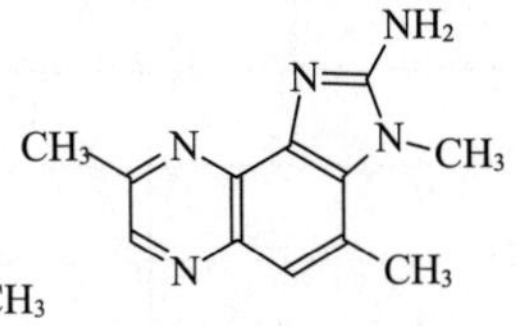
物质60
4,8-DiMeIQx

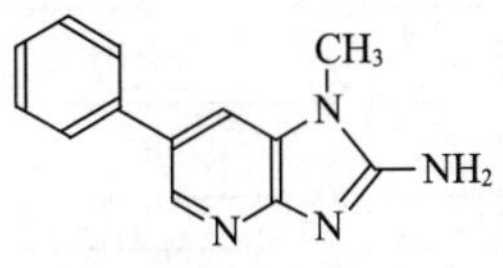
物质61
PhIP

图 6.1　一些杂环芳胺的结构图

将 20 种氨基酸分别与葡萄糖和肌酐在水溶液体系中加热，大多数样品体系中生成了 IQx、MeIQx 和 DiMeIQx，另外有一部分体系生成了 PhIP-P-1、Trp-P-1 和 Trp-P-2。后两种化合物在目前尚未引起广泛关注，因为人们认为这些物质是在极端烹饪条件下生成的，所以在西方饮食中不存在这些物质。但是，从目前的研究来看，这些化合物在温和条件下烹制的食品中也有检出[311]。

为了验证加热过程是否为致突变物质产生的必要条件，Kinae 等人[312]进行了研究，并表明温和条件下也能够形成杂环胺。他们在磷酸缓冲液（0.2 M，pH 值为 7.4）中加入葡萄糖（175 mM）、甘氨酸（350 mM）和肌酐（350 mM），37℃条件下加热 84 天。实验表明，该体系不仅在埃姆斯试验中发现具有致突变活性，同时 HPLC 和 LC-MS 证实了 MeIQx 的存在。同样，葡萄糖（45 mM）、苯丙氨酸（91 mM）和肌酐（91 mM）混合处理，生成了 PhIP，表现出致突变活性。

Jägerstad 等人[302]对相关情况进行了总结。据报道，在各种烹熟的肉类和鱼类产品中检测到了 HAA，尤其是油炸、炙烤、炉烤、架烤或熏制的产品中更多。它们主要出现在热处理的肉和鱼的外层中，少量出现在油炸的肉的内部。除了少数情况下 β-咔啉含量较高，HAA 是含量最高的。HAA 的含量通常在纳克/克的量级，和预期的一致，HAA 的形成受到温度、时间、水活度、pH 以及反应物（例如肌酸、氨基酸、多肽、蛋白质）的量和比例的影响。美拉德反应对在液相体系中形成某些 HAA 很重要，例如 AIA。干加热还会产生氨基咔啉，这应该是受到自由基反应或自由基碎片和低水活度的影响。

表 6.2　在带有 S9 的鼠伤寒沙门氏菌 TA98 的埃姆斯试验中由杂环胺获得的还原剂（参考 Finot[31]，以及 Wong 和 Shibamoto[638]的研究）

化合物	回复子数量
IQ	433 k
MeIQ	661 k
IQx	75 k
MeIQx	145 k
4,8-DiMeIQx	183 k ~ 206 k
7,8-DiMeIQx	163 k ~ 189 k

续表

化合物	回复子数量
Trp-P-1	39 k
Trp-P-2	104.2 k
Glu-P-1	49 k
Glu-P-2	1.9 k
PhIP	1.8 k ~ 2 k
黄曲霉毒素 B1	6 k
苯并［α］芘	0.32 k

表 6.3　各种食物中致突变剂的生成量[306]

食物种类	样品形式	烹制方式	烹制时间 /min	回复子数量（单个样品）
白面包	切片	烤	6	205
全麦面包	切片	烤	12	945
饼干	单片	烘焙	20	735
煎饼	单片	油炸	4	2 500
土豆	小薄片	油炸	30	200
牛肉	馅料	油炸	14	21 700

有意思的是，Felton 和 Knize[304] 论述说，在他们检查的工业烹饪样品中，只有一个样品的 HAA 能够被检测到，即 MeIQx（0.42 ng · g^{-1}）和 DiMeIQx（0.1 ng · g^{-1}），而饭店烹饪的样品中检测到了 MeIQx（0.48 ~ 0.89 ng · g^{-1}）和 PhIP（1.0 ~ 13 ng · g^{-1}）。传统餐厅烹制的食物往往会产生比快餐高得多的 HAA。Tikkanen 等人[313] 发现，芬兰大多数用火烤制的鱼、鸡和猪肉都含有 HAA（0.03 ~ 5.5 ng · g^{-1}）。Zimmerli 等人[314] 分析了 86 份瑞士熟肉（包括家禽和鱼类）样品和 16 份相关商业样品，发现：油炸猪肉培根中的 PhIP 含量最高（13.1 ng · g^{-1}），总 HAA 为 18.4 ng · g^{-1}；其次是烤羊排，PhIP 含量 9.7 ng · g^{-1}，总 HAA 为 11.9 ng · g^{-1}；油炸的切成丁的牛肉（ragout）为第三，PhIP 含量 6.0 ng · g^{-1}，总 HAA 为 6.0 ng · g^{-1}。在一半的样本中未检测到 HAA。餐厅和家庭烹饪样品之间没有显著差异。Klassen 等人[315] 分析了来自渥太华地区的 28 个煮熟的汉堡包样品和 6 个鸡肉制品。汉堡中包含 PhIP

（0.2 ~ 6 ng·g^{-1}，平均 1.38 ng·g^{-1}）、IQ（0.1 ~ 3.5 ng·g^{-1}，平均 0.58 ng·g^{-1}）、MeIQx（0.3 ~ 6.9 ng·g^{-1}，平均 1.01 ng·g^{-1}）、7,8–DiMeIQx（0.1 ~ 2.9 ng·g^{-1}，0.50 ng·g^{-1}），以及痕量的 4,7,8–Me3IQx（<0.1 ng·g^{-1}）、Trp–P-1（0.1 ~ 0.3 ng·g^{-1}）和 Trp–P-2（0.1 ~ 0.8 ng·g^{-1}）。鸡肉制品中仅发现了 PhIP（0.1 ~ 2.1 ng·g^{-1}）和 MeIQx（0.1 ~ 1.8 ng·g^{-1}）。Klassen 等人[315] 以表格形式总结了先前的结果。Skog 等人[316] 分析了以不同方式烹饪（对流烤箱、深油炸锅和接触式油炸锅）的汉堡包和鸡柳。汉堡包只有在深油炸制后才能检测到致突变活性；而鸡柳在每种烹饪方法中都产生了致突变活性，其中深油炸制的致突变活性水平最高。对于鸡肉而言，致突变活性增加与烹饪过程中重量减轻有关。在对流烤箱烹饪过程中，高温和高风速会增加致突变活性。除了高温与高风速同时存在的情况，水蒸汽会降低致突变活性。通过 HPLC 在熟肉中鉴定出 MeIQx、PhIP 和 Norharman，分别为 4 ng·g^{-1}、12 ng·g^{-1} 和 20 ng·g^{-1}。通过 HPLC 还检测出，除 MeIQx 和 PhIP 之外，还存在其他具有相应致突变活性的组分。这些组分并非已知的杂环胺。其他研究也表明，煮熟和烧烤的牛肉中还存在其他致突变成分（见参考文献［316］）。

HAA 含量在食物制备过程中能够进行调控，Felton 和 Knize[304] 通过一种含蔗糖的腌料很好地说明了这一点。该方法增加了烤鸡的 MeIQx，但降低了 PhIP。尽管 MeIQx 有所增加，但腌制后大大减少了 HAA 的总量[317]。另一个例子是牛肉馅饼，在经过微波预处理 2 min 后，烹饪完成后的致突变活性和 HAA 降低了 67% ~ 89%。其原因是在微波处理过程中，产生的液滴可去除 30% 的 HAA 前体。由于牛肾和肝中的肌酐水平较低，因此油炸产生的致突变活性也较低。致突变测试表明，在油炸之前向肉中添加 10% 或更多的大豆蛋白可以完全消除 HAA 的形成（见参考文献［318］）。抗氧化剂，例如 BHA，也可以减少 HAA 的形成，添加少量的色氨酸或脯氨酸也能达到同样的效果[318]。红茶和绿茶都能降低 TA98 中 IQ 和 PhIP 的致突变活性，并且还可以抑制暴露于 IQ 和 PhIP 的新鲜培养肝脏细胞中 DNA 的修复。茶在这两个实验中对致突变活性的抑制作用是基因毒性的指标，这表明天然存在的植物提取物可以改变 HAA 的代谢活性。茶多酚、绿茶中的表没食子儿茶素没食子酸酯和红茶中的茶黄素没食子酸酯，在两种测试中均表现出相似的抑制作用（见参考文献［318］）。

根据 Brittebo 等人[319] 报道，黑色素在体内和体外均可与 PhIP 牢固结合。在小鼠实验中，在给有色小鼠注射 $0.3 \sim 4$ mg·kg^{-1} ^{14}C 标记的 PhIP 后，发现放射性高选择性地存在于眼睛和皮毛的色素上皮中，而在白化病模型中未观察到这种情况。PhIP 与体外黑色素在大多数有机溶剂和极端的 pH 情况下都能够结合，只有用氨饱和的甲醇溶液才能有效抑制这种结合。这些结果表明，HAA 还可以与类黑素牢固结合，如果这种结合具有抗消化性，那么它们很可能会被完整排泄而不会产生任何有害的生理效应[302]。因此，Solyakov 等人[305] 设计了 3 种不同的类黑素模型体系：葡萄糖-甘氨酸（1:1，125℃，120 min），具有葡萄糖和 13 种常见氨基酸的肉类（1:1，125 和 180℃，120 min），以及商品化咖啡豆。将水性悬浮液与包含 7 个 HAA 的参比溶液在室温下孵育 60 min。孵育后，将样品离心并通过 HPLC 分析。第一个模型结合了 24% 的 PhIP，第二个模型未结合任何 HAA，而咖啡豆模型结合了 68% 的 PhIP、58% 的哈尔满、62% 的去甲基哈尔满、75% 的 Trp-P-1、77% 的 Trp-P-2、89% 的 AαC 和 82% 的 MeAαC。任何模型都没有与透析液（<10 kDa）结合。

正常烹饪条件下的模型体系，与 HAA 相比，诱变效果相对较弱。与 HAA 引起的移码突变相比，这些体系的诱变作用类型多为碱基置换突变。此外，肝脏染色体酶 S9 组分可有效地抑制这种突变，而 HAA 需要由 S9 激活才会产生致突变/致癌物质[31]。

根据 Zimmerli 等人[314] 的研究数据，瑞士成年人对 HAA 的平均暴露量为每天每千克体重 5 ng，而年长的瑞典人和美国人的数据约为每天每千克体重 2 ng。他们继续通过外推法估算因摄入量而引起的理论癌症风险。长期动物实验得出的结果为 10^{-4}，即在整个生命周期内 1 万名个体中诱发了 1 例肿瘤。相比之下，在瑞士，天然存在的放射性钾引起的风险为 10^{-3}，而在瑞士因闪电而死亡的风险为 $10^{-5} \sim 10^{-4}$。

Friedman[290] 在他的综述中得出结论，在实验动物中产生肿瘤所需的 IQ 和 MeIQ 剂量为每千克体重 $10 \sim 20$ mg，远远高于人类饮食中的剂量。甚至大鼠在每天每千克体重摄取 2.2 mg 某种肉制品时，PhIP 对大鼠的 TD50 为 13 ng·g^{-1}，对 70 kg 的人来说，相当于 250 g 的食物中含有约 3 μg，并不需要担心过量。

尽管很难评估当前暴露于 HAA 和相关化合物对人类造成的实际风险，但明智的做法是考虑通过改变食品制备方法，例如已经提到的那些方法，从而减少这些物质在生命周期中的接触量。

加热糖-酪蛋白体系的致突变性已经引起人们关注[320]。在埃姆斯试验中，葡萄糖-酪蛋白体系和果糖-酪蛋白体系的致突变性均随着加热时间（120℃，PBS，pH 值为 6.8）的延长而增强。以每块培养基中回复子数量大于相同条件下自发突变体的两倍为诱变指标，葡萄糖-酪蛋白体系加热 60 min 后即具有致突变性，而果糖-酪蛋白体系只需要 20 min。将两种体系与 S9 混合一起孵育时，并没有产生致突变性。同样测试了半乳糖、塔格糖、乳糖和乳果糖，塔格糖-酪蛋白体系在加热 20 min 后已经具有致突变性，半乳糖-酪蛋白体系在 40 min 后产生致突变性，乳果糖-酪蛋白体系需要 60 min，而乳糖-酪蛋白体系在 60 min 后也未发现致突变性。

Yen 和 Liao 等人通过彗星分析法检测了木糖-赖氨酸体系、葡萄糖-赖氨酸体系与果糖-赖氨酸体系的美拉德反应产物（MRP）对人淋巴细胞和 HepG2 细胞诱导的 DNA 损伤的影响[321]。未透析的 MRP 在 $0.05 \sim 0.1 \ mg \cdot mL^{-1}$ 浓度范围内导致淋巴细胞明显的 DNA 损伤，而不可透析的 MRP（截留分子量为 7 kDa）则需要大于 $0.1 \ mg \cdot mL^{-1}$。未透析和不可透析的 MRP 均会引起 HepG2 细胞的 DNA 损伤，但是损伤程度较小。不可透析的 MRP 不会影响淋巴细胞中的谷胱甘肽过氧化物酶或脂质过氧化物酶的活性（TBA），但会降低谷胱甘肽含量，以及谷胱甘肽还原酶和过氧化氢酶的活性。3 种不可透析的 MRP 在浓度为 $0.1 \ mg \cdot mL^{-1}$ 时产生弱的自由基信号，在浓度为 $0.8 \ mg \cdot mL^{-1}$ 时信号会变强。在浓度为 $0.8 \ mg \cdot mL^{-1}$ 时，他们分别测得 $15.6 \ \mu M$、$11.9 \ \mu M$ 和 $11.6 \ \mu M$ 的 8-羟基-2′-脱氧鸟苷/10^5 2′-脱氧鸟苷，以及 $384 \ \mu M$、$242 \ \mu M$ 和 $375 \ \mu M$ 的 H_2O_2，这表明是自由基导致了损伤。

由于 Amadori 化合物是仲胺，因此 N-亚硝基衍生物的形成与反应性的问题就逐渐凸显出来。于是，Pool 等人[322]用丙氨酸、天冬氨酸、苯丙氨酸、甘氨酸、丝氨酸和色氨酸与葡萄糖反应，在五种含有和不含 S9 的鼠伤寒沙门氏菌菌株中测试亚硝基衍生物。丙氨酸体系、天冬氨酸体系和苯丙氨酸体系是不具有致突变性的，甘氨酸体系和丝氨酸体系在 TA1535 中（不含 S9）展现出 his⁺ 回复子数量低但可再生的增加，但是色氨酸体系产生了包含吲哚基-亚硝胺-D- 果糖-L-

色氨酸的突变体，在五种菌株中全部产生致突变性，无论有没有 S9。分离后，色氨酸体系产生的化合物在三株没有 S9 的菌株中也具有致突变性。

4　致敏产物

关于美拉德反应的产品的致敏性几乎没有可阐述的内容，但是 HDMF 增强了小鼠中某些类型的过敏原致敏的过敏反应[323]。通过皮肤反应性测试，发现修饰后的牛 β–乳球蛋白褐变程度与致敏剂的致敏反应之间具有良好的相关性[31]。

5　其他毒理学方面的产物

Gasic–Milenkovic 等人研究了美拉德反应与阿尔茨海默病之间的关系[324]。摄入富含 AGE 的蛋白餐后，健康人的血清和尿液中的 AGE 浓度以与摄入 AGE 的蛋白成正比例的关系增加。在 48 h 后，仅 1/3 的血清中的 AGE 在尿液中被检测到，其余 2/3 的去向有待确定[325]。其他组织截留的 AGE 很可能是糖毒素的来源，这些糖毒素甚至可能穿越血脑屏障，促进大脑中蛋白质的交联。

有证据表明，HAA 尤其是 IQ，在冠心病的发病中起到一定的作用[318]。

目前已有研究对焦糖食用色素进行过一些毒理学测试，其中也包括对大鼠的摄食研究。研究主要集中在仅存于Ⅲ类和Ⅳ类焦糖中的 4–甲基咪唑和 2–乙酰基–4（5）–四羟基丁基咪唑，因为它们具有潜在的毒性。包括淋巴细胞减少在内的异常情况，均归因于 4–甲基化合物，因此 JECFA 规定最大焦糖添加量为 $200 \, mg \cdot kg^{-1}$。到目前为止，人们认为人体摄入水平的焦糖色素的毒理学影响可以忽略不计，但是对高水平摄入的焦糖色素的医学观察仍需继续，这有助于更好地为产品生产提出良好的规范与指标。

6　保护作用

除了抗氧化活性（请参阅第九章），美拉德产物还具有抗突变、抗菌和抗过敏作用。化学预防作用在本章的开头已经进行过阐述。

AGE 对细胞的增殖具有双相作用：在 $1 \sim 10\ \mu g \cdot mL^{-1}$ BSA-AGE 的低浓度时促进增殖，而大于 $20\ \mu g \cdot mL^{-1}$ BSA-AGE 的高浓度时则抑制增殖[326]。增殖还取决于 AGE 的类型，例如，BSA 的早期糖化产物使周细胞增殖缩减 40%，而 AGE-BSA 则使周细胞增殖增加 156%[327]。

Yen 和 Hsieh 表明[328]，在木糖与赖氨酸（1:2，100℃，pH 值为 9，1 h）的美拉德反应产物存在时，IQ 对鼠伤寒沙门氏菌 TA98 和 TA100 的致突变性受到强烈抑制。他们证明了这种作用是由于美拉德反应产物与 IQ 代谢产物形成了非活性加合物，而不是直接抑制了将非活性 IQ 转化为 DNA 烷基化剂所需的肝微粒体的活性。

清除自由基也可能在类黑素的抗突变性中起作用。

根据 Kato 等人的研究[329]，来自葡萄糖-甘氨酸体系的不可透析的类黑素能在最高 pH 值最高为 1.2 时降解亚硝酸盐并防止亚硝胺的形成。通过亚硝酸盐的处理，类黑素的抗突变性大大增强。

Friedman[290]的早期研究表明，大豆蛋白碱处理过程中，葡萄糖的存在，能显著降低赖氨酰丙氨酸的形成量。

木糖-精氨酸体系或葡萄糖-组氨酸体系的美拉德产物对细菌生长的抑制作用差异很大，如 Einarsson 等人[330-332]所述，革兰氏阴性沙门氏菌几乎没有被抑制，革兰氏阳性枯草芽孢杆菌、乳酸菌和葡萄球菌被强烈抑制，蜡状芽孢杆菌没有被抑制。目前推测的机制是铁的螯合、吸氧抑制以及葡萄糖和丝氨酸吸收的抑制。蛋白质沉淀也是另外一种可能因素。

通过加热食物蛋白和还原性糖类也可以改变抗原性。例如，Oste 等人[333]在 120℃下加热了大豆胰蛋白酶抑制剂和糖类的固体混合物，并通过 ELISA 分析了透析产物。葡萄糖、乳糖和麦芽糖可将大豆胰蛋白酶抑制剂的抗原性降低 60%~80%，而淀粉的效果较差。葡萄糖在 10 min 内就使抗原性显著下降，只剩下 60% 的赖氨酸具有化学反应活性。

第七章

营养方面

Friedman[290] 以及 O'Brien 和 Morrissey[334] 的综述涉及许多营养方面的问题，尤其是在美拉德反应抗营养因子方面。

1 对必需氨基酸可用性的影响

所有氨基酸、多肽和蛋白质均可参与美拉德反应。必需氨基酸和非必需氨基酸的反应性与静脉内（肠胃外）给药有关，但是一般来说，目前赖氨酸的关注度最高，因为它不仅是饮食限制的必需氨基酸，而且它的 ε-氨基即使在多肽和蛋白质中也保持反应活性。

营养必需赖氨酸的测定在第二章中进行了阐述。

van Barneveld 等人[335-338] 进行了大量的实验，研究了加热豌豆饲喂生长期的猪对赖氨酸的消化率、可利用性和利用率的影响。在 110℃、135℃、150℃和 165℃下干加热 15 min，消化率几乎没有受到影响，但是通过斜率比测定法确定的可利用性从未加热的 0.96 分别降低到 0.71、0.77、0.56 和 0.47。结果表明，与消化率不同，赖氨酸利用率的估计值对热处理较敏感，并且密切反映加热的蛋白质浓缩物中赖氨酸的利用率。因此，与消化率相比，赖氨酸的利用率将更适合用于热处理蛋白质浓缩物的饮食配方中。

2 对抗坏血酸及相关化合物的影响

尽管抗坏血酸，尤其是脱氢抗坏血酸可以发生美拉德反应，但因美拉德反应而导致的维生素 C 损失成为一个问题。第十一章讲述了抗坏血酸和相关化合物在美拉德反应中的问题。

3 对酶活性的影响

美拉德反应至少以两种方式影响酶的活性：糖化或与类黑素相互作用。

肠道 Caco-2 细胞为评估异生物质对酶活性的影响提供了有效模型。基于此，Faist 等人[291]研究了类黑素对 I 期酶（细胞色素 c 氧化还原酶）和 II 期酶（谷胱甘肽 S 转移酶）的影响。实验结果非常显著，类黑素能使酶活性降低，这意味着在实验中存在类黑素时，排毒的效率就会降低。但是，其他一些结果则与之相反（见第六章）。

4 与金属的相互作用

从营养学的角度出发，许多金属元素（以离子形式存在）成为人们关注的重点。钠和钾因相对含量较高，从而成为非常重要的金属元素。但是，它们不太可能受到美拉德反应产物的影响，而钙和镁以及铁和锌却会受到影响。铜、钴、铬、锰、钼和钒等微量金属元素具有一定的营养学意义，但美拉德反应对这些金属元素吸收或利用的影响却尚不清楚。另外，所有金属元素都被证明具有一定毒性，但是某些金属，例如铝、铅、汞和镉，没有任何营养意义，只有潜在的毒性。美拉德反应产物可能会有益于毒性的减少，但依然没有实例的支撑。罐装食品中会使用保护性金属包装，这可能导致食品中锡的浓度相对较高，但浓度也很少会超出规定允许的范围。

就抗氧化活性而言，铜和铁的络合具有尤其重要的意义（请参阅第九章）。

Terasawa 等人[339] 研究了铜的螯合活性，方法是使用铜螯合的琼脂糖凝胶 6B 色谱柱通过不同的 pH 值梯度洗脱，从葡萄糖-甘氨酸体系中分离出不可透析的类黑素。总共获得了 6 个组分。它们的紫外可见光谱几乎相同，并且电聚焦曲线相似。电聚焦带分为四大类，等电点为 2.5～4.0，主要的螯合活性来自等电点为 2.7 的带。

Wijewickreme 等人[340] 在 14 种不同的时间、温度、初始 pH 值和 a_w 条件下，用葡萄糖与赖氨酸混合物和果糖与赖氨酸混合物（各 0.8 M）制备了不可透析的 MRP，通过紫外可见分光光度法（A_{420}）、MRP 的产率及其元素分析监测褐变。MRP 通过固定化金属亲和层析法分馏。尽管在 MRP 中相对浓度和未知中间体化合物数量存在相当大的差异，但通过 MALDI-MS 鉴定出约 5.7 kDa 和 12.4 kDa 的两种主要成分。原始的和分馏过的 MRP 的元素组成和铜螯合亲和力，受糖类型和反应条件的影响很大。通常，与果糖体系相比，葡萄糖体系产生的 MRP 具有相对较高的螯合亲和力，且具有更高的碳含量和更少的氮含量。

Foglano 等人[72] 将葡萄糖-甘氨酸体系产生的类黑素经过 0.2 M 氯化铜平衡洗涤的螯合琼脂糖凝胶柱进行分离，获得了两个组分，一个（26%）用 0.05 M 磷酸盐 /0.5 M NaCl 缓冲液（pH 值为 7.2）洗脱，而另一个（32%）即使将 pH 值降低至 3.5 也不会洗脱（需要在 pH 值为 7.2 的缓冲液中添加 0.1 M 的 EDTA）。也就是说 40% 以上的组分在凝胶柱上无法洗脱。Pb^{2+} 和 Fe^{2+} 存在时，分别只有 10% 和 5% 的类黑素结合到凝胶柱上。由此可见，类黑素对金属的亲和力明显不同。

Delgado-Andrade 等人[341] 研究了含 MRP 的饮食对大鼠铜代谢的影响。研究使用了 4 种类型的 MRP：将等摩尔浓度的葡萄糖与赖氨酸混合物或葡萄糖与甲硫氨酸混合物，分别在 150℃下加热 30 min 或 90 min。除对照组外，每种饲料都含有其中一种 MRP 的 3%。除葡萄糖与甲硫氨酸加热 30 min 组外，所有实验组的铜的吸收和保留率以及反应过程中的效率均得到提高。饲喂葡萄糖与甲硫氨酸混合物加热 90 min 的 MRP 的大鼠的脾脏、肾脏和皮肤中检测出铜浓度有显著增加。

5 Amadori 化合物的吸收 / 消除

用 ^{14}C 标记的果糖基赖氨酸（FL）进行的大鼠实验表明，Amadori 化合物并未主动转运出肠道。然而，分段结扎肠道的实验表明，起码 ε-FL 通过被动扩散吸收是可行的，而 α-FL 和果糖基甲硫氨酸的吸收较差[342]。FL 的存在会影响其他化合物的主动转运，因此苏氨酸、脯氨酸和甘氨酸的转运活性降低，但赖氨酸、甲硫氨酸和半乳糖的转运活性不受影响[343]。

^{14}C 标记的 FL 被注射到大鼠的静脉中，几乎完全通过尿液排出。该证据以及之前报道的证据表明，Amadori 化合物，尤其是 FL，没有适当的转运系统。因此，如果这些化合物被消化吸收，大部分将会从尿中排出。

因此，在人体中，单剂量摄入约 3 g 的 FL 能够通过尿液非常迅速地排出，但粪便排泄会长达 72 h[344]。但是，经尿液仅排出了 4.1% 摄入的 FL，另外还有 1.0% 由粪便排出，94.9% 下落不明。在大鼠实验中，对应的数字是 9.7%、1.5% 和 88.8%。迄今为止，只有人类婴儿（使用酪蛋白连接的 FL）记录到更高的排泄率（尿液为 16%，粪便为 55%），这与已知的婴儿对高质量的分子的吸收效率保持一致[345]。FL 的其余部分是由肠后段的菌群进行分解，这与已知大鼠肠后段能分解 FL 以及猪粪便的检出数据相一致。这一结果也与以加热蛋白为食的无菌鸡的粪便中发现大量 FL 的实验结果一致[343]。

6　类黑素的消化作用

有研究使用葡萄糖-麸质模型体系（150℃，2 h）对人肠道细菌对类黑素的发酵进行了评价，该体系对上消化道（胃消化和胰腺消化）进行了模拟[346]。实验分别使用混合培养和单培养两种方式。在混合培养中，类黑素得到了很好的发酵，从而增加了革兰氏阳性球菌、梭状芽孢杆菌和细菌的数量，而在单培养中，只有分离出的革兰氏阳性球菌才能够分解黑色素。动物研究表明，类黑素在上消化道无法被消化，但它们易受肠后段中存在的庞大数量的微生物新陈代谢的影响。这些微生物靠无法被宿主内源酶消化的物质生存。这些微生物的新陈代谢类型，可能对健康或疾病造成影响[347]。例如，当主要的发酵产物是短链脂肪酸时，其会降低 pH 值并可能被系统代谢，从而为宿主提供一些能量。另外，肠道菌群还会产生许多有毒的化合物，这些化合物可能导致肠胃炎和结肠癌等疾病。

第八章

其他生理方面

1 引言

在第七章中，已经对美拉德反应的营养方面进行了详细讨论，但美拉德反应不仅涉及营养，还涉及更广泛的健康问题。结合目前的研究现状，美拉德反应在以下四个方面起重要作用：

（1）糖尿病并发症（尤其是白内障形成和肾病）；

（2）透析相关的淀粉样变性；

（3）阿尔茨海默病和一般衰老；

（4）动脉粥样硬化。

然而，体内 Amadori 化合物的形成以及高级糖化终产物的形成是应该最先被考虑到的两个问题。

2 体内 Amadori 化合物的形成

一直到最近这几年，人们才意识到美拉德反应也能在体内发生。当利用弱酸性离子交换剂对人血红蛋白进行色谱分离时，在主要组分 HbA_0 之前能够洗脱出 3 个较小的血红蛋白组分（通常占总数的 5%~8%）[20,348]。其中第三个洗脱组分是 HbA_{1c}，在糖尿病受试者的血液中含量较高，除了 1-脱氧果糖-1-基结合到两条 β-链的 N 端缬氨酸的氮上，其他均与 HbA_0 相一致。当 HbA_0 与葡萄糖一起孵育时，也会发生这种果糖化。其实一般来说，人体的每种蛋白质无论在体内或体外都很容易发生果糖化。同样，美拉德反应在体内也无法终止于 Amadori 产物。事实上，据目前研究所知，在此之后还会发生很多复杂反应。

将 HbA_{1c} 的功能特性与正常 HbA_0 的功能特性进行比较，发现当 HbA_{1c} 处于不稳定的低亲和力构象（T-状态）时，它对二磷酸甘油酸的亲和力只有 HbA_0 的 38.5%[349]。计算机建模表明，两个糖残基位于二磷酸甘油酸非对称结合位点内。关于与二磷酸甘油酸相互作用的分子力学和动力学计算表明，该底物通常可以存在两种稳定的取向，而在 HbA_{1c} 中只有一种可能的取向。因此，糖化不能阻止二磷酸甘油酸的结合，但是它通过改变复合物的内部几何形状和结合空腔内正电势的表面分布，从而实现了不同的结合方式。这项工作对其他易于糖化的分子具有深远的影响。

已阐述的修饰类型（**物质62 ~ 物质101**）在图 8.1 中进行了系统化排序。

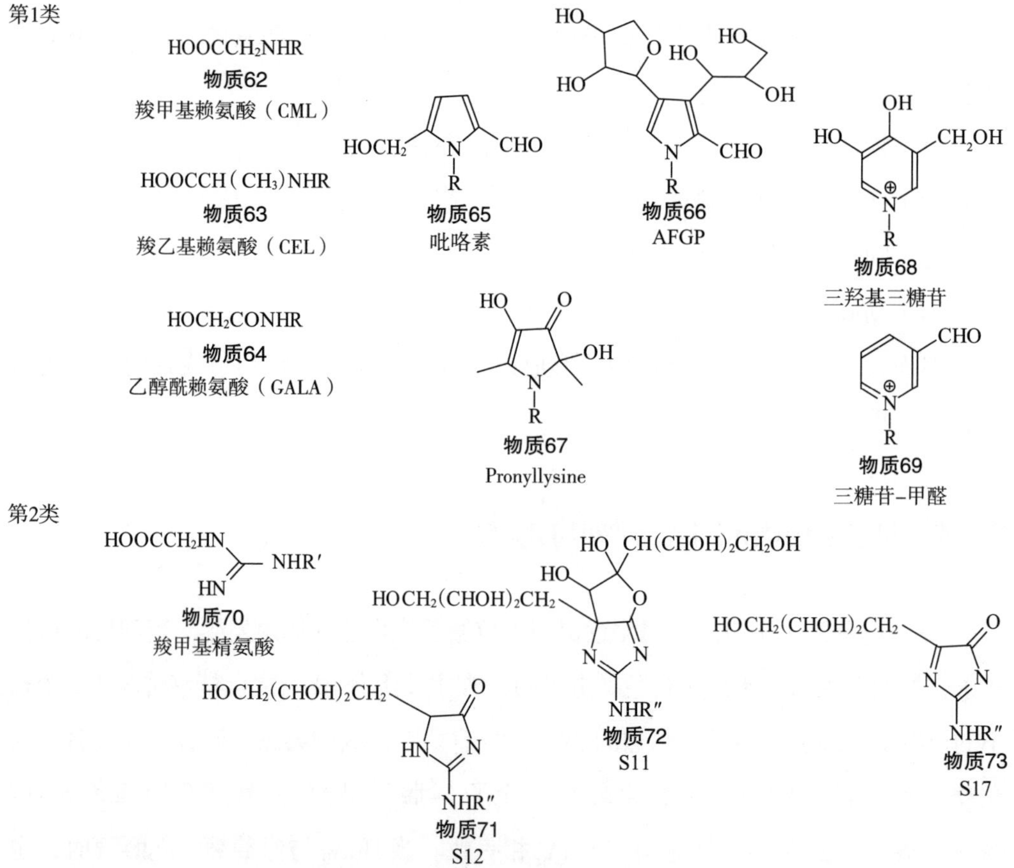

图 8.1　一些已知氨基酸的生理修饰

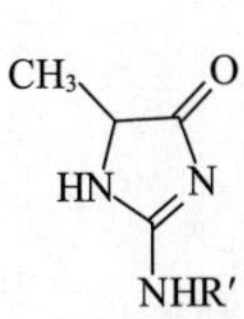

物质74
咪唑啉基鸟氨酸

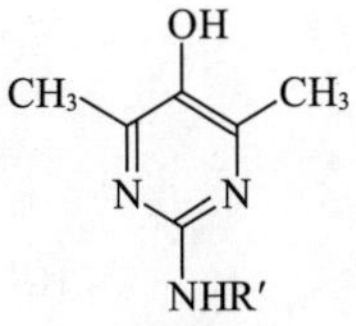

物质75
精密啶

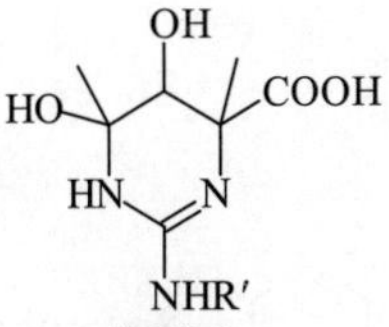

物质76
THP

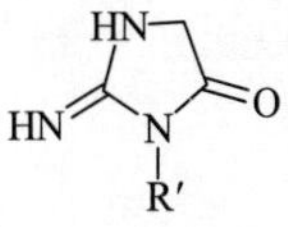

物质77
GLARG

R = (CH₂)₄CH(NH₂)COOH
R′ = (CH₂)₃CH(NH₂)COOH
R″ = (CH₂)₃CH(NHCOC₆H₅)CONH₂

第3类

RNHCH₂CONHR
物质78
GOLA

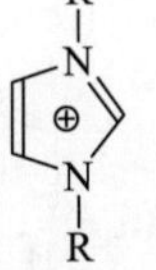

物质79
GOLD

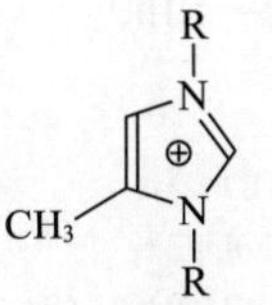

物质80
MOLD

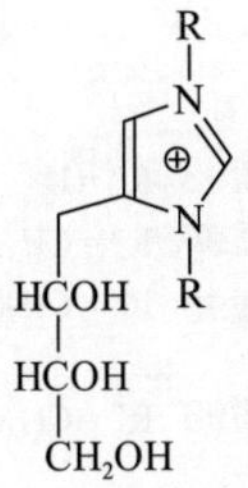

物质81
DOLD

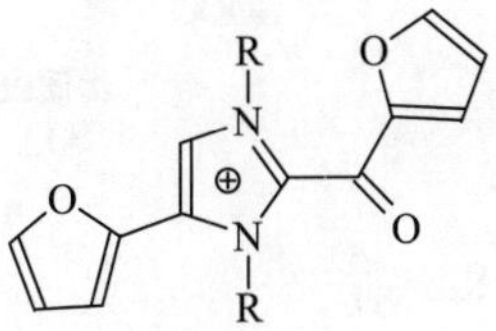

物质82
FFI

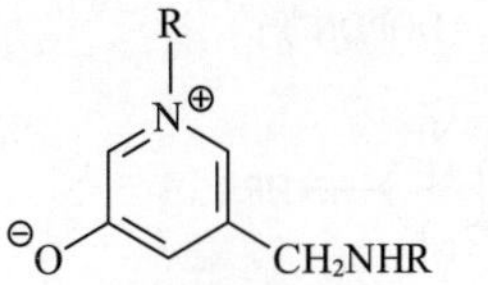

物质83
赖氨酰羟基三糖苷

物质84
CROSSPY

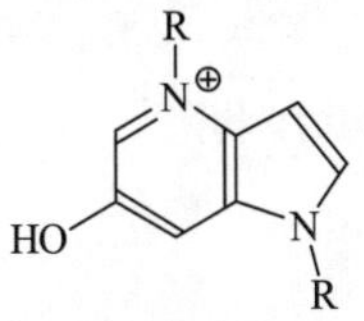

物质85
Vesperlysine A

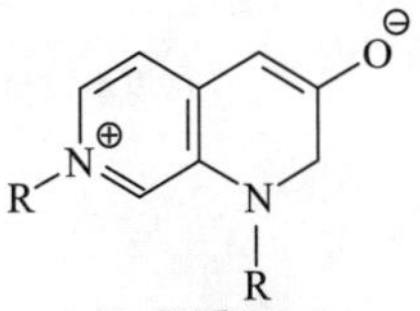

物质86
戊二赖氨酸

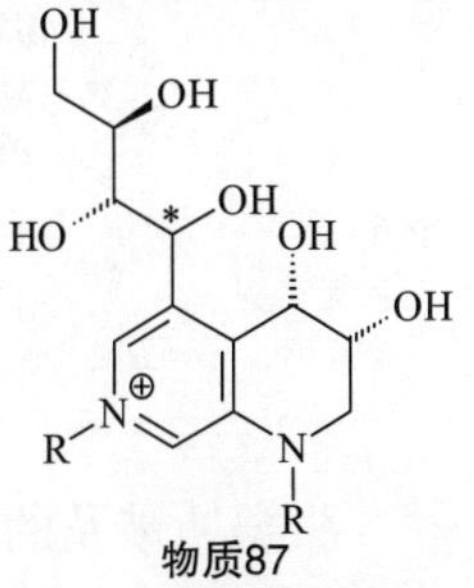

物质87
交联素
*C9（R）= 交联素 A
（S）= 交联素 B

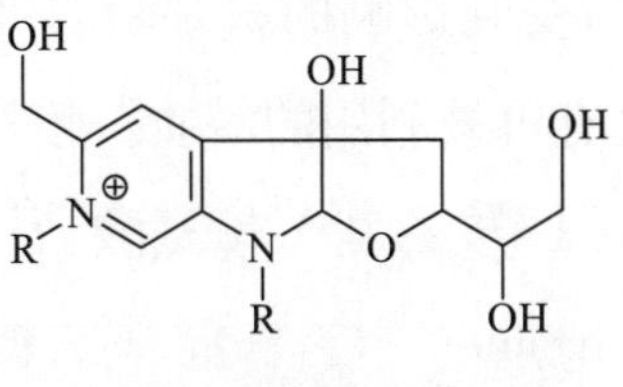

物质88
赖氨酰吡咯吡啶

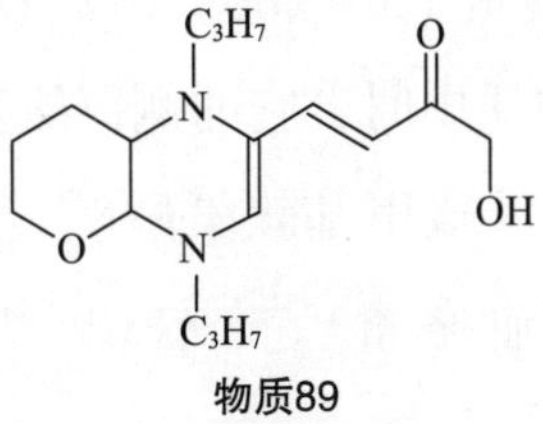

物质89
吡喃酮吡嗪

图 8.1（续）

第4类

尚无实例

第5类

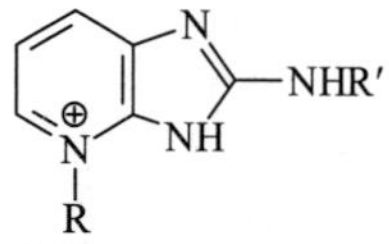

物质90
戊糖素

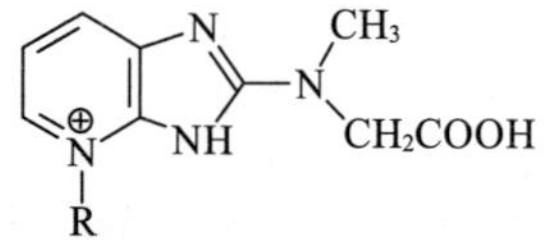

物质91
C-戊糖素

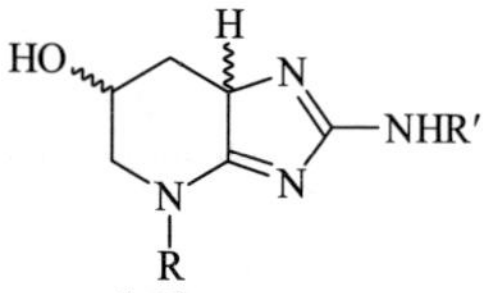

物质92
Pentosinane

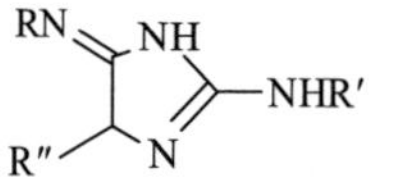

物质93　R″＝H　　　　　　　　　　　（GODIC）
物质94　R″＝CH₃　　　　　　　　　　（MODIC）
物质95　R″＝CH₂CHOHCHOHCH₂OH
　　　　　　　　　　　　　　　　（DOGDIC）
物质96　R″＝CH₂CHOHCH₂OH
　　　　　　　　　　　　　　　　（DOPDIC）

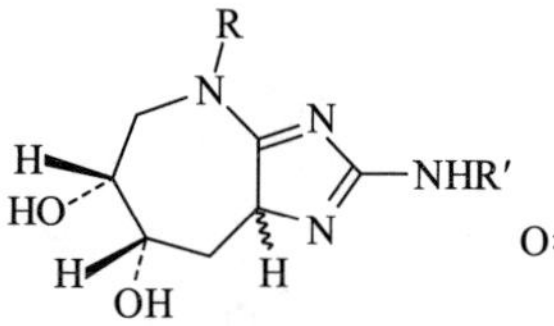

物质97
Glucosepan

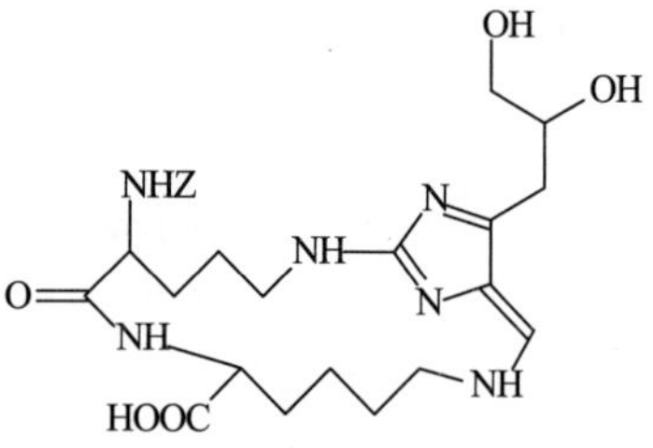

物质98
ALI

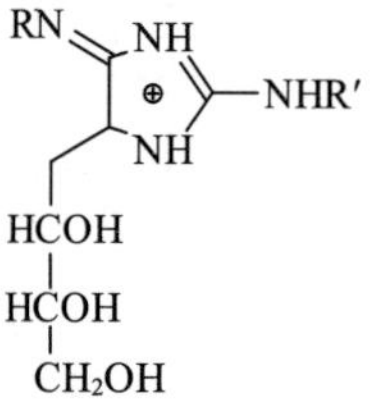

物质99
2-鸟氨酰-咪唑鎓-
4-酰亚胺

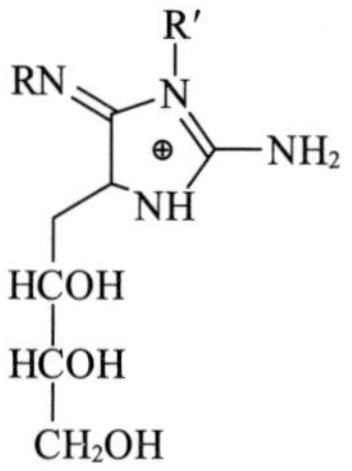

物质100
鸟氨酰-咪唑鎓-4-酰亚氨的异构体

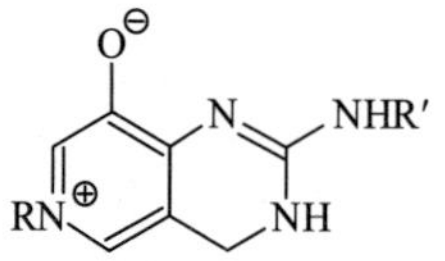

物质101
精氨酰羟基三糖苷

第6类

尚无实例

图 8.1（续）

根据所涉及的氨基酸以及其修饰方式是单独修饰还是与另一氨基酸交联，修饰类型可分为六类[350]。

第 1 类基于赖氨酸。赖氨酸是最容易受到影响的氨基酸。因为当自身结合到肽和蛋白质中时，它的侧链氨基仍然具有可被利用的潜质。赖氨酸能产生 8 种衍生物：N^ε-羧甲基赖氨酸[351,352]、N^ε-（1-羧乙基）赖氨酸[351,352]、乙醇酰赖氨酸[353]、吡咯素[354]、AFGP[355]、Pronyllysine[356]、三羟基三糖苷[357]和三糖苷-甲醛[357]。

Thorpe 和 Baynes 指出[352]，即使在没有高血糖症和高脂血症的情况下，在肾上腺脂褐素颗粒中、老年人和阿尔茨海默病患者的脑组织中、透析相关性淀粉样变性患者的蛋白质沉积中、尿毒症患者的胶原蛋白和血浆蛋白中，以及因铁超负荷而暴露于氧化应激的啮齿动物的肝蛋白中，均发现高浓度的 CML。它也存在于胎儿组织中，这可能是由 DNA 和 RNA 合成的高浓度核糖代谢产物引起的。在组织损伤和炎症部位增加的 CML，一定程度上可能是由于细胞生长和发育的刺激。

第 2 类基于精氨酸。它可以与赖氨酸形成 N^{ω}-羧甲基精氨酸，同时也能将赖氨酸转化为 N^{ε}-羧甲基赖氨酸[358]。精氨酸具有反应活性的侧链胍基可以生成 S12、S11、S17[359]，以及 S16′、S16、S6、S7、S10[360]、咪唑啉基鸟氨酸[361,362]、精嘧啶[363]、THP[364] 和 GLARG[362]。

Padayatti 等人[365]使用单克隆抗体通过竞争性 ELISA 测定了青年和老年，以及核型白内障患者的和棕色白内障患者的晶状体的水溶性和非水溶性蛋白质中的精嘧啶。非水溶性蛋白质的嘧啶含量是水溶性的 2~3 倍。尽管年龄因素没有对水溶性或非水溶性蛋白质组分起到作用，但是与年龄相当的、年龄较大的（16±8）或核性白内障患者的晶状体中的精嘧啶（每毫克蛋白质 49±26 pmol）相比，棕色白内障患者的晶状体中精嘧啶水平明显更高（每毫克蛋白质 254±155 pmol，$P<0.005$）。与年龄相当的正常人的晶状体相比，糖尿病患者的晶状体中精嘧啶水平（每毫克蛋白质 50±24 pmol）显示出有一定的增加。老年和棕色白内障患者的晶状体中，精氨酸残基水平与修饰后的大致相符，分别为 0.002% 和 0.04%，但这已经大大超过了戊糖素（见下文）的水平。GOLA 属于下面将要介绍的第 3 类，它在棕色白内障患者的晶状体中被发现，每毫克蛋白质含 66 pmol[353]。

人们认为，在细胞核区域中由抗坏血酸形成精嘧啶的可能性是存在的。Glomb 和 Lang 发现[60]，咪唑烷是精氨酸与乙二醛在 pH 值为 4~5 和 20~50℃下最初反应的唯一产物，但它缓慢降解为 N^{ω}-羧甲基精氨酸（**物质70**）。在平衡状态下，其邻二醇基团 86% 为反式形式。这种状况的形成是可逆的。它和**物质70**在强酸性条件下均形成**物质77**（GLARG）。而且 THP 与精嘧啶密切相关[364]。

第 3 类基于两种赖氨酸残基。它们之间具有交联作用，并且含有 GOLA[353]、咪唑鎓交联物（乙二醛-赖氨酸二聚体、GOLD、甲基乙二醛-赖氨酸二聚体、MOLD[366] 和 DOLD）、赖氨酰羟基三糖苷[357]、CROSSPY[367]、Vesperlysine A

（荧光团 LM-1）[368]、戊二赖氨酸[369]、交联素（Crossline）[370]和赖氨酰吡咯吡啶[359]。吡喃酮吡嗪仅来源于人工合成，是用丙胺作为赖氨酸的模板进行合成的[371]。FFI 也具有咪唑镓交联键，但据目前所知，其是在样品处理过程中由酸处理得到的[355]。

第 4 类本应基于两个精氨酸残基，但目前为止，尚无此类报告的实例。

第 5 类基于与精氨酸残基交联的赖氨酸，包括重要的戊糖素[372-375]，以及 C-戊糖素[376]、Pentosinane[377]、GODIC 和 MODIC（乙二醛或甲基乙二醛衍生的咪唑啉交联物）[378]、DOGDIC 和 DOPDIC（脱氧葡萄糖醛酮和脱氧戊糖醛酮衍生物的咪唑啉交联物）[377]、Glucosepan[379]、ALI（精氨酸-赖氨酸-咪唑）[380]、精氨酰羟基三糖苷[357]，以及可能存在的 2-（N^δ-鸟氨酰）-咪唑镓-4-酰亚胺及其异构体[381]。

GO 与 BSA 的反应比 MGO 更为普遍，交联反应量约为 MGO 的 4 倍[378]。（这里需要注意的是，血液中二者的生理浓度为 GO = 150 nM 和 MGO = 80 nM，在糖尿病患者血液中二者浓度分别增加了 1 倍和 5～6 倍。实际浓度约为实验使用的浓度 1/1000。）GO 衍生出 GODIC 约 13 nmol（每 1 mol Arg），证明了较高的蛋白质交联潜力。葡萄糖-BSA 体系（空气中，无金属络合剂）产生了 GODIC 约 3.7 nmol（每 1 mol Arg）、Glucosepan 约 1.3 nmol（每 1 mol Arg）和 MODIC 约 0.5 nmol（每 1 mol Arg）。Glucosepan 的量对应于 BSA 的衍生率为 32 nmol（每 1 mol BSA）[379]。Lederer 和 Bühler[379]提出了导致图 8.2 中所示的 Glucosepan 和戊糖素的可能途径。

显然，还有第 6 类。Tressl 等人[382]通过模型实验表明，通过马来酰亚胺使赖氨酸与半胱氨酸交联在原理上是可行的。他们通过 4-氨基丁酸 / 1-[^{13}C] 阿拉伯糖阐明了图 8.3 中所示的途径。例如半胱氨酸的合成，可以在非常温和的条件下（pH 值为 7，32℃）轻松地通过双键加入巯基。

涉及精氨酸和半胱氨酸的 MRX，能够很好地代表另一种类型的交联反应[383]。组氨酸可以参与交联，例如通过脱氢丙氨酸衍生的 N^π-HAL[384]。它也与许多其他交联键的合成相关[385]。

需要注意的是，N^ω-羧甲基精氨酸（CMA）与 CML 不同，它在酸性水解条件下是不稳定的。Odani 等人[358]通过使用肽酶和链霉蛋白酶 E 进行酶水解反应，在

2 型糖尿病患者和正常受试者每毫升血浆中分别检测到 124 ng CMA 和 85 ng CMA（$P = 0.017$）。目前已有针对 CMA 的抗体[386]。

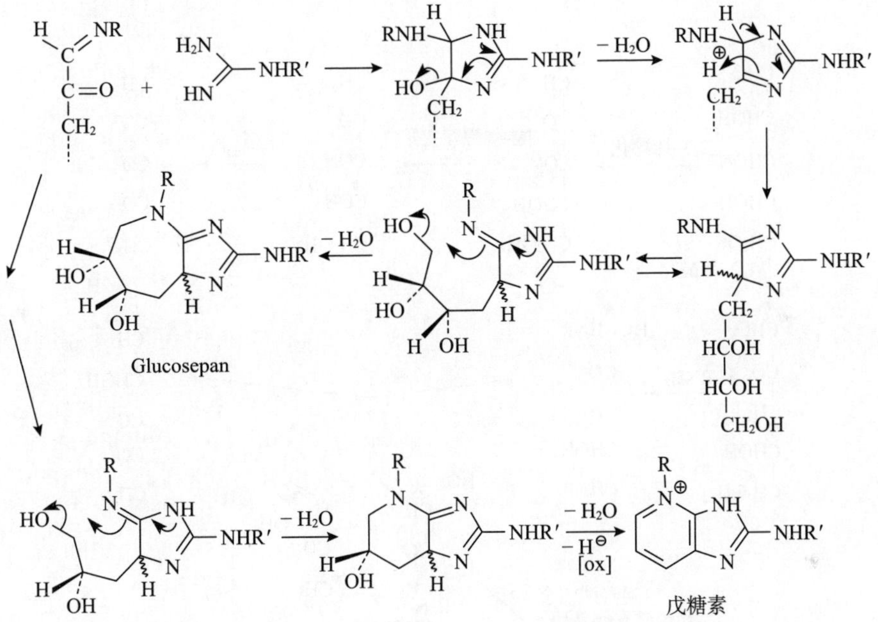

图 8.2　Glucosepan 和戊糖素反应途径的假设[379]

氨基酸分析仪已用于 CML 和 CEL 的测定[387]。

CML 的单克隆抗体（6D12）已被广泛用于检测组织中的 CML，例如糖尿病肾病患者的肾脏和动脉粥样硬化患者的动脉壁。然而，该抗体不仅能与 CML 反应，也与 CEL 反应。因此，Nagai 等人[388]已着手制备多克隆 CML 特异性抗体（PCMS）及其 CEL 对应物（PCES）。他们似乎已经取得较好进展。

在 37℃和 pH 值为 7.6 的生理条件下，在 3-DG-胰岛素和 3-DG-血管紧张素 Ⅱ体系中鉴定出 S12[360]。同样在糖尿病患者的肾脏与主动脉中，用 S12 单克隆抗体检测出 S12 的存在。

针对 MGO-Arg 加合物的抗体（mAb3C 和 mAb6B）可以特异性识别精嘧啶，并进一步证明了精嘧啶在大鼠大脑中动脉闭塞后经再灌注会在大脑细胞壁中积累[389]。这暗示着精嘧啶不仅会导致糖尿病并发症的发生，而且还会导致心肌缺血、再灌注损伤。

此外，一种针对与蛋白结合的 THP 的单克隆抗体（mAb5A3）被研发出来[364]。

利用这种抗体，在人动脉粥样硬化患者的巨噬细胞衍生的泡沫细胞中发现了 THP 加合物。

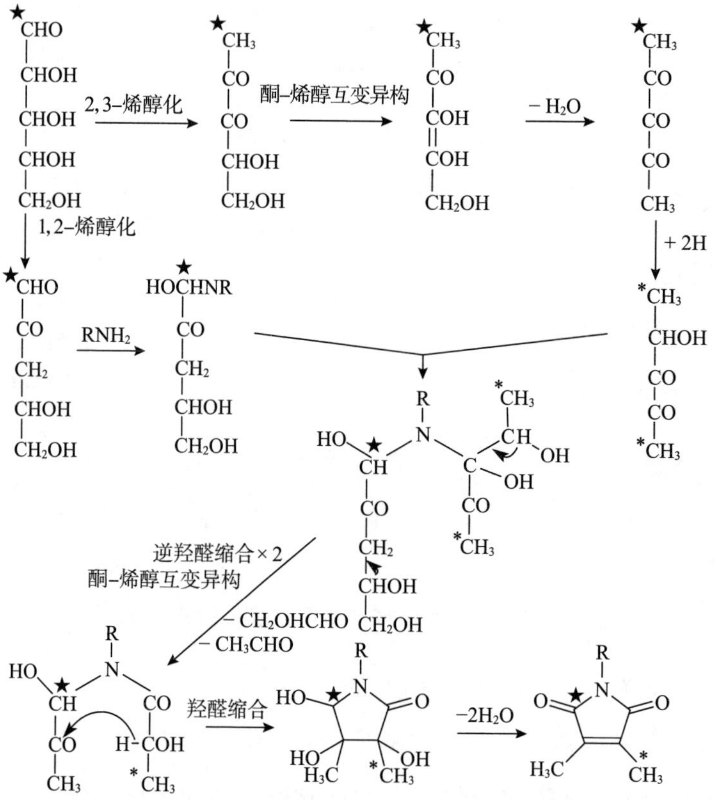

图 8.3 具有蛋白质交联潜力的戊糖特异性二甲基马来酰亚胺的形成机理[382]
[^{13}C 标记：(★) = 100%，(*) = 50%]

还有一种用蛋白酶完全水解后测定体内赖氨酰吡咯吡啶的方法也已经被研究出来[390]。

Sekine 等人[391]检测了 75 位糖尿病患者（视网膜病变：无病变 21 位，纯病变 26 位，增生 28 位）、50 位肾病患者（糖尿病：24 位）和 22 位对照志愿者的尿戊糖素和吡咯啉。糖尿病患者的尿中戊糖素水平升高，增生性视网膜病变组的水平最高。然而，尿中吡咯啉并没有增加。22 位对照组人员和 28 位肾病患者的尿液和血浆中的戊糖素水平具有良好的相关性（r^2 为 0.79）。微量白蛋白尿的戊糖素水平高于对照组，巨量白蛋白尿中的戊糖素水平高于微量白蛋白尿，而吡咯啉水平依然未受影响。这是由于氧化作用参与了戊糖素的形成，但不参与吡咯啉的形成。因此，相较于美拉德反应，氧化应激更有可能是糖尿病并发症的驱动因素。

糖尿病肾病患者血浆中的肌酸和戊糖素水平升高，这可能导致在戊糖素形成过程中，肌酸取代精氨酸[376]。因此，将赖氨酸与核糖和肌酸一起于 60℃ 孵育 48 h，在 HPLC 上检测到新的荧光峰。赖氨酸与抗戊糖素抗体反应，并通过 NMR 和 FAB-MS 鉴定为 C-戊糖素。

Biemel 等人[377]进一步阐明了许多第 5 类产物形成的途径（图 8.4）。出乎

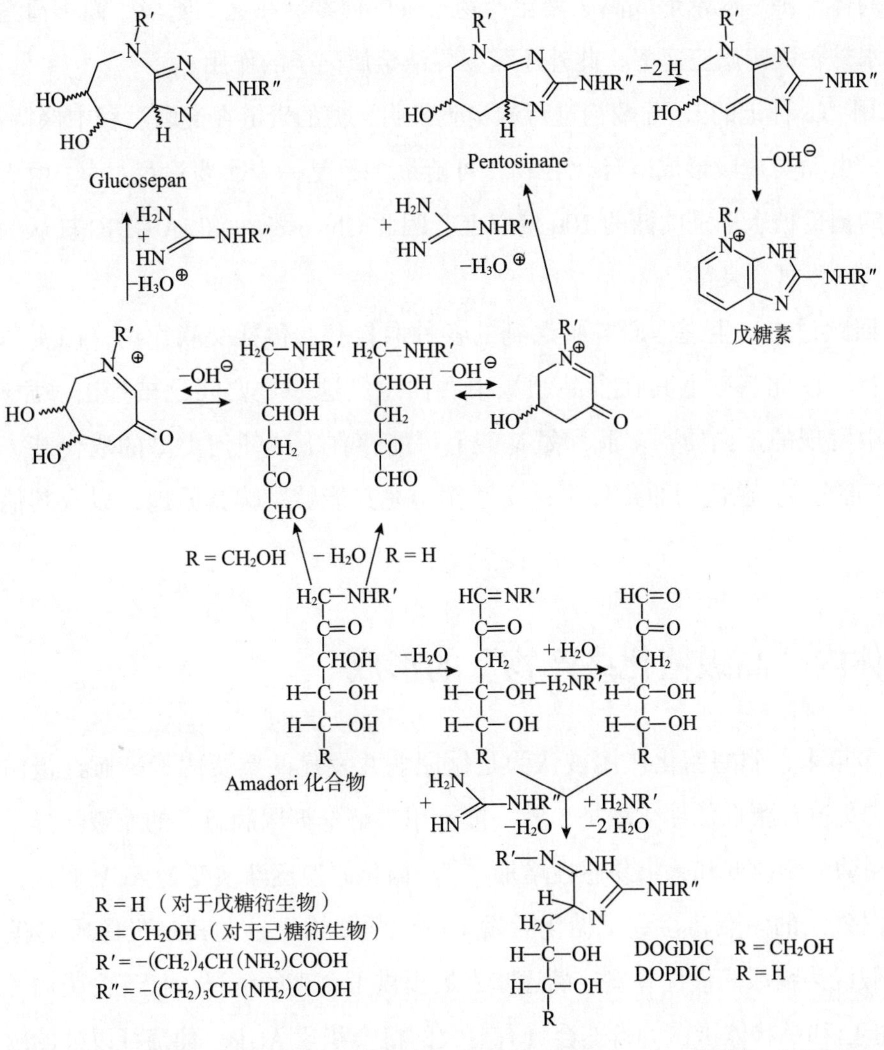

图 8.4　赖氨酸-精氨酸交联物、Glucosepan、Pentosinane、戊糖素、DOGDIC
和 DOPDIC 的形成途径[115,377]

意料的是，以 3-DG 或 3-脱氧戊糖醛酮为起始物，双环化合物（Glucosepan、Pentosinane 和戊糖素）的形成量几乎可以忽略不计，这是出乎意料的，因为理论上，它们应该是合理存在的前体。双环化合物仅由相应的糖或 Amadori 化合物大量形成，而后者用少量比例的 DOGDIC 和 DOPDIC 产生特别大量的双环化合物。因此，Amadori 化合物对反应至关重要。

己糖和戊糖的生成途径主要通过同系物即 Glucosepan 和 Pentosinane 的相对化学稳定性来进行区别。前者在生理条件下是有效的 AGE，而后者被顺利地氧化成中间体，随后脱水形成高级糖化产物——戊糖素。在这一阶段，尚不清楚氧化或脱水是否决定反应速率，此外还需要弄清金属离子的作用。

用 $^{13}C_6$ 标记的 D-葡萄糖进行的实验表明，糖的碳链在交联过程中保持不变。因此，由糖类片段形成双环化合物，可能最多只是一个次要途径[392]。由于人血浆中的葡萄糖水平是戊糖的 100 倍以上，因此 Glucosepan 和 DOGDIC 被认为具有最重要的生理意义[377]。

回顾过去，生理学研究中遇到的各种取代基，包括交联作用，确实非常引人注目，在此基础上其在食品领域中有何意义这一重要问题被提出。原则上，食品中发现的蛋白质、多肽和氨基酸上可能存在上述任何类型的取代基（见下文 3.1 部分）。在适当的条件下，交联作用尤其能够影响其质地，以及其他功能性质。

3 体内"高级糖化终产物"的形成

多年来，非酶糖化作用被认为是糖尿病并发症的重要因素。血红蛋白、白蛋白和免疫球蛋白的糖化增加，曾一度被用来解释糖尿病患者的血液学异常、药物代谢动力学改变和感染易感性增加[393]。糖化假说逐渐演变为 AGE 假说，因此学者们关注的焦点转移到了糖化后发生的化学修饰上，尤其是蛋白质交联[394]。AGE 假说为糖尿病慢性并发症的逐步发展提供了合理的解释。长寿命蛋白（例如胶原蛋白和晶状体蛋白）自然会具有更大的机会积累 AGE。葡萄糖以外的碳水化合物（例如抗坏血酸、果糖和核糖）被认为是糖尿病中 AGE 的潜在前体。因此，相比糖化作用，抑制 AGE 的生成成为糖尿病药理学管理的目标[395]。

非长寿命蛋白也是有可能被 AGE 修饰的。Makita 等人[396]通过 AGE 特异性抗体证明，正常个体中的循环血红蛋白被修饰到 0.42% 的水平，而在糖尿病引起的高血糖患者中这一比例则增加到 0.75%。Hb–AGE 和 HbA_{1c} 的相关性（r）为 0.9（$P<0.001$），Hb–AGE 与 HbA_{1c} 的衍生物也有类似的相关性。抗体并不与 HbA_{1c} 反应。通过 28 天时间的实验发现，氨基胍能够显著降低 Hb–AGE（$P<0.001$），它能够阻止其形成，但不影响已存在的 Hb–AGE 或 HbA_{1c}。

Szwergold 等人[397]认为，细胞内非酶糖化作用是由果糖胺 –3– 激酶（FN3K）催化的去糖化过程所调控的。纯化、测序和克隆后的这种酶，将果糖基赖氨酸磷酸化为不稳定的 3– 磷酸化产物，然后分解为赖氨酸、3–DG 和 P_i。Szwergold 等人[398]发现，体内的酶促去糖化活性涉及 FN3K 的依赖和非依赖性机制，这促使他们提出一种非酶糖化 / 酶促去糖化的假说。FN3K 是一种全新的酶，分子量为 35kDa，具有 309 个氨基酸残基，与哺乳动物蛋白质无明显同源性。但它似乎又在所有已检测的人体组织中有表达。出于实验方便，使用人血红细胞的裂解物与完整细胞中的裂解物作对比，经过 7 天的孵育，人血红蛋白中的裂解物始终比完整细胞中的产生更多的糖化血红蛋白。正如预期的那样，这表明去糖化能力随着细胞完整性的丧失而丧失。L– 葡萄糖在完整细胞中的糖化速率约为 D– 葡萄糖的 5 倍，因为只有 D– 葡萄糖会通过酶进行去糖化。6– 脱氧–D– 葡萄糖的表现与 D– 葡萄糖几乎没有区别，但是 3–DG 并不是 FN3K 的底物。然而与完整细胞相比，它在溶血产物中的糖化程度更高。该实验提供了去糖基途径与 FN3K 无关的证据。

葡萄糖引起的蛋白质褐变是由过渡金属离子和空气催化的。组织蛋白中最好表征的 AGE 是 CML 和戊糖素，它们是己糖或抗坏血酸糖化和氧化结合的产物。鉴于这些事实，AGE 假说便能够适用于氧化应激[399]。AGE 的形成涉及多种自氧化机制，如图 8.5 所示，由葡萄糖形成 CML 的途径包括：

（1）氧化糖化的 Wolff 途径[400]，由葡萄糖的自氧化作用引发，形成活性中间体，例如阿拉伯糖和乙二醛[401]。

（2）Namiki 途径，涉及席夫碱的裂解，形成与蛋白质结合的醛类、乙醇醛和乙二醛[402]。

（3）Hodge 途径，通过 Amadori 化合物的氧化裂解进行[6]。

有证据表明，在磷酸盐缓冲液的体外实验中，Wolff 途径和 Namiki 途径占优势，但 Hodge 途径在体内可能是很重要的[403,404]。

其他糖类，例如抗坏血酸、果糖和糖酵解中间体，可能在体内引起 CML 和其他 AGE 的升高。CML 的形成还可能涉及其他氧化途径，例如脂质过氧化[405]和丝氨酸的氧化[406]。因此，CML 可以是 AGE，但并非总是如此。

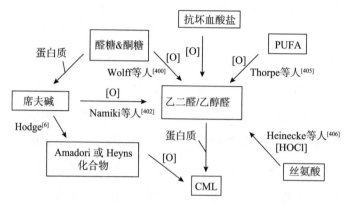

图 8.5　体外形成羧甲基赖氨酸（CML）的途径[351]

有时，在热诱导抗原表位恢复后，能够使用 35%~40% 甲醛水溶液固定的石蜡包埋组织切片定位 AGE，这可能是 Amadori 产物转化为 AGE 的过程。因此，Hayashi 等人[407]将 CML 单克隆抗体作为重要 AGE，比较了热处理前后组织切片中的反应活性。在热处理的切片中，人和大鼠表皮的细胞核以及大鼠肝脏的细胞质被抗体（6D12）强烈染色，而在冷冻切片中，相同部位的染色可忽略不计。为了获得进一步的了解，对作为 Amadori 产物的糖化 HSA 进行热处理，并通过抗体和 HPLC 测定了 CML。CML 通过 80℃ 以上的热处理产生，并随时间的增加而增加。在 NaBH$_4$（132 mM）、二乙烯三胺五乙酸（1 mM）或氨基胍（90 mM）的存在下，CML 的形成被抑制。在 100℃ 热处理后，通过 HPLC 检测出诸如葡萄糖醛酮、3-DG、2-氧丙醛和乙二醛等反应活性中间体。加热显然带来了重要的变化。

尽管氧化应激在糖尿病并发症发展中的作用备受关注，但美拉德反应可以在完全无金属离子和空气的情况下通过几种途径形成的二羰基中间体从而有效地进行。二羰基化合物，例如脱氢抗坏血酸（DHAA）、3-DG[408]和 2-氧丙醛（MGO）[409]

以微摩尔浓度存在于组织中，在糖尿病患者的血液中浓度升高。这些二羰基化合物可在缺氧条件下有效地使蛋白质褐变。即使在严格的无氧或抗氧化条件下，戊糖和四糖也能迅速使蛋白质褐变并使其交联[410]，显然，这是由于 Amadori 化合物的重排和水解形成脱氧糖苷。

DHAA 是由抗坏血酸盐氧化产生的，而 3-DG 和 MGO 是由葡萄糖及其代谢产物通过非氧化途径形成的。3-DG 及其可能的异构体 1-脱氧-2,3-葡萄糖二酮，是通过将葡萄糖的 Amadori 化合物与蛋白质进行重排和水解，或者通过混合的酶和非酶过程形成的，包括果糖的磷酸化以及果糖-3-磷酸中磷酸根的β-消除[411]。MGO 是通过消除代谢产物——3-磷酸甘油醛或磷酸二羟丙酮中的磷酸根而形成的，但它同时也是氨基酸代谢的产物[409]。

3-DG 和 MGO 在无氧条件下对蛋白质的有效褐变作用表明，氧化对于体内美拉德反应不是必需的，尽管氧气和氧化作用与抗坏血酸一样，似乎也限制了醛糖和酮糖对蛋白质褐变和交联的速率。

3.1　体内环境与食品环境的相通之处

有一些研究将上述发现与食品联系起来。首先，一项研究在大鼠尿液中发现了 CML，其排泄率为 4%~19%[412]。尽管添加了不含 CML 的果糖基赖氨酸，CML 的排泄依然增加，但 CML 的排泄确实与 CML 的摄入有关，而并非与果糖基赖氨酰或赖氨酰丙氨酸的摄入有关。因此果糖基赖氨酸必须被代谢为 CML 或在饮食前转化为 CML。以前在早产儿和住院的年轻人尿液中发现 CML 的比例很高，但没有发现其明确来源[413]。

在另一项研究中，经电化学检测的 RPHPLC 测定发现，在加热 80℃的 6 h 内，吡咯啉（ε-吡咯-赖氨酸）在脱脂奶粉中的浓度从 2 ppm 逐渐增加到 133 ppm[414]。在一系列加工食品中发现，其在 80℃下保存 6 h 的肉汁测出最高值为 227 ppm。尽管吡咯啉在潮湿条件下储存时会降解，但在 110℃时的粉末状代餐粉中会逐渐增加，而糠氨酸水平在 1~2 h 达到峰值，然后在 5 h 后迅速下降至约 1/3。

最近发现，冷冻干燥牛奶在 70℃的存储过程中，吡咯啉几乎随时间呈线性增加。它的形成量随水分含量的增加而增加，在 50 h 内，水分含量为 9% 时，其含量超过 5000 mg（每 1 kg 蛋白质）[354]。在一些牛奶或乳清粉样品中，其含量高达 3100 mg（每 1 kg 蛋白质）。烘焙产品中也发现了非常高含量的吡咯啉 [200 ~ 3700 mg（每 1 kg 蛋白质）]，这表明多达 15% 的赖氨酸残基可能已被修饰。

戊糖素在食品中也有发现。直接荧光检测的 IEC 的检测限低于 50 μg（每 1 kg 蛋白质）。它在不同食品中有不同含量，如在一些食品中含量为 0，在灭菌炼乳中含量为 2 ~ 5 mg（每 1 kg 蛋白质），在某些烘焙食品和咖啡中含量可达 35 mg（每 1 kg 蛋白质），浓度范围与血浆和尿液中的浓度相当。戊糖素也随贮藏时间而增加，但是与赖氨酰丙氨酸和组氨酰丙氨酸的交联 [可高达 3000 mg（每 1 kg 蛋白质）] 相比，戊糖素在食物蛋白质交联中不起主要作用。

在咖啡和烘焙产品中还检测到咪唑啉基鸟氨酸[354]，含量为 4 ~ 13g（每 1 kg 蛋白质），这表明 20% ~ 50% 的精氨酰基残留物可能与 2-氧丙醛发生反应。

酱油中还包含某些反应产物：吡咯啉（每克酱油粉中含 3.6 nmol），咪唑啉酮（每克酱油粉中含 53.8 nmol），赖氨酰吡咯吡啶（每克酱油粉中含 2.1 nmol）和戊糖素（每克酱油粉中含 0.7 nmol）。酱油中，前两者的含量通过免疫化学反应测定，而后两者是通过酸水解和 HPLC 测定不可透析的组分（> 0.5 kDa）得到的[360]。

3.2 糖氧化过程

通过形成 CML，可以将体外氧化性褐变与非氧化性褐变区分开。尽管在 2 种类型的体系中核糖和 3-DG 棕色蛋白的形成速率基本相同，但 CML 仅在氧化条件下形成[20,51]。应将 CML 和戊糖素形成中对氧的需求视为一个近似值，而不是一个绝对值。这些 AGE 可能是在待分析样品处理过程中由前体形成的，或者是通过分子间氧化还原反应形成的，即使在抗氧化条件下，也可能生成氧化的前体。在美拉德反应的蛋白质褐变过程中，氧化作用的角色显然取决于前体和途径。对于 C_6 醛糖和酮糖，氧化可增加褐变速率。对于抗坏血酸盐，氧气对褐变是必不可少的，但是对较小的糖和二羰基化合物则并非如此。

尽管在体外评估氧化在特定 AGE 形成中的作用相对容易，但体内糖氧化产物和非氧化 AGE 之间的区别并不总是很明显。以 GO 为例,它是葡萄糖氧化的产物[415],其碳原子的氧化态为 +1 价,而葡萄糖中氧化态为 0 价。相反,MGO 不是葡萄糖氧化的产物,其碳原子的平均氧化态为 0 价,它是由磷酸甘油三糖在无氧糖酵解过程中形成的[348]。CML 是 GO 与蛋白质反应的产物,它被视为糖化产物,而同系物 CEL 是从 MGO 衍生而来的,为何却被认为是一种非氧化的美拉德反应产物[351]? CML 和 CEL 的蛋白质含量相似(表 8.1),浓度在晶状体蛋白质和皮肤胶原蛋白中均随着年龄的增加而增加,它们在晶状体中的浓度具有强烈相关性[354]。与年龄相匹配的对照组动物相比,它们在糖尿病患者的皮肤胶原蛋白中也有相似程度的增加[351]。GOLD 和 MOLD 等咪唑鎓交联物也存在类似情况(表8.1)。

使用核糖核酸酶(RNase)作为模型蛋白,比较了戊二醛、甲醛和甘油醛的交联[416]。戊二醛几乎瞬间反应,产生黄色物质并完全聚集(SDS–PAGE)。甘油醛的反应非常缓慢,会形成越来越多的二聚体,1 h 后出现三聚体,48h 后出现一些较大的聚集体。赖氨酸立即损失约 20%,而 48 h 后损失近 60%。甲醛的反应类似甘油醛,但反应稍慢。

表 8.1　80 岁左右的老年人体内组织蛋白中 AGE 的估计值[351]

标志物	晶状体蛋白	皮肤胶原蛋白	参考文献
CML/［nmol（每 1 mol 赖氨酸）］	3.9	1.7	Dyer 等人[633] Lyons 等人[634]
CEL/［nmol（每 1 mol 赖氨酸）］	4.6	0.52	Ahmed 等人[421]
GOLD/［nmol（每 1 mol 赖氨酸）］	0.15	0.04	Frye 等人[420]
MOLD/［nmol（每 1 mol 赖氨酸）］	0.77	0.4	Frye 等人[420]
戊糖素 /［nmol（每 1 mol 赖氨酸）］	0.006	0.03	Dyer 等人[633] Lyons 等人[634]
o-酪氨酸 /［nmol（每 1 mol 苯丙氨酸）］	—	0.023	Wells–Knecht 等人[635]
MetSO/［nmol（每 1 mol 甲硫氨酸）］	—	185	Wells–Knecht 等人[635]

不论二羰基化合物来源如何,它们均通过常见的抗氧化剂相关机制解毒(例如乙二醛酶途径、醛还原酶途径或醛加氢酶途径),例如,由 MGO 产生 D-乳酸或

由 3-DG 产生 3-脱氧果糖。这些途径的效率取决于细胞中还原型谷胱甘肽和/或 NADPH 的水平。那么抗氧化防御系统的过载或受损可能导致组织中二羰基化合物水平上升。因此，即使这些化合物不是由葡萄糖通过氧化反应形成的，氧化应激也会导致 MGO 和 3-DG 的增加。与其专注于将体内美拉德反应损伤分类为氧化性还是非氧化性，不如关注二羰基化合物的形成速率或稳态浓度的增加，因为无论其来源如何，它都与抗氧化防御降低以及组织蛋白中 AGE 水平上升密切相关[351]。这也促使 Baynes 和 Thorpe[417] 提出，糖尿病患者体内反应性羰基化合物的增加部分是由过多的底物压力引起的，同时也是由排毒途径的失效或超负荷引起的。

尽管 CML 和 CEL 是由碳水化合物形成的，在最初被分类为 AGE，但是从那以后，它们也被检测为脂质的过氧化产物。它们可以在蛋白质存在的情况下，在金属催化的 PUFA（见图 8.5）氧化过程中，直接由 GO 和 MGO 或其他前体形成。GO 和 MGO 与其他具有脂质氧化物特性的羰基化合物一起形成，如丙二醛（MDA）和 4-羟基壬烯酸（HNE）等。在脂质过氧化过程中，CML 和 CEL 以及 MDA 和 HNE 的蛋白质加合物的形成，受到例如氨基胍[395] 和吡哆胺[418] 等 AGE 抑制剂的抑制[351]。在这种情况下，更适合使用"高级美拉德反应产物"（AMRP）这个术语，用来描述在体内美拉德反应期间由羰基-胺化学反应形成的多种产物（**物质62 ~ 物质101**）。AMRP 可以分为 AGE 和高级脂质氧化终产物（ALE），也可以分为混合组。尽管 AGE 的形成可能需要氧，也可能不需要氧，但 ALE 的形成显然是依赖氧的过程。

在化合物来源不明确的个别情况下，将 AMRP 重新认定为 EAGLE，即高级糖化或高级脂质氧化终产物，可能更为合适[419]。

糖尿病在上述情况中起着重要作用，但在许多方面，糖尿病是加速衰老的一种形式。Baynes[419] 写道："衰老是生物系统在存续期间随时间逐渐衰退的表现，这是由于生理子系统的功能能力下降，例如人体中肺膨胀量、肌酐清除率、心排血量或免疫应答等的变化。"目前，大多数衰老的生物标志物是 AMRP。老化在长寿命蛋白质中最明显，例如晶状体蛋白和胶原蛋白。晶状体蛋白会形成棕色和荧光色，并且产生聚集、交联和不溶化等现象。胶原蛋白的老化会导致肌腱僵硬和主动脉顺应性下降。

乙二醛和甲基乙二醛介导的交联中，晶状体蛋白中的 GOLD 和 MOLD（**物质79、物质80**）随着年龄的增长而增加（r^2 分别为 0.69、0.75，两者 $P<0.001$），但仅占赖氨酸残基的 0.2%[420]，而 CML 和 CEL 各自约占 0.4%（随着年龄的增长，r^2 分别为 0.85、0.90）[421]。即使如此，它们的浓度仍高于戊糖素和二酪氨酸。在 80 岁受试者体内，GOLD、MOLD、戊糖素和二酪氨酸含量分别为 200 μmol、800 μmol、4 μmol 和 3 μmol（每 1 mol 赖氨酸）。在收集到的 85 岁受试者皮肤的胶原蛋白中，GOLD、MOLD 和戊糖素含量分别为 40 μmol、400 μmol 和 40 μmol（每 1 mol 赖氨酸）[422,423]。在赖氨酸含量为 100mol（每 1 mol 三链胶原蛋白）的胶原蛋白中，MOLD 的含量为 0.04 mol（每 1 mol 胶原蛋白），相较于 1~5 mol 酶促形成的交联物（每 1 mol 胶原蛋白），其贡献非常有限[424]。

当用 MGO 处理 RNase 时，分子间和分子内都会形成交联，但 MOLD 仅占二聚体交联物的 5% 左右[420]。

不同组织的胶原蛋白之间的 AGE 积累速率存在差异。Verzijl 等人[425]发现，不仅 CML、CEL 和戊糖素随年龄的增长呈线性增加（$P<0.000\,1$），而且一般的 AGE 形成量也有增加，例如褐变和荧光（$P<0.000\,1$），以及软骨胶原蛋白的所有数值均高于皮肤胶原蛋白。细菌胶原酶对软骨胶原的消化率随着年龄的增长呈线性下降（每年约降 0.3%，从 20 岁时约 30% 降至 80 岁时约 10%），且与糖化程度成正比。精氨酸的水平以及赖氨酸和羟赖氨酸的总量随着年龄的增长而下降（$P<0.0001$ 和 $P<0.01$），这很容易归因于美拉德反应的修饰。三种 AGE 的总和以及 AGE 荧光水平与这 3 个氨基酸的平均修饰度相关（$P<0.001$ 和 $P<0.05$）。但是，即使在 80 岁受试者的软骨胶原蛋白中，这 3 个 AGE 的总和也仅为 5.6 nmol（每 1 mol 赖氨酸）。在软骨、皮肤和晶状体的胶原蛋白中的 CML 与 CEL 的比值分别为 6.1、3.4 和 1.3。1.3 这个比值接近 Ahmed 等人[421]从体外提取到的胶原蛋白和 3-DG 或抗坏血酸盐中测得的数值，而另外两个数值也比较接近，但含有核糖、葡萄糖苷或葡萄糖[421]。

人们认为，周转率是解释不同组织胶原之间 AGE 积累速率差异的重要因素。一项研究以滞留时间作为衡量标准，通过 L-天冬氨酸的外消旋程度来比较 CML、CEL 和戊糖素的积累，以此来检验该假设[426]。人关节软骨胶原蛋白的 CML 水平随年龄的增长呈线性增加（$r = 0.89$，$P < 0.000\,1$），与皮肤胶原蛋白一样（$r = 0.80$，$P < 0.000\,1$）。它在软骨中的积累速率高于在皮肤中的积累速率（$P < 0.000\,1$）。同时，CEL 和戊糖素的水平也随着年龄的增长而增加（在所有情况下，$P < 0.000\,1$），在软骨中增加得更快（两者 $P < 0.000\,1$）。根据 $120 \sim 160\,℃$ 干燥软骨和皮肤胶原蛋白的阿伦尼乌斯曲线图确定的天冬氨酸外消旋的速率常数是相同的（分别为 1.78×10^{-6} 和 1.71×10^{-6}），这证明能够使用 D-天冬氨酸（D-Asp）百分比水平作为滞留时间的量度。在软骨和皮肤胶原蛋白中，D-Asp 百分比水平随年龄呈线性增加（分别为 $r = 0.95$，$P < 0.000\,1$，以及 $r = 0.78$，$P < 0.000\,1$），并且软骨中 D-Asp 的百分比高于皮肤中（$P < 0.000\,1$）。这表明了胶原蛋白在软骨中比在皮肤中具有更长的停留时间，也就是说其周转率更低。在人类软骨和皮肤胶原蛋白中，CML、CEL 和戊糖素水平随 D-Asp 百分比呈线性增加（在所有情况下，$P < 0.000\,1$），这表明蛋白质周转确实是影响 AGE 积累速率的关键因素。此外，软骨和皮肤的 AGE 水平与 D-Asp 百分比之间的关系相同，印证了蛋白质周转是 AGE 积累的重要决定因素。D-Asp 积累的速率常数使胶原蛋白的半衰期能够得以计算：在皮肤和软骨中分别为 15 年和 117 年。这些值可以与早年研究中用软骨和牙本质测定的 200 年和大于 500 年相比较[427,428]。

衰老生物标志物会在短寿命的动物体内积累得更快。对比 30 岁的人类和 9 个月大的大鼠（年龄分别占其最大寿命的 25%）便可以看出，CML 含量分别为 $0.4\,\mu\text{mol}$（每 1 mol 赖氨酸）和 $0.057\,\mu\text{mol}$（每 1 mol 赖氨酸），戊糖素含量分别为 $8\,\mu\text{mol}$（每 1 mol 赖氨酸）和 $0.58\,\mu\text{mol}$（每 1 mol 赖氨酸）。与预期相反，它们在寿命更长的物种中显示出更高的积累。诸如此类的事实使人们难以辩称，组织蛋白中的美拉德和氧化产物造成的总负担是衰老过程的决定因素。

如果蛋白质修饰不是衰老的关键，那么 DNA 修饰会更有意义吗？毕竟，寿命可能是通过基因程序性控制的。但是基因组受到持续性修复过程的保护，而损伤仅仅是由这些过程中累积的错误而造成的。基因损伤来自活性氧，而活性氧也能引发碳水化合物和脂质的链反应。细胞核中脂质含量相对较少，而碳水化合物是重要的组成部分，它是 DNA 不可或缺的组分。因此可以认为，美拉德反应通过活性氧的传递和活性羰基化合物的产生来放大氧化应激[419]。这些研究强调了获得有关这些问题及其长远结果的详细的定量信息的重要性。

Ling 等人[429]使用了 4 种针对 AGE 的单克隆抗体，分别是名为 6D12 的 CML 抗体、名为 KNH-30 的 CEL 抗体、名为 IF6 的全氟聚醚抗体以及未知抗原表位的 2A2，这四种结构在初生大鼠大多数组织和细胞中都有出现。而随着大鼠年龄的增长，AGE 的积累和分布逐渐增加。除全氟聚醚外，AGE 甚至存在于 10 天龄大鼠胚胎的几乎所有组织中，并且随着大鼠胚胎的发育而增加。在大鼠整个生命周期中，脑神经元细胞中的 CEL 浓度最高，心肌细胞中 2A2 的浓度最高。而在大鼠胚胎的胃肠道中 CML 浓度最高，脑髓和脊髓中 CEL 浓度最高，心脏中全氟聚醚浓度最高，肺中的 2A2 浓度最高。高效液相色谱结果显示，13 天大鼠胚胎含有 CML 725 ± 87 nmol（每 1 mol 赖氨酸）。这些结果表明 AGE 很可能是由大鼠胚胎内源性产生的。

由于 3-DG-咪唑啉酮仅通过与 3-DG 反应生成，因此它可能是体内修饰 3-DG 的重要标志物[430]。使用单克隆抗体、BSA 与 3-DG 在 37℃下孵育 4 个星期，抗体与 3-DG-咪唑啉酮以及 CML 的反应性大大提高，但与吡咯素的反应性仅略有提高。用 HPLC 法定量测得三种修饰的程度分别为 1.10 mol、0.84 mol 和 0.33 mol（每 1 mol BSA）。CEL、GOLD、MOLD、DOLD 和精嘧啶低于 HPLC 的检测限。

最初，糖化血红蛋白是用 IEC 测定的，而带阳离子交换柱的 HPLC 成为常规的分析方法。血红蛋白中 HbA$_{1c}$ 的百分比也可以通过免疫学方法确定。最近，有研究者[431]开发了一种毛细管电泳方法，该方法使用了含有 27 g·L^{-1} 苹果酸（pH 值为 4.6）的电解质和动态涂覆的色谱柱（先用聚阳离子，然后用聚阴离子）。对来自 105 位患者的样本（3.5% ~ 10.8% HbA$_{1c}$）进行分析，该方法的结果往往比免疫分析的结果低 2% ~ 3%，但它们之间的相关性（$r^2 = 0.962$）比 HPLC 和免疫测定法之间的相关性（$r^2 = 0.781$）更好。该方法不仅将 HbA$_{1c}$ 与 HbA$_0$ 分开，而且还能分离 HbA$_{1a}$、HbA$_{1b}$、HbA$_{1d}$、氨甲酰血红蛋白等。

4　磷脂的糖化

从生物学上讲，蛋白质的糖化受到了极大的关注，但原则上来说，只要氮原子上带有至少一个氢原子的氨基化合物都可以参与美拉德反应。

因此，含有氨基的磷脂是可以反应的，第三章中已经介绍过了。

5　核酸及其成分的糖化

有研究发现 3-DG 易与 2′-脱氧鸟苷反应，能分离并鉴定出两种主要产物——N-（1-氧代-2,4,5,6-四羟基己基）-2′-脱氧鸟苷的非对映异构体[360]。AGE 也可以从 DNA 中通过与 3-DG 或葡萄糖反应产生。

6　美拉德反应在晶状体中的作用

在患 5 年糖尿病且使用胰岛素维持血糖但血糖控制不佳的病犬中，晶状体糖化水平、荧光水平、Verperlysine A 和戊糖素的平均水平显著增加[432]。这些变化与硬脑膜胶原的变化高度相关，但是在 HbA_1 水平中等（8.0%）的犬胶原蛋白中，戊糖素交联显著升高，而该组晶状体戊糖素水平正常，且仅在血糖控制不良的动物中显著升高（HbA_1 约 9.7%）。因此，戊糖素的形成即晶状体中的糖化，似乎存在组织特异性血糖阈值。该阈值在一定程度上与晶状体蛋白糖化的明显加速（8%）和/或晶状体膜通透性改变有关。

由于 Verperlysine A 在适度血糖控制的病犬中升高，而糖化产物戊糖素仅在血糖控制不良的病犬中升高，因此前者成为轻度高血糖症的独特标志物[368]。

Hofmann 等人[367] 已获得证据表明，羟乙醛可以与 ε-氨基在生理条件下通过吡嗪自由基阳离子（见**物质84**）使蛋白质交联并产生颜色。这直接影响例如白内障的形成。

多酚似乎对大鼠晶状体中的糖尿病性白内障的形成具有抑制作用[433]。将新鲜的大鼠晶状体在 15 mM 木糖中培养以模拟高血糖症。晶状体在 4 天内出现如白内障一样的不透明现象。将晶状体用花青素以及许多蔬菜和水果，包括日本萝卜、葡萄皮和有色大米的提取物处理。在培养基中，葡萄皮浓度为 100 μg·mL^{-1} 时能够有效抑制晶状体混浊的形成，而对于花青素来说，花翠素-3-葡萄糖苷和二甲花翠素-3-葡萄糖苷最具抑制活性。检验了 48 种有色大米，其中 9 种提取物在 100 μg·mL^{-1} 的浓度下具有抑制作用。据研究，该抑制作用不是由于花青素的存在，而是由于酚酸，尤其是原儿茶酸。

在圆锥角膜中，角膜的中央非常薄弱，但这可以通过例如交联等方式来优化和处理[434]。该方法也已获得专利。

7 美拉德反应在肾病中的作用

AGE 的形成与糖尿病中的高血糖有关，但与尿毒症无关，因为糖尿病和非糖尿病性血液透析患者的 AGE 水平没有差异，这一点很难解释[435]。尿毒症患者血浆中戊糖素和 CML 水平升高，且与果糖基赖氨酸水平无关。在尿毒症患者和对照组的血浆中，氨基胍和 OPB-9195 的添加降低了 AGE 的产量。因此，羰基应激被认为是尿毒症的一个促成因素。

一项研究先后用 0.9% NaCl 以及胶原酶提取血液透析患者尸体心肌胶原蛋白以及年龄相当的对照组的心肌胶原蛋白，得到可溶性组分（SF）以及胶原酶可溶性组分（CF），并通过荧光测定戊糖素和丙二醛（MDA），分别评估了这些组分中的糖氧化和脂质过氧化产物[436]。患者的 CF 中戊糖素和 MDA 水平均高于对照组（$P<0.05$）。在 CF 中，MDA 与戊糖素高度相关（$P<0.000\ 1$），而在不含基质胶原蛋白的 SF 中无此现象。结果表明，糖氧化和脂质过氧化对血液透析患者心脏损伤起协同作用。

一项研究从患有晚期肾脏疾病的血液透析患者和年龄相匹配的对照组中，取得无动脉粥样硬化病变的主动脉样品[437]。通过免疫组织化学检测，非内膜介质中戊糖素呈阳性，在弹性纤维之中和之间均有观察到。在两组中，弹性蛋白中戊糖素连接的荧光均高于胶原蛋白，通过 HPLC 测得患者的弹性蛋白中戊糖素的水平也高于对照组。

Yoshimura 等人[438]用 6D12 探针进行了免疫组织化学研究，结果表明，透析患者心脏组织的血管壁中会积累反应活性物质（CML）。在肾移植后，这种积累会部分减少。

一项研究从糖尿病患者和对照组中获得解剖样本，并用免疫组织化学法检测肾脏组织切片中补体的膜攻击复合物（MAC）、C3 和 CML 的表达，CD59 和单链 DNA 的凋亡信号，以及平滑肌肌动蛋白（SMA）。CML 与 MAC 的共定位区域无 CD59 的出现[439]。CML 存在于无 SMA 的区域，仅在糖尿病患者中对单链 DNA 呈阳性的少数平滑肌细胞中有检测到。除却无 SMA 区域之外，CD59 在培养基中呈现弱阳性。内侧平滑肌细胞丢失的程度与 CML 和 MAC 的内侧沉积百分比有关。肾功能不全的糖尿病患者的内侧平滑肌细胞丢失程度高于其他患者。这似乎说明糖化促进了糖尿病患者肾动脉平滑肌细胞的坏死，且该过程受到 MAC 调控。

在患有尿毒症的受试者中，血浆中 α-氧乙醛、乙二醛、2-氧丙醛和核糖酮的水平显著增加，但血浆中 3-赤藓酮、3-脱氧赤藓酮、3-脱氧核糖酮和 3-DG 的含量却没有升高[440]。

在腹膜透析液中，通过加热对液体进行灭菌会导致反应性羰基化合物的生成，因此长期腹膜透析的患者会产生腹膜的逐渐恶化[441]。谷胱甘肽与乙二醛酶 I 联合使用，以及氨基胍，均能够抵消该作用。

尽管葡萄糖在腹膜透析液中的浓度远远超过其降解产物的浓度，但其反应性要低得多，因而难以确定哪种物质对于 AGE 的形成起更重要的作用。因此，Millar 等人[442]在 37℃ 下将溶菌酶作为模型蛋白，与 3.86% 腹膜透析液，或 100 μM 的 2-氧丙醛、乙二醛或 3-DG，或 100 mM 葡萄糖，在 100 mM 磷酸盐溶液（pH 值为 7.4）中孵育。腹膜透析液的灭菌可以在双袋中进行，其中在灭菌过程中葡萄糖被分隔开，从而降低了单袋中葡萄糖降解产物的形成。每隔 2～3 天对溶液进行超滤并补充新鲜的液体，或放任其继续孵育。在所有腹膜透析液样品中，蛋白质结合 AGE 荧光（$\lambda_{ex} = 350$ nm，$\lambda_{em} = 430$ nm）逐渐增强。单袋液体中的荧光总是比双袋液体更强（> 65%，第 30 天），有补充液的情况下比不加补充液的情况荧光高（30 天时，双袋为 147%，单袋为 125%）。除葡萄糖组有一例外，在 15 天时有补充液的 AGE 荧光降低了 25%。似乎在腹膜透析液中，葡萄糖降解产物对 AGE 的形成比葡萄糖更重要。

8 美拉德反应在癌症中的作用

强烈着色的美拉德产物——**物质25**（见第四章）已被证明是有效抑制人类肿瘤细胞系 A431、LXFL529L、GXF251L 和 CXF97L 生长的药物，其 IC_{50} 为 3~9 μmol[178]。但是，它对细胞微管完整性具有损害。

一项研究通过 HPLC 检查尿液、血浆和红细胞膜中的蛋白质时发现，使用抗肿瘤药"顺铂"治疗的非糖尿病肺癌患者，其戊糖素水平高于健康受试者[443]，而尿吡咯素未受影响。这项工作为药物与美拉德反应之间相互作用的研究提供了一个完整的领域。

关于异生物质，生理代谢通常分为第一阶段和第二阶段。第一阶段尤其与还原、氧化和水解有关，而第二阶段与异生物质或其第一阶段代谢产物的结合有关。暴露于异生物质是否会导致毒性，其主要决定因素是 I 期和 II 期酶之间的平衡。尤其是通过抗氧化作用诱导的 II 期酶——谷胱甘肽 S 转移酶，已被报道有希望作为一种癌症预防策略[444]。因此，一项研究从食品的角度强调了美拉德反应产物（MRP）的抗氧化特性（参见第九章）也具有生理学意义[356]。Lindenmeier 等人[356]表明，面包皮及其不同提取物使对谷胱甘肽 S 转移酶活性增加，并抑制细胞色素 c 氧化还原酶（I 期酶）的活性，这两种作用均预示着其对癌症的体内防卫作用。

第九章
具有技术意义的其他影响

1 引言

本章将从 10 个方面阐述美拉德反应对功能特性的影响，包括水活度（a_w）、pH、氧化还原电位、溶解度、质地、起泡性和泡沫稳定性、乳化力、储存过程中挥发性成分的形成、挥发性成分的结合，以及其他功能损失。其中第三个问题受到了最多的关注。下面将详细说明。

2 对水活度的影响

水的生成是美拉德反应的特征之一（参阅第一章）。特别是在中间反应阶段的反应 C——糖类发生脱水反应，将产生大量的水。理论上讲，大量水分将导致几个潜在的后果。例如，如果食品的水活度较低，那么增加的水分将促进微生物的生长，也促使褐变速度的加快。此外，水分的增加也可能导致食品质地变差。虽然我们要注意这些方面，但它们还不是首要考虑的因素。

3 对 pH 的影响

反应体系 pH 降低是美拉德反应的另一个特征（参阅第一章）。食品和生理样品的 pH 是由其中存在的成分决定的，特别是缓冲物。在没有缓冲物的水溶液中，美拉德反应将使体系 pH 显著降低。例如，将含 1 mol 的糖和 1 mol 的氨基酸的混合溶液回流 120 min，反应体系的 pH 值下降程度如下[445]：木糖–甘氨酸体系 pH 值从 5.2 降至 3.9，葡萄糖–甘氨酸体系 pH 值从 5.2 降至 4.1，木糖–赖氨酸体系 pH 值从 5.5 降至 2.9，葡萄糖–赖氨酸体系 pH 值从 5.5 降至 3.5。导致 pH 下降的主要方式有两种：一是酸的形成（主要是通过糖降解，即中间阶段的反应 D，参见第一章）；二是氨基转化为碱性较低的形式，主要是形成氮杂环化合物（最终阶段的反应 G 和一些含氮的挥发性物质的损失）。此外，羧基的损失也会导致 pH 的下降（CO_2 的产生是美拉德反应的另一种特征）。

反应体系 pH 下降的影响是多方面的，例如，pH 在很大程度上影响美拉德反应本身的机制（参阅第二章）——它影响微生物的活性，并可能导致大分子成分特别是蛋白质的聚合，使其溶解性下降，从而改变食品的质地。

4 对氧化还原电位的影响

还原性的提高，即抗氧化活性的提高或负氧化还原电位的提高，也是美拉德反应的特征之一（参见第一章）。这一点具有相当重要的意义，因为食品发生化学变质的主要方式之一就是氧化反应，特别是不饱和油脂的氧化导致的酸败。这一点也具有相当大的生理学意义（参阅第八章）。

如表 9.1 所示，在食品领域，50 多年来，美拉德反应的这一特征一直受到关注，然而我们并不能主观地认为美拉德反应是产生表格中所列作用的唯一因素。

总的来说，美拉德反应能够产生具有抗氧化作用的物质，这一点是毫无疑问的，但这种抗氧化作用是如何产生的、其程度如何，目前还不清楚。类黑素不仅能提高还原性，还可以与金属络合，从而降低金属在脂质氧化和其他氧化反应中的催化能力。

抗氧化活性的测定方法很多，每种方法都在某一方面与其他方法或多或少有所不同。表 9.2 简要列出了已应用于美拉德反应产物抗氧化活性测定的大多数方法。

让人出乎意料的是，尽管电极稳定性和标准状态的问题非常重要，但美拉德反应产物的电化学性能却很少被关注。Rizzi[463] 在标准化的条件下（在 0.1 M

的 bis-Tris 缓冲液中回流 1h，初始 pH 值为 6.9）研究了碳水化合物和 α-丙氨酸（0.067 ~ 0.20 M）的反应。在使用 Pt/Ag-AgCl 氧化还原电极时，观察到负电压有所增加，这与美拉德反应过程中还原酮的形成是一致的。糖类对电压变化的影响如下：核糖（−192 mV）>阿拉伯糖（−157 mV）>木糖（−155 mV）>鼠李糖（−105 mV）>葡萄糖（−102 mV）>乳糖（−99 mV）>果糖（−83 mV）。不参与美拉德反应的糖类几乎不影响电压，如 2-脱氧葡萄糖（−22 mV）、木糖醇（−8 mV）和山梨糖醇（−4 mV）。在没有胺的情况下，木糖和葡萄糖产生的电压分别为 −42 mV 和 −25 mV，这表明缓冲溶液单独作用的影响极小。此外，反应体系也没有形成颜色。然而，对于 0.001 M 的抗坏血酸，在未加胺或未加热的情况下产生的电压为 −102 mV。将葡萄糖加热至 6 h，体系的电压下降到 −204 mV，同时颜色也变深了。在相似的条件下，但是在 37℃下反应 28 天，木糖-甘氨酸体系产生的电压为 −20 mV，木糖醇-甘氨酸体系产生的电压为 −35 mV，这与 Glomb 和 Tschirnich[114] 的研究结果不一致，后者通过衍生法在这种生理条件下检出了还原酮。

表 9.1　美拉德反应产物在食品中的抗氧化作用实例

产品	改进措施	作用	参考文献
饼干	添加 1.5% 葡萄糖和甘氨酸，或者相应的类黑素	优于商业抗氧化剂	Iwainsky 和 Franzke[467]
饼干	生面团中添加 5% 葡萄糖取代等量的蔗糖	更好地抑制存储过程的酸败和颜色变深	Griffith 和 Johnson[512]
饼干	生面团中添加氨基酸或水解蛋白	提高存储稳定性	Yamaguchi 等人[513,514]
饼干	生面团中添加葡萄糖和组氨酸	比添加相应的 MRP 更有效	Lingnert[515]
饼干	生面团中添加葡萄糖和组氨酸	抑制酸败进程	Lingnert 和 Eriksson[469]
饼干	生面团中添加糖和氨基酸	增强抗氧化性（精氨酸和木糖的色泽较浅）	Lingnert 和 Hall[481]
黄油	使用含有葡萄糖和赖氨酸的模型体系	加热时，每 100g 干燥提取物抗氧化能力约为 5g Trolox 当量	Bressa 等人[468]
小麦、玉米、燕麦	烘烤	提高氧化稳定性	Anderson 等人[516]
炸年糕片	添加葡萄糖和色氨酸	提高存储稳定性	Tomita[517]
滚筒干燥谷物	面粉预先烘烤	提高存储稳定性	Hauri 等人[518]

续表

产品	改进措施	作用	参考文献
酱油	米曲酶发酵 6 min	形成具有抗氧化活性的各种 MRP	Cheigh 等人[519]
番茄酱	95℃加热 4 h 以上	有更好的断链氧清除活性	Anese 等人[520]
番茄粉	—	—	Nicoli 等人[492]
咖啡	中等程度烘焙具有最高的抗氧化性	在约 200℃下约 10 min 可产生最大的氧气吸收率和对番红花色素漂白的抑制作用	Nicoli 等人[493]
乳粉	88～93℃预加热 20 s	显著提高氧化稳定性	Findlay 等人[521]
液体奶	灭菌	提高氧化稳定性	Vandewalle 和 Huyghebaert[522]
喷雾干燥全乳粉	高热	有超过低热处理的稳定性	Binder 等人[523]
喷雾干燥乳清黄油乳粉	热处理	提高存储稳定性	Hansen 和 Hemphill[524]
人造奶油	添加 0.5% 类黑素	抑制氧化效果优于没食子酸十二酯	Franzke 和 Iwainsky[525]
乳脂	200℃加热黄油 10 min	提高存储稳定性	Josephson 和 Dahle[526]
猪油	添加由葡萄糖-甘氨酸体系制得的 MRP	提高氧化稳定性	Griffith 和 Johnson[512]
植物油	添加由己糖和仲胺制备的氨基还原酮	显著降低过氧化物的形成	Evans 等人[527]
玉米油	添加葡萄糖和甘氨酸的混合物比单独添加任何一种更为有效	抑制酸败进程	Maleki[528]
芝麻油	添加 0.02% 由葡萄糖-甘氨酸体系制得的 MRP	诱导期几乎增加 1 倍	Cämmerer 等人[466]
红花油和沙丁鱼油	使用小麦醇溶蛋白与鸡蛋	提高氧化稳定性	Taguchi 等人[529]
灭菌牛肉	过度烹饪	提高稳定性	Zipser 和 Watts[530]
猪肉馅饼	添加 MRP	提高氧化稳定性	Bedinghaus 和 Ockerman[476]
冷藏牛肉	添加糖和氨基酸的热反应溶液	抑制热异味	Sato 等人[531]
冷冻汉堡	油炸预烹饪	改善品质	Dagerskog 等人[532]
烤火鸡	加热过程中产生抑制物质	抑制热异味	Einerson 和 Reineccius[533]
火鸡	添加蜂蜜或由蜂蜜和赖氨酸制得的 MRP	蜂蜜具有最大的抗氧化性	Antony 等人[498]
法兰克福香肠	添加由葡萄糖与组氨酸或血红蛋白制得的 MRP	抑制酸败进程	Lingnert 和 Eriksson[469]
沙丁鱼制品	添加由葡萄糖和组氨酸制得的 MRP	抑制存储过程的自动氧化	Tanaka 等人[534]

Rizzi[463] 还将葡萄糖和哌啶反应生成的 Amadori 化合物置于标准化的条件下，但在浓度为 0.01 M 且无胺的情况下，反应产生的电压为 -153 mV，颜色为深黄色。然而，在 77℃下加热 15 min 产生的电压仅为 -26 mV，但增加浓度会逐渐降低电压，当浓度为 0.10 M 时产生的电压为 -362 mV。而木糖-β-丙氨酸体系在 77℃下反应 15 min 后，产生的电压为 +4 mV，这与 Amadori 化合物的形成速率慢于其分解速率是一致的。

四氮唑盐 XTT 已用于评估经超高温处理的牛奶中的美拉德反应程度，事实证明这种方法比测定乳果糖、HMF 或糠氨酸更快速便捷[451]。为了确定其中涉及的 MRP 的性质，研究了由乳糖和正丁胺（λ_{max} = 319.5 nm）生成的氨基还原酮与 MRP 的相互作用。结果表明，在 319.5 nm 处增加的吸光度与 XTT 的还原性之间存在极好的相关性（r = 0.967，n = 19），在 492 nm 下测得的吸光值接近甲䐶（XTT 的还原产物）的 λ_{max}。

表 9.2　测定抗氧化活性的方法

方法	注释	参考文献
氧化还原	Pt 电极与 Ag/AgCl、Cl_{sat}^- 参比电极，N_2 冲洗	Anese 和 Nicoli[446]
FRAP	使用 Fe^{3+}-TPTZ	Rice-Evans[447] Benzie 和 Strain[448]
硫酸高铈	以 Fe^{2+} 与 1,10-菲罗啉形成的络合物为指示剂的电位滴定法	Cioroi[449]
吲哚酚四氮唑盐（XTT）	2,6-二氯吲哚酚滴定法	Tanner 和 Barnett[450] Shimamura 等人[451]
极谱法	10% 或 30% 的脂质在 0.01M KCl 和 0.1M 磷酸盐缓冲液（pH 值为 7.2）中乳化；通常为 1×10^{-7} M 血红蛋白；结果表示为利用 90% 溶解氧所需的时间（s）	Hamilton 和 Tappel[452]
过氧化值	过氧化物从 KI 中释放 I_2，并用硫代硫酸钠滴定	Lea[453]
AOXP（还原亚甲基蓝）	血红蛋白存在下，N-苯甲酰衍生物可被脂质氢过氧化物氧化	Brand 和 Eichner[454] Bright 等人[455]
酸败诱导	在相对较高温度（90～130℃）的空气流中的脂质氧化的时间差	Anese 和 Nicoli[446]
硫代巴比妥酸（TBA）值	脂质氧化过程中丙二醛的生成及其与 2-硫代巴比妥酸的反应	Gray[456]

方法	注释	参考文献
亚油酸甲酯降低	高效液相色谱法	Brand 和 Eichner[454]
藏红花素漂白	—	Tubaro 等人[457]
己醛氧化	采用气相色谱法测试己酸含量以监测己醛含量的下降	Yanagimoto 等人[458]
自由基清除	使用自旋捕捉剂，如 2-甲基-2-硝基异丙烷，将不稳定的自由基转化为稳定的自由基，以便通过 ESR 进行测定	Perkins[535]
DPPH 自由基捕获	在亲脂性条件下有效	Brand 和 Eichner[454]
DMPD	经 $FeCl_3$ 氧化成自由基阳离子，被抗氧化剂脱色	Fogliano 等人[459]
TEAC ABTS 自由基捕获	在亲水性和亲脂性条件下有效	Rice-Evans[447]
VCEAC	—	Kim 等人[460]
ORAC 过氧自由基捕获	偶氮引发剂（ABAP，ADIBA）产生的自由基	Rice-Evans[447]
氧吸收率	血红素催化	Berner 等人[461]
TRAP	使用藻红蛋白和 AAPH	Berner 等人[461] Rice-Evans[447] DeLange 和 Glazer[462]

为了实现 ORAC 测定的高通量，Huang 等人[464]开发了一种自动的八通道液体处理系统，该系统与微孔板荧光阅读器结合使用，与停产的 COBAS FARA II 分析仪相比，其测定效率提高了至少 10 倍。该方法的变异系数不超过 15%，检出限和定量限分别为 5 μM 和 6.25 μM。

Fogliano 等人[72]通过 ABAP 和 DMPD 方法（见表9.2）评价了由葡萄糖-甘氨酸（glucose-glycine，GG）体系、乳糖-赖氨酸（lactose-lysine，LL）体系和乳糖-N-乙酰赖氨酸（latose-N-acetyllysine，LaL）体系生成的类黑素。在前一种方法中，3 种类黑素相对于 Trolox 的活性分别为 1/5、远少于 1/5 和 1/5。而在后一种方法中，与 3.6 μg·mL^{-1} 的抗坏血酸等效的有效浓度分别为 65 mg·mL^{-1}、65 mg·mL^{-1} 和 13 mg·mL^{-1}。

Borrelli 等人[74]对 GG 体系干热条件下制备的类黑素，以及 LL 体系和 LaL

体系在水溶液中制备的类黑素（见第二章）进行了后续研究。在 ABAP 方法中，GG 体系类黑素的值仍与 LaL 体系类黑素相当，约为 1/4 Trolox 当量。而在 DMPD 方法中，在 $1\ mg \cdot mL^{-1}$ 的浓度下，LaL 体系类黑素的活性相当于 $1.48\ \mu g \cdot mL^{-1}$ 的抗坏血酸，GG 体系类黑素和 LL 体系类黑素的活性分别为前者的 1/9 和 1/13。这些数据表明，这些合成的类黑素的主要作用是螯合金属和清除自由基，而不是作还原剂。

无论是在亲水性还是亲油性介质中，抗氧化剂的有效性都是一个重要的问题。Yeum 等人[465]就此问题针对人血浆进行了研究，他们分别使用 ABAP 和 2,2'-偶氮（4-甲氧基-2,4-二甲基戊腈）作为亲水性和亲脂性的自由基产生剂。在前一种情况下，抗氧化剂的消耗速度由快到慢依次为抗坏血酸、α-生育酚、尿酸、番茄红素、叶黄素、隐黄质、β-胡萝卜素；而在后一种情况下，α-生育酚和类胡萝卜素消耗速度相似，且高于抗坏血酸和尿酸。在上述条件下，不同类型类黑素的行为引起了人们的关注。

类黑素的形成受很多因素的影响，我们将主要讨论以下几个方面：糖的种类、氨基酸的种类，氨基酸与糖的摩尔比，肽和水解物的使用，糖和氨基酸混合物与 MRP 的关系，MRP 的性质及其抗氧化活性的机制等[466]。

4.1 不同种类糖的差异

焦糖化产物最多仅显示少量的抗氧化活性[19,467,468]。

Lingnert 和 Eriksson[469]研究了由不同氨基酸（谷氨酸、半胱氨酸、缬氨酸、组氨酸、赖氨酸、精氨酸）与不同糖（果糖、葡萄糖和木糖）反应生成的 MRP 的抗氧化作用。所有的果糖与氨基酸的反应产物颜色最浅；除半胱氨酸外，这些产物的抗氧化活性也最低。木糖与氨基酸的反应产物颜色最深（与缬氨酸反应时除外），木糖与精氨酸或赖氨酸的反应产物表现出最高的抗氧化活性（极谱法测定）。在抑制亚油酸乳液中己醛的形成时，这 3 种糖与组氨酸的反应都非常有效，除此之外只有木糖与精氨酸能产生类似的结果。

后续研究[19,470,471]也表明，戊糖的反应产物通常比葡萄糖的反应产物具有更深的颜色和更强的抗氧化活性，而葡萄糖能够比果糖产生更强的抗氧化活性[472]。

与己糖和戊糖相比，二羰基化合物（如二羟基丙酮、甘油醛和乙二醛）形成的类黑素具有更强的抗氧化活性[466]。

另外，随着聚合度的增加，葡萄糖及其低聚物的氧清除能力逐渐降低[81]。

4.2 氨基酸之间的差异

在 Lingnert 和 Eriksson[469] 使用的 6 种氨基酸中，极谱测定结果显示由精氨酸和赖氨酸分别与木糖生成的 MRP 具有最大的抗氧化活性，其中精氨酸生成的MRP 抗氧化活性更高。在抑制亚油酸乳液中己醛的形成方面，组氨酸与 3 种糖中的任一种形成的 MRP 都非常有效，其次是精氨酸与木糖的反应产物，然后是赖氨酸和 3 种糖中任一种的反应产物。Yamaguchi 等人[473] 通过测定亚油酸过氧化物值发现，不同氨基酸与木糖形成的 MRP 的抗氧化活性由低至高依次为甘氨酸、赖氨酸、精氨酸、组氨酸。对于氨基酸与葡萄糖形成的 MRP，van Chuyen 等人[474] 发现抗氧化活性由低至高依次为甘氨酸、精氨酸、赖氨酸、组氨酸。在大鼠体内，这些 MRP 也具有抗氧化作用，如肝脏 TBA 值所示，其顺序从低至高依次为甘氨酸、赖氨酸、精氨酸、组氨酸。

将葡萄糖与氨基酸（各 10 mmol）溶解于 10 mL 水中进行回流反应，反应 15 h 的产物颜色最深（A_{450}）。同时采用铁氰化钾法[475] 测定反应产物的还原能力，测试结果以每 50 μg MRP 相当于抗坏血酸的微克数近似表示，分别为：GABA（γ-氨基丁酸），6.0；缬氨酸，4.1；丝氨酸，2.9；丙氨酸，2.7；色氨酸，1.6；谷氨酰胺，1.1；羟脯氨酸，1.0；脯氨酸，0.8；天冬氨酸，0.6；谷氨酸，0.3。由 GABA 生成的产物先后经乙酸乙酯萃取、Sep-pak SIL 分馏和 HPLC 分离，得到的化合物产率为 0.35%。其结构与 4-（2-甲酰基-5-羟甲基-1-吡咯基）丁酸有关。但是它的还原能力很低（每 50 μg MRP 仅相当于 2.0 μg 抗坏血酸），还原能力主要来自 2,3-二氢-5,6-二羟基吡喃-4-酮（每 50 μg MRP 相当于 49.6 μg抗坏血酸），在 30 min 时达到最大浓度。而 HDMF（每 50 μg MRP 相当于 39.2 μg抗坏血酸）的比例要低得多。

在无水条件下，精氨酸与葡萄糖或木糖的反应产物（170℃，20 min，未透析）的氧清除活性比甘氨酸相应的产物强。0.02% 和 1% 的木糖与精氨酸的反应产物在芝麻油的酸败分析中的诱导因子分别为 1.9 和 2.29，而木糖与甘氨酸的反应产物的诱导因子分别为 1.56 和 1.79[466]，这意味着有可能将保质期延长一倍。相比之下，0.5% 由葡萄糖–精氨酸体系、葡萄糖–甘氨酸体系和麦芽糖–甘氨酸体系反应产生的类黑素在猪油中的诱导因子分别为 1.05、1.26 和 1.33[81]。

对一些由糖类与甘氨酸反应生成的类黑素（170℃，20 min，透析），同时进行自由基含量与氧清除活性的测试[81]，除麦芽三糖外，基于上述关系，类黑素的氧清除能力要大于预期。然而从总体上看，耗氧性是基于自由基机制的。

总之，我们必须认同 Cämmerer 等人[466] 的结论：根据生成的类黑素的抗氧化活性对氨基酸进行总体排名是不可能的，因为任何氨基酸与不同的羰基化合物结合都会产生不同的效果[476,477]。

4.3　糖与氨基酸的摩尔比

Lingnert 和 Eriksson[469] 更详细地分析了葡萄糖和组氨酸在 3 种浓度时（2.5 mM、5.0 mM 和 10.0 mM）反应生成的 MRP。随着葡萄糖浓度的增加，MRP 的颜色和抗氧化性均有所增加。另外，提高组氨酸浓度对 MRP 的颜色没有影响，但是却显著增加了 MRP 的抗氧化性。

Waller 等人[478] 将木糖和精氨酸的总浓度固定为 3.0 M，分别将二者比例设为从 0.25∶2.75 到 2.75∶0.25，回流反应 20 h。当稀释度为 1∶100 时，等摩尔反应物明显具有最高的抗氧化活性，当木糖和精氨酸的摩尔比在两个方向上改变时，抗氧化活性呈对称性下降。即使将摩尔比改为 1∶2，活性也减少了一半以上。必须注意到制备 MRP 需要较高的浓度。

4.4　其他反应条件

其他反应条件对产物的抗氧化活性也有很大的影响，并在一定程度上取决于所用测定方法的性质。Cämmerer 等人[466] 总结了这种情况并指出，一般而言，较高的初始 pH 值有利于形成具有较高抗氧化活性的类黑素，中性或弱碱性介质中形成的类黑素具有最强的抗氧化活性。抗氧化活性通常也随温度和时间的增加而达到最大值，而较低的水活度（a_w）似乎有利于形成具有较高抗氧化活性的类黑素。

4.5 肽的使用

Lingnert 和 Eriksson[469] 比较了几种 MRP 抑制亚油酸中己醛生成的有效性，这些 MRP 是由以下含氮化合物与 2 mM 木糖制备的：(a) 1 mM 甘氨酰组氨酸，(b) 1 mM 组氨酰甘氨酸，(c) 1 mM 甘氨酸与 1mM 组氨酸，(d) 2 mM 甘氨酸，(e) 2 mM 组氨酸。其中 (d) 具有一定的促氧化作用，(a) 和 (c) 非常有效，而 (b) 和 (e) 的活性更高。如上所述，(e) 是最有效的并不令人感到意外，但是值得注意的是，与 (e) 相比，(b) 仅有一半的组氨酸，但同样最有效。还有两点需要指出：一是肽已经被证明能够产生具有抗氧化活性的 MRP，二是提供 N 端的氨基酸的性质似乎很重要。

4.6 水解物的使用

水解蛋白是否也能产生有用的 MRP？水解蛋白本身已经具有一定的抗氧化活性，Lingnert 和 Eriksson[469] 也发现了这一点，但是水解蛋白在与葡萄糖反应后抗氧化活性得到了显著提高。

他们测试了啤酒糟、麦芽和血红蛋白的水解物，结果发现所有水解物都能形成具有抗氧化活性的 MRP。与由葡萄糖和组氨酸反应生成的 MRP 相比，上述水解物需要更高的反应浓度才能达到相同的抗氧化效果。然而他们并未对水解条件及水解物和葡萄糖反应的条件进行优化。

Obretenov 等人[479] 更进一步研究了由蛋白水解物（血液，葵花籽）和淀粉水解物反应的 MRP。通过测定过氧化物值发现，当血液蛋白水解物与淀粉水解物的比例为 2∶1 时，得到的 MRP 对猪油诱导期的抗氧化作用最强。而血液蛋白水解物 MRP 的活性约为葵花籽蛋白水解物 MRP 的 2 倍。

众所周知，酱油具有很强的抗氧化和清除自由基的活性。为了证明这一观点，Moon 等人[480] 从东南亚收集了 29 种不同的商品，分别测试了颜色、氮含量和 3-DG 含量，并进行了铁离子还原能力 / 抗氧化能力（FRAP）测试和 Trolox 当量抗氧化活性（TEAC）测试，结果发现不同样品的测试结果差异很大。一般情况下，即使氮含量高，白色或浅色样品的抗氧化活性也都较低；而氮含量低的甜味深色样品则显示出较高的抗氧化活性。FRAP 与颜色（$r^2 = 0.963$）和 3–DG 含量（$r^2 = 0.970$）相关，但与氮含量无关。FRAP 和 TEAC 也具有高度相关性（$r^2 = 0.962$）。黏度变化范围很大，从 3 cP 到 6400 cP。

4.7 氨基酸加还原糖与 MRP

Lingnert 和 Eriksson[469]对含有 0.1% 组氨酸单盐酸盐水合物和 1% 葡萄糖的生面团与含有 0.1%（基于反应前体）相应 MRP 的生面团烘烤出的饼干的稳定性进行了比较。无论是通过感官评价还是己醛含量的测定，都未发现 MRP 具有明显的抗氧化作用，而添加反应前体则产生了明显的影响，其抗氧化活性超过了添加浓度为 1 ppm 的混合氧化剂（BHA∶BHT = 1∶1）。因此他们提出，具有抗氧化活性的 MRP 的浓度不同于 MRP 总浓度。

Lingnert 和 Hall[481]之后对上述实验进行了跟踪，通过极谱法测量了抗氧化活性。在饼干面团中添加组氨酸和木糖，或者添加由组氨酸和葡萄糖生成的 MRP，抑或添加精氨酸和木糖生成的 MRP，反应体系不仅产生了很强的抗氧化作用，而且形成了明显的颜色。而精氨酸与木糖作为反应物时虽然几乎产生了一样强的抗氧化作用，但颜色浅得多。组氨酸与葡萄糖作为反应物时几乎没有作用。

4.8 颜色与抗氧化活性的关系

颜色的形成和抗氧化活性之间似乎没有明确的关系。Cämmerer 等人[466]研究表明，尽管一些研究工作发现二者具有很强的正相关性，但在另外一些研究中却并非如此。在美拉德反应的过程中，似乎有太多不同的化合物参与其中，从而无法在颜色和抗氧化活性之间建立简单的关系。

在模型体系中，鲜艳的色泽是在反应初期形成的。Murakami 等人[482]的研究也清楚地表明，木糖与甘氨酸混合物在 30℃加热 48 h 形成蓝色，GFC 结果显示，显色组分的分子量（0.68 kDa）大于具有自由基清除活性的组分的分子量（0.39 kDa）。当在 100℃加热时，自由基清除与褐变程度在前 8 h 是同步增加的，二者的相关系数为 0.914，且两种类型的活性组分的分子量都集中在 7.8 kDa。

4.9　杂环 MRP

Yanagimoto 等人[458]研究了杂环 MRP 在抑制己醛空气氧化中的抗氧化活性。在所测试的 3 种吡咯、3 种呋喃、2 种噻唑、3 种噻吩和 2 种吡嗪中，吡咯-2-甲醛是活性最高的，与 BHT 几乎相当，$50\ \mu g \cdot mL^{-1}$ 时抑制率达到 100%，$5\ \mu g \cdot mL^{-1}$ 时抑制率约为 90%。

4.10　促氧化剂活性

由于藏红花素漂白法是基于竞争动力学的，因此它也可用于检测初期 MRP 的促氧化活性，而 DPPH 法却不能。事实上，在抗氧化剂存在的情况下，藏红花素的漂白速率［式（9.1）］减慢了，因为抗氧化剂首先与自由基发生反应，而形成的抗氧化剂自由基［式（9.2）］仅能与藏红花素缓慢反应［式（9.3）］。相反，促氧化剂与自由基竞争藏红花素［式（9.4）］，从而增加了藏红花素的漂白程度[446]。

$$\text{ROO} \cdot + \text{藏红花素} \xrightarrow{\text{快速}} \text{ROOH} + \text{藏红花素} \cdot \text{（漂白）} \qquad (9.1)$$

$$\text{ROO} \cdot + \text{抗氧化剂} \longrightarrow \text{ROOH} + \text{抗氧化剂} \cdot \qquad (9.2)$$

$$\text{抗氧化剂} \cdot + \text{藏红花素} \xrightarrow{\text{缓慢}} \text{抗氧化剂} + \text{藏红花素} \cdot \text{（漂白）} \qquad (9.3)$$

$$\text{促氧化剂} \cdot + \text{藏红花素} \longrightarrow \text{促氧化剂} + \text{藏红花素} \cdot \text{（漂白）} \qquad (9.4)$$

Manzocco 等人[483]比较了某些强氧化剂与某些食品（牛奶、面包）的氧化还原电位和促氧化活性。将 H_2O_2 产生的羟基自由基、ABAP 和 DPPH 产生的过氧自由基以及牛奶和面包在 $40\ ℃$ 与藏红花素水溶液反应，促氧化活性以在 $5\ min$ 时藏红花素吸光值（A_{crocin}）的降低值与氧化剂浓度的比值表示（表 9.3）。

表 9.3　不同物质的促氧化活性

物质	氧化还原电位（Ag/AgCl）	pH 值	促氧化活性
H_2O_2	320 ± 2	7.0	0.030 ± 0.002
DPPH ·	229 ± 3	6.9	35.167 ± 1.979
ABAP	216 ± 2	7.5	96.138 ± 0.644

续表

物质	氧化还原电位（Ag/AgCl）	pH 值	促氧化活性
牛奶	273 ± 6	6.8	0.044 ± 0.008
面包	150 ± 3	7.0	0.011 ± 0.001
藏红花素	120 ± 5	7.0	—

牛奶和面包之间的差异在于牛奶中存在的是初期 MRP，而面包中存在的是类黑素。

在婴儿配方奶粉中，铁和维生素 C 的存在有利于促进氧化，并导致色氨酸残基的氧化损伤，这一点尤为重要，因为色氨酸通常是限制性氨基酸。Puscasu 和 Birlouez-Aragon[484] 以 α-乳清蛋白（色氨酸含量高）为模型化合物，研究了 α-乳清蛋白与乳糖、已形成的初期和晚期 MRP（来自蛋白胨，因为其色氨酸含量低）、H_2O_2/Fe^{2+} 或抗坏血酸盐/Fe^{3+} 反应时，色氨酸导致的荧光（$\lambda_{ex} = 290$，$\lambda_{em} = 340\ nm$）损失。对于每种体系，反应 3 h 后，pH 值为 4.6 的可溶性蛋白中的色氨酸均有明显损失，损失率约为 28%。无论是反应形成的还是已经形成的 MRP，都在 $\lambda_{ex} = 350\ nm/\lambda_{em} = 435 \sim 440\ nm$（主要）和 $\lambda_{ex} = 330\ nm/\lambda_{em} = 420\ nm$ 处显示出荧光。

4.11　MRP 的属性

4.11.1　分子量

Yamaguchi 等人[473] 研究发现，木糖与甘氨酸反应产物中分子量约 4.5 kDa 的组分具有最大的抗氧化活性。当重量相等时，该组分的抗氧化作用大于 BHA，但小于 BHT。MRP 和 BHA 之间有很强的协同作用。Lingnert 等人[485] 研究发现，葡萄糖与组氨酸反应产物的大部分活性保留在截留物中（截留分子量约为 1 kDa），其抗氧化作用是粗反应产物的 6 倍。反应混合物加热 20 h 后表现出最大活性，同时形成最深的颜色[469]，这表明当分子量太大时活性反而降低。Cämmerer 等人[466] 指出，低分子量类黑素（0.5 ~ 1 kDa）的清除能力很弱，因此抗氧化活性似乎与还原酮含量无关。

Tressl 等人[76,77]从反应产物中分离出一些低聚物，主要为吡咯类（N–甲基和 N–甲基–2–甲酰基）。抗氧化活性测试（DPPH 和 Fe^{3+} 硫氰酸盐）表明这些低聚物具有活性，但这个结果似乎有些偶然。

物质67（Pronyllysine）的形成已在第八章中介绍了（见图 8.1）。如 Lindenmeier 等人[356]所述，这种化合物具有很强的还原性。在 pH 值为 5.5 的磷酸缓冲液中，将 N^α–乙酰赖氨酸甲酯分别与淀粉、葡萄糖、3–DG、1–DG 或 4–羟基–2,3,5–己三酮于 100℃加热 25 min，抗氧化剂活性分别从大约 0、0、0.5、2.7 和 1.4 变为 0、0、1.5、5.4 和 6.3 Trolox 当量（RTE）。采用 RPHPLC 将最终的反应混合物分成 26 个组分，其中组分 14 具有最高的抗氧化活性，达到 4.5 RTE，其他组分仅为 1.5 RTE 或更小。NMR、双量子滤波、δ,δ–相关光谱法（DQF–COSY）、LC–MS 和 UV–vis 光谱显示，组分 14 中具有抗氧化活性的化合物为 pronyl–N^α–乙酰赖氨酸甲酯。以相同的方法制备了 pronyl–甘氨酸甲酯，得到的黄色晶体 λ_{max} = 363 nm，分子量（MM）为 0.215 kDa。两种 pronyl–衍生物及抗坏血酸的相对抗氧化活性分别为 0.53、0.49 和约 0.1 RTE。酸或酶水解不能释放出 pronyl 基团，但通过裂解和与甲基肼反应可将其转化为 5–乙酰基–4–羟基–1,3–二甲基吡唑，这可以经相对简单的净化后用 GC–MS 测定。采用这种方法，将小麦面筋与淀粉或葡萄糖于 220℃下加热 1 h，或者与 4–羟基–2,3,5–己三酮在 150℃下加热 30 min，结果显示其中分别含有 4.0 mg·kg^{-1}、18.9 mg·kg^{-1} 或 7100 mg·kg^{-1} 的物质67。面包皮中的 pronyl 基团数量大约比面包糠高 8 倍。依次用水、60%乙醇和 50% 2–丙醇对面包皮进行萃取，然后冷冻干燥各萃取液和残渣，pronyl 基团产率分别为 20.7g（每 100 g 面包皮）、2.0g（每 100 g 面包皮）、0.2g（每 100 g 面包皮）和 77.2 g（每 100 g 面包皮），各组分物质67的含量分别为 30.6 mg·kg^{-1}、169.3 mg·kg^{-1}、42.9 mg·kg^{-1} 和 88.5 mg·kg^{-1}，前 3 个组分的抗氧化能力分别约为 0.44 RTE、1.36 RTE 和 0.96 RTE。采用浓度高于 60%的乙醇对面包糠进行萃取，并依次采用截留分子量分别为 100 kDa、30 kDa、10 kDa 和 1 kDa 的膜进行分离，得到的组分分别含有约 1 mg·kg^{-1}、23 mg·kg^{-1}、25 mg·kg^{-1}、52.3 mg·kg^{-1} 和 35.2 mg·kg^{-1} 的物质67，抗氧化活性分别约为 0.22 RTE、0.4 RTE、0.7 RTE、0.9 RTE 和 0.74 RTE，这表明大多数活性成分具有较低的分子量。

4.11.2 基本组成

（1）Lingnert 等人[485]通过电泳将葡萄糖与组氨酸反应生成的 MRP 进行纯化，得到的结果如下。

实测值：C，54.3%；H，5.4%；N，12.6%；O，24.5%；灰分（无机物），2.9%。

计算值（-4 H$_2$O）：C，54.8%；H，4.9%；N，16.0%；O，24.3%。

（2）Waller 等人[478]对木糖与精氨酸反应的 MRP 进行了分析，相应的结果如下。

实测值：C，37.1%；H，7.2%；N，20.7%；O，22.7%。

计算值（-4 H$_2$O）：C，52.4%；H，6.3%；N，22.2%；O，19.0%。

计算值（-3 H$_2$O）：C，48.9%；H，6.7%；N，20.7%；O，23.7%。

（3）Yamaguchi 等人[473]对 5 种木糖体系产生的类黑素进行了分析，结果如下所示，并给出了原料经适当脱水得到的产物的计算值。

A. 木糖与甘氨酸：

实测值：C，50.2%；H，5.3%；N，7.0%；O，37.5%。

计算值（-3 H$_2$O）：C，49.1%；H，5.3%；N，8.2%；O，37.4%。

B. 木糖与赖氨酸：

实测值：C，47.4%；H，5.2%；N，6.4%；O，41.0%。

计算值（- H$_2$O）：C，47.5%；H，7.9%；N，10.1%；O，34.5%。

C. 木糖与氨：

实测值：C，46.8%；H，5.4%；N，11.6%；O，36.2%。

计算值（-2 H$_2$O）：C，45.8%；H，6.9%；N，10.7%；O，36.6%。

D. 木糖与精氨酸：

实测值：C，44.4%；H，5.8%；N，12.8%；O，37.0%。

计算值（- H$_2$O）：C，43.1%；H，7.2%；N，18.3%；O，31.4%。

E. 木糖与组氨酸：

实测值：C，47.3%；H，4.6%；N，11.5%；O，36.6%。

计算值（- H$_2$O）：C，46.0%；H，5.9%；N，14.6%；O，33.5%。

上述结果可分为两组，一组的氮含量约为 6%，另一组的氮含量约为其 2 倍。后者往往是更强的抗氧化剂，但这种关系只是近似的。甘氨酸的结果与 Benzing-Purdie 等人[69]的研究结果是一致的（见第二章），而 Lingnert 等人[485]关于葡萄糖产物的数据，就碳的百分比含量而言，更接近于损失了另外 3 个水分子。氨的产物非常接近于损失 2 个水分子，其余 3 种类黑素的组成与相应的糖基胺最接近，但氮含量较低。

这里还有很多方面要进一步研究。

4.11.3 形成条件

水活度（a_w）越高，葡萄糖–赖氨酸体系的还原能力增加得越快[486]，而这种还原能力在褐变尚未发生的条件下就产生了，即归因于 Amadori 化合物。当水活度（a_w）为 0.52 时，体系的还原能力最强。

Lingnert 和 Eriksson[469]研究表明，对于葡萄糖–组氨酸反应体系，当初始 pH 值为 7 ~ 9 时，反应产物具有最高的抗氧化活性，初始 pH 值为 5 的反应产物的抗氧化活性略低，并且 pH 值为 5 左右时反应产物的颜色最深。对于木糖–精氨酸体系[478]，初始 pH 值为 5 时反应产物的抗氧化活性最高，在一定程度上超过了 pH 值为 7 的反应产物。

Waller 等人[478]利用木糖–精氨酸反应体系研究了有机添加剂对抗氧化活性的影响，结果表明，除了吡啶使抗氧化活性加倍，其他所有添加剂均对抗氧化活性有不利影响。

4.11.4 标准黑色素

Brand 和 Eichner[487]对反应条件稍加改变，制备了溶液 A 和标准类黑素（见第二章），并研究了它们的性质。还原能力通过铁氰化钾法测定，清除自由基活性通过 DPPH 法测定，抗氧化活性由亚油酸甲酯的降低水平确定。相对于所施加的 1 mol 葡萄糖，溶液 A 所减少的铁氰化钾摩尔量约为标准类黑素的 8 倍。当在室温而非 4℃下通过透析制备类黑素时，亚铁氰化钾的生成量降至 1/3，但在室温下氮气氛围中进行透析仅降低至 2/3。清除自由基能力具有类似的结果：溶液 A 清除自由基的能力为标准类黑素的 6 倍，并且不同条件下的透析对亚铁氰化钾产生的影响相似。至于亚油酸甲酯的氧化，结果则大不相同［施加量以每 100 mol 亚油酸甲酯的摩尔还原当量（RE）表示］。增加溶液 A 的量（与 7.0 RE 相比，增加至 28 RE）可提供更好的保护作用，但标准类黑素（3.5 RE）具有比溶液 A（7.0 RE）更显著的保护作用。此外，更令人惊讶的是，较低含量的标准类黑素（0.87 RE）实际上产生了促氧化作用。

Wagner 等人[488]研究了标准葡萄糖–甘氨酸体系反应的 4 个组分：溶液 A、低分子量类黑素、高分子量类黑素（截留分子量 12.4 kDa）以及不溶物。在 ABTS 测试中，以 Trolox 浓度表示 A_{734} 抑制率，高分子量类黑素最有效，其次是不溶物和溶液 A。低分子量类黑素的活性最低，但随着浓度由 0.01%、0.05% 增至 0.10%，其活性也逐步增加。高分子量类黑素浓度为 0.10% 时的活性约为 0.01% 时的 4 倍。这些结果与 Yoshimura 等人[489]的研究一致，他们同样发现高分子类黑素对羟基自由基形成的抑制作用最强，这不仅归因于直接清除，而且还归因于其较强的螯合能力，这与 ABTS 方法有关。在橙汁中，不溶物效果最佳，其次是低分子量类黑素，溶液 A 和高分子量类黑素的作用相当，都是最低的。上述组分在苹果汁和葡萄汁中的作用相似，但高分子量类黑素的活性有所增加。

4.11.5　抗氧化活性的机理

目前，除了还原性，影响抗氧化活性其他方面的因素还不清楚。但是，就自由基链反应的终止而言，能够形成稳定自由基的化合物是非常重要的。事实上，Lingnert 等人[485]在 g 值为 2.003 5 ± 0.000 03 的条件下，从纯化的组氨酸–葡萄糖体系生成的 MRP 中获得了强烈的 ESR 信号。采用极谱法测定抗氧化活性，反应粗产物、截留物和沉淀物的活性依次增强，同时 ESR 信号的强度也依次增加。上清液的抗氧化性较弱，ESR 信号也较弱。将截留物在空气中放置 75 h 后，两种作用均有所降低；而在氮气中放置，两种作用均有所增加。尽管这两种作用的变化似乎是同步的，但它们之间并不成正比。

Lessig 和 Baltes[185]报道了葡萄糖–4–氯苯胺的类似产物中存在稳定的自由基。图 1.1 的反应 H（见第一章）确实是以自由基为基础的。

羟基自由基和氢自由基可以作为自旋加合物（DMPO 或 PBN）通过 ESR 进行定量检测[490,491]。类黑素对羟基自由基的清除能力远远高于已知的清除剂，如果糖、甘露醇或 BSA[490]。对于 γ-辐射形成的羟基自由基与氢自由基，浓度分别为 0.3% 和 0.03% 的葡萄糖-甘氨酸体系产生的类黑素的清除率分别为 86% 和 47%（羟基自由基），85% 和 58%（氢自由基）[489]。

超氧化物自由基是氧化损伤的另一个因素，可采用硝基蓝四唑测定（可形成无色的甲䐶）。当类黑素清除超氧自由基时，硝基蓝四唑的颜色仍然存在[490,491]。葡萄糖-甘氨酸体系产生的类黑素对超氧自由基的清除活性相当于 16 个单位的超氧化物歧化酶的作用。低分子量类黑素和高分子量类黑素的作用几乎相同。类黑素的反应速率常数显著高于抗坏血酸。如果这是由类黑素中嵌入的还原酮结构引起的，那么很难解释为什么类黑素的还原能力仅为抗坏血酸的 70%[490]。

众所周知，过氧自由基是导致诸如藏红花素等类胡萝卜素褪色的原因。抗氧化剂能够抑制这种褪色反应[468,492,493]。在测定番茄汁的自由基清除活性时，用藏红花素褪色法和 DPPH 法获得了类似的结果[446,492,493]。

可以使用 DMPD 法测定自由基清除率（antiradical efficiency，AE）。如果将 DMPD 自由基阳离子浓度降低 50% 时所需的类黑素（$mg \cdot mL^{-1}$）的量定义为 EC_{50}，将 EC_{50} 达到稳态所需的理论时间（min）定义为 TEC_{50}，则

$$AE = 1 / (EC_{50} \times TEC_{50}) \tag{9.5}$$

Morales 和 Babbel[494] 检测了 12 个反应体系中的类黑素（截留分子量为 110 kDa），其中包括葡萄糖或乳糖分别与甘氨酸、组氨酸、赖氨酸、色氨酸、半胱氨酸或甲硫氨酸反应。EC_{50} 值的范围从 0.43 $mg \cdot mL^{-1}$（葡萄糖与甘氨酸）到 1.74 $mg \cdot mL^{-1}$（葡萄糖与色氨酸），AE 值从 0.010（葡萄糖与色氨酸）到 0.087（葡萄糖与组氨酸）。类似地，对于 AE 值和 EC_{50} 值，中度烘焙咖啡粉中的类黑素分别为 2.06 $mg \cdot mL^{-1}$ 和 0.015 $mg \cdot mL^{-1}$，而阿魏酸为 0.0186 $mg \cdot mL^{-1}$ 和 0.0781 $mg \cdot mL^{-1}$，Trolox 为 2.67 $mg \cdot mL^{-1}$ 和 0.34 $mg \cdot mL^{-1}$。这些结果表明，类黑素的自由基清除能力是酚类化合物 1/100 至 1/10，而咖啡中类黑素的自由基清除能力甚至更弱。

Nicoli 等人[493] 进行 TEAC（清除 ABTS 自由基阳离子）（可用于水溶液或脂

质体系）测试时发现，冲泡咖啡的效果仅是 α–生育酚的 1/20 左右，这取决于咖啡的烘焙程度。麦芽糖–甘氨酸体系产生的类黑素的作用仅为 α–生育酚的 1/50[466]。随着咖啡烘焙程度的提高，速溶咖啡的氧化还原电位逐渐从 +109mV 降低到 –35 mV，抗氧化能力随之提高[495]。DPPH 法测定的断链活性先降低然后增加，相比于氧化还原电位，烘焙程度对其影响较小。将深度烘焙的冲泡咖啡在氮气氛围中于 30℃ 保存 17 天，其氧化还原电位保持不变，而在空气中保存则有不同程度的提高。

Richelle 等人[496]比较了几种饮料的体外低密度脂蛋白氧化延迟能力。延长时间如下：0.7% ~ 2.5% 可溶性咖啡，292 ~ 948 min；1.5% ~ 3.5% 可可，217 ~ 444 min；可冲 220 mL 绿茶的茶包 1 个，186 ~ 338 min；红茶茶包 1 个，67 ~ 277 min；花草茶茶包一个，6 ~ 78 min。添加牛奶不会改变抗氧化作用。

金属离子的存在会产生混杂效应。Bersuder 等人[497]采用酸败诱导法和 DPPH 法，分别在 Cu^{2+} 存在和不存在的情况下，考察了葡萄糖和组氨酸（100 mM 与 33.3 mM）的热反应混合物（105℃，10 h，初始 pH 值为 7.0）对葵花籽油乳液的抗氧化作用。向 MRP 中添加铜可使酸败诱导法测得的保护因子增加 31%，但使 DPPH 自由基的消除比例减少了 13%。而组氨酸和没食子酸丙酯（加热或不加热）表现出相反的行为，保护因子降低了，但 DPPH 自由基的消除比例增加了。这可能是由于 MRP 降低了铜的促氧化活性，特别是对于没食子酸丙酯而言，与铜螯合可能使向 DPPH 自由基供氢的能力增强。

Eichner[486]报告了一个有趣的实验结果。使已含有 10 mol% 氢过氧化物的亚油酸钠溶液与预热的葡萄糖–赖氨酸体系发生反应，他发现每摩尔氢过氧化物分解生成的己醛从 0.35 mol 降低到 0.09 mol。同时，氢过氧化物通过还原作用生成羟基亚油酸；它不会产生酸败，从而使酸败产物的产率有所降低。

蜂蜜与赖氨酸的美拉德产物具有抗氧化作用，这不足为奇[498]。在火鸡肉中，这种 MRP 或蜂蜜含量的增加会增强抗氧化作用，但令人惊讶的是，蜂蜜更有效，可能是因为它能更好地分散或溶解肉中形成的任何 MRP。

4.11.6 对其他食品成分的影响

大多数食用色素在某种程度上对还原反应很敏感。Ross[499]研究了热降解的果糖和葡萄糖对偶氮染料 FD&C Red No.2 和 FD&C Red No.40（**物质102**、**物质103**，见图 9.1）的影响。在 1 M 磷酸盐缓冲液（pH 值为 7.16）中用 0.1 M 果糖处理时，6.73×10^{-5} M FD&C Red No.2 在氮气和空气中的半衰期以及 6.73×10^{-5} FD&C Red No.40 在氮气中的半衰期：在 61℃，分别为 93 min、未测出、135 min；在 77℃，分别为 60 min、12 min 和 38 min；在 100℃，分别为 54 min、5 min 和 31 min。在室温下，即使在 40 天内也没有颜色损失。在 37℃，氮气中的 FD&C Red No.2 的半衰期为 19 天。在试验之前将果糖溶液冷藏保存 2 天，可使半衰期降低 50% 以上，但将果糖溶液在空气中于 100℃加热 1 h 对半衰期几乎没有影响。在氮气或空气中，FD&C Red No.2 和葡萄糖的平行实验在 28 天内没有产生颜色损失，但是在 100℃的氮气氛围中半衰期为 120 min。在相同的条件下，果糖明显比葡萄糖还原性更强。添加氨基酸的效果将是相当可观的。

将 FD&C Red No.2 在 100℃下暴露于不同的糖降解产物中，得到以下半衰期值：甘油醛，20 min；乙醇醛，30 min；三糖还原酮，40 min；二羟基丙酮，50 min；2- 氧丙酸，60 min；3- 羟基 -2- 丁酮，90 min；丁二酮，300 min；羟甲基糠醛，450 min；2-氧丙醛，1200 min；乙醛、丙烯醛和乙酰丙酸，无变化。

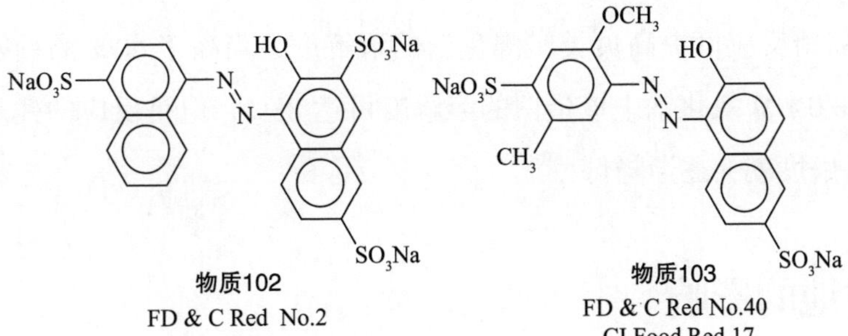

物质102
FD & C Red No.2
CI Food Red.9

物质103
FD & C Red No.40
CI Food Red.17

图 9.1 染料

4.11.7　源自美拉德反应的挥发性成分

杂环挥发性成分的抗氧化活性可通过其对己醛氧化为己酸的抑制作用进行评价[500]。其中吡咯的抗氧化活性是最强的，研究表明此类物质都可用作抑制剂（浓度为 $50\,\mu g\cdot mL^{-1}$，超过 40 天）。甲酰基和乙酰基的取代能够增强这种作用，例如吡咯-2-甲醛在 $10\,\mu g\cdot mL^{-1}$ 时的抑制率超过 80%。对于呋喃，未取代的活性最强（浓度为 $500\,\mu g\cdot mL^{-1}$ 时抑制率为 80%，超过 40 天）。对于噻吩，甲基和乙基的取代可增强其抑制作用，但是甲酰基和乙酰基的取代会降低其抑制作用。噻唑和吡嗪没有抑制作用。

4.11.8　实践之声

关于还原能力的最后的讨论也许应该停留在实践而不是理论上。在匈牙利，烹饪过程中，油面酱是通过油炸面粉来制备的。Dworschák 和 Szabó[501] 研究表明，这种烹饪方式产生了相当大的抗氧化活性，但是该活性在 5 天内迅速下降。加热蔗糖制成焦糖或油炸土豆可获得更高的抗氧化活性，在这两种情况下，抗氧化活性在 5 天内仍有增加的趋势。厨师们还知道哪些尚无法解释的信息？

5　对溶解度的影响

与葡萄糖反应可提高贝类肌肉蛋白的溶解度，当高于 60% 的赖氨酸残基被修饰后，在 0.1 M 氯化钠中该蛋白的溶解度可达 83%，但是反应的残基一旦超过 80%，其溶解度就会逐渐降低[502]。

6　对质地的影响

美拉德产物的形成可以改善干蛋白的凝胶特性。因此，在 60℃和相对湿度为 65% 的条件下，将干蛋白与半乳甘露聚糖（4:1，w/w）一起加热，SDS-PAGE 的实验结果表明二者之间产生了共价键。与不添加半乳甘露聚糖的干热的干蛋白相比，凝胶强度和持水能力有所提高，并且在加热 3 天后达到最大值。凝胶也变得半透明。半乳甘露聚糖是由瓜尔胶通过甘露聚糖酶水解制得的[503]。

核糖核酸酶的模型研究表明，戊二醛几乎可以瞬间与其交联，使赖氨酸无法被检测到，而甘油醛和甲醛的交联速率较低，在 37℃下反应 5 h 后仅 40% 的赖氨酸不再可用[504]。小麦蛋白组分与上述醛类化合物的实验也有相同的结果，戊二醛反应非常快，而另外两个反应较慢。对面包和牛角包面团进行测试，发现只有添加量在 200 mM 及以上的戊二醛具有显著作用，其通过使白蛋白与球蛋白发生交联来改变面团性质并提高面包强度，而对牛角包面团没有影响。

正如在第八章中已经提到的，食品中存在戊糖素（**物质90**），它是精氨酸与赖氨酸的交联物，这种交联对食品的质地具有潜在意义。它在不同食品中有不同含量，如在一些食品中含量为 0，在灭菌炼乳中含量为 2 ~ 5 mg（每 1 kg 蛋白质），在某些烘焙食品和咖啡中含量可达 35 mg（每 1 kg 蛋白质），浓度范围与血浆和尿液中的浓度相当。随着贮藏时间的延长，戊糖素的含量有所增加，但与赖氨酰丙氨酸、组氨酰丙氨酸［可高达 3000 mg（每 1 kg 蛋白质）］的交联相比，戊糖素在食品蛋白质的交联中不起主要作用。

例如，在组织工程（tissue engineering）中，通过美拉德反应进行的交联可以抵消角膜在其中心附近的无力（见第八章）[357]。

7 对起泡性和泡沫稳定性的影响

特浓咖啡的视觉特征是在其顶部有一层泡沫。Petracco[505]用硫酸铵将脱脂烘焙咖啡粉浸透后并用热水提取，将提取物冷冻干燥后进行彻底的透析（产率为 4.3%）。当重新溶于水时，振荡后它能很好地发泡，泡沫体积增加至 110%。组分 A 浓度为 0.4%（w/v）的水溶液的表面张力为 52.1 mN·m^{-1}。在两个巴西的阿拉比卡咖啡样本以及印度尼西亚爪哇岛和乌干达的罗布斯塔斯咖啡样本中也获得了相似的结果。通过异丙醇沉淀进行分离可得到组分 A（约 60%，分子量为 34 kDa）和组分 B（约 40%，分子量为 17 kDa），泡沫体积分别为 50% 和 100%，表面张力分别为 60.0 mN·m^{-1} 和 46.5 mN·m^{-1}。组分 A 在自然界中被视为多糖，而组分 B 类似类黑素。后者提供了起泡能力，而前者则使泡沫稳定（二者的泡沫在 24 h 分别降至大约 50% 和 0%）。

8 对乳化力的影响

一项研究通过毛细管电泳考察核糖核酸酶 A（RNase A）的变化[506]发现，与 6-磷酸葡萄糖（glucose-6-phosphate，G6P）发生糖化可增强 RNase A（10 mg·mL^{-1}）的乳化活性（EA）。与 RNase A 单体相比，大约 20 个峰的簇状物的形成和迁移更慢。簇状物的面积随温度的升高和 G6P 浓度的增加而增加。在没有 G6P 的情况下，乳化活性随培养时间的延长而降低。在 G6P 存在的情况下，乳化活性随着培养时间的延长而达到最大值，G6P 为 60 mM 时在 30℃下 96 h 时和 40℃下 18~24 h 时乳化活性最高。

将酪蛋白酸钠（1:1，w/w）与苹果果胶（6% 甲氧基）在水中混合 1 h 并冷冻干燥，可改善酪蛋白酸钠的乳化性能[507]。将形成的固体在 60℃且相对湿度为 79% 的条件下加热 48 h，SDS-PAGE 的结果表明上述两个成分已形成共价连接。该产物与磷酸盐缓冲液（PH 值为 7.4）中的玉米油成分相比，具有更高的乳化性能和乳化稳定性，与阿拉伯胶和单硬脂酸甘油酯相比，也是如此。在存在 0.2 M NaCl 的情况下，90℃ 加热 10 min，它仍然保持了优于其他乳化剂的性能，在柠檬酸盐缓冲液（pH 值为 4.0）中也是如此，只是阿拉伯胶的乳化性能稍稍领先了一点。

9 储存过程中挥发性成分的形成

挥发性物质的形成已被广泛用作跟踪储存过程中变质的一种手段。最近的一个例子如下。

Buglione 和 Lozano[508]比较了 3 种类型的葡萄汁：两种红色（Merlot 和 Criolla），一种白色（Yellow Muscat）。采用在 420 nm 的吸光值评价颜色，其中 Merlot 褪色最快（在 20 周内变化幅度约 50%），而在 10~30℃时 HMF 经过 12

周才可检测到，并且在 Criolla 中积累最快。

10　挥发性成分的结合

采用香气稀释分析法比较不同水溶液的顶空香气成分，包括从刚冲泡的咖啡中分离出的总挥发性成分，或者这些挥发性成分与咖啡类黑素的混合物，发现具有臭味的硫醇类化合物在类黑素存在的情况下发生了大量损失，如 2-糠基硫醇、3-甲基-2-丁烯硫醇、3-巯基-3-甲基丁酸甲酸酯、2-甲基-3-呋喃硫醇和甲硫醇[509]。第一种化合物受影响最大，减少至原来的 1/16，烤硫黄气味也随之下降。通过稳定同位素稀释分析证实了硫醇的快速损失。^{2}H-NMR 和 LC-MS 的分析结果有力地证明了硫醇与美拉德反应产生的吡嗪鎓化合物发生了共价连接。

Hofmann 和 Schieberle[509] 还使用合成的 1,4-二乙基二季吡嗪鎓离子与 2-糠基硫醇进行了实验，结果表明主要产物为 2-（2-呋喃基）甲硫基-1,4-二氢吡嗪、双［2-（2-呋喃基）甲硫基-1,4-二氢吡嗪］和 2-（2-呋喃基）甲硫基羟基-1,4-二氢吡嗪。这支持了硫醇与吡嗪鎓中间体共价结合的解释。

Hofmann 等人[510] 在针对咖啡类黑素的研究中已经证明，向水溶性的模型体系中加入类黑素后，其上方的顶空中硫醇显著减少，而醛类不受影响。

11　其他功能损失

Miller 和 Gerrard[511] 将 2-氧丙醛与 RNase A 在存在或不存在 3,5-二甲基吡唑甲酰胺（已知的美拉德抑制剂）的条件下培养，分别测定 RNase A 的活性。结果表明 RNase A 活性降低与糖化有关，而与交联无关。

第十章

◇◇

对其他领域的影响

本章主要介绍三个领域即土壤学、纺织品和药理学领域涉及的一些相关的美拉德反应。

1 土壤学：腐殖质

Ikan 等人[15] 的综述阐述了腐殖质和类黑素之间的关系，为早期的研究者提供了研究的切入点。截至目前，腐殖质和类黑素的结构在很大程度上仍不明确，这无疑使得将二者进行对比非常困难。

腐殖质似乎主要是由木质素降解形成的。它可以与其他化合物（如植物凋零产生的蛋白质和氨基酸）相互作用。Maillard[536,537] 已经认识到糖与氨基酸、肽和蛋白质的缩合在腐殖质的形成过程中也起一定的作用。

地球上只有 0.05%（约 4×10^{19} g）的碳没有被固定在沉积岩石中，其中只有约 9% 是有机碳[538]。有机碳分布在海水（约 45%）、土壤（约 40%）和陆生植物（约 15%）中。一般认为腐殖质包括三个主要部分：可溶于碱但不溶于酸的胡敏酸，可溶于碱和酸的富里酸，以及不溶于碱和酸的胡敏素。

腐殖质形成的木质素理论的一个修正是多酚理论。它认为关键的相互作用是由多酚或木质素生成的醌与氨基化合物之间的相互作用。

腐殖质是非常难降解的，因此 ^{14}C 年代测定能表明其平均年龄较长，例如萨旺尼河富里酸为 30 年，土壤富里酸为 100～500 年，土壤胡敏酸为 700～1600 年，土壤胡敏素为 100～2400 年。

在对比腐殖质和类黑素中的自由基方面已有大量的研究工作，包括利用 ESR[539]、^{13}C-CP-MAS-NMR 光谱以及 δ^{13}C 和 δ^{15}N 值。这些研究仍无法确定类黑素的作用。

钠锰石是一种常见于土壤中的锰的二氧化物。在光照条件下，它能有效催化葡萄糖和甘氨酸溶液的褐变反应。在黑暗条件下，它也能促进二者的相互作用[540]。这类反应可能在土壤中腐殖质的形成过程中起作用。

Arfaioli 等人[541]研究了含饱和钙、铝或铜离子的蒙脱石和高岭土以及石英对葡萄糖与酪氨酸反应形成的类腐殖质的影响。结果表明，所有体系都具有促进作用，且有效性与阳离子的添加量高度相关。腐殖化似乎更多地归因于阳离子，而不是黏土矿物的类型。黏土体系产生的物质（芳香族）比石英体系更为复杂。阳离子在游离状态下似乎更有效，即与石英有关而与黏土无关。阳离子的性质也很重要，而且铜离子是这些离子中最活跃的。此外，所有体系都形成了很深的颜色。

Burdon[542]考察了目前关于腐殖质结构的假设，得出结论：来自化学降解的各种产物和 NMR 结果均表明它们是植物和微生物成分与其微生物降解产物的混合物。对土壤中的糖类、蛋白质、脂质和芳香族化合物的分析结果也支持了这一观点，颜色、荧光、ESR 信号、苯六甲酸和其他特征的存在与之并不矛盾。土壤中存在一些游离的单糖和必需的氨基酸，因此能够发生美拉德反应，但程度很小，不是主要的反应过程。然而在海洋环境中，与木质素与多酚相比，较为丰富的糖类和蛋白质更可能是腐殖质的前体物质。

在埃及考古遗址的腐烂植物中发现了美拉德反应产物[543]。

2　纺织品

织物泛黄是纺织工业的一个严重问题。产品在储运过程中发生的质量问题很大一部分属于泛黄。白色或浅色的织物自然是最普遍的易泛黄的织物。研究表明，可能导致泛黄的原因超过 20 个[544]。

羊毛可以通过与还原糖的美拉德反应进行改性[545]，但这无疑会导致褐变。

3 药理学

二羟基丙酮被广泛用于制备人造晒黑剂，因为它是 5 种羟基–羰基糖降解产物中最有效的[546]。褐变是在没有阳光的情况下发生的，但产生的色素确实提供了一些防晒保护。

泥炭藓伤口敷料的吸收能力是棉制品的 3 ~ 4 倍，并且能够与蛋白质反应[547]。这种反应性使之具有固定整个细菌细胞以及病原体分泌的酶、外毒素和溶菌素的潜力。一旦被固定，这些酶，或者外毒素和溶菌素，会因发生美拉德反应而迅速失活。泥炭藓中的果胶状多糖，存在于细胞壁中。它含有高活性的 α–酮羧基，非常适合与氨基相互作用。蛋白质被牢固结合的比例与自身碱性高度相关，但即使是相对酸性的蛋白质（如胃蛋白酶）也能在很大程度上被结合。

美拉德反应也在某些药物制剂长期贮存时的分解中起作用。因此，含有氨己烯酸（4–氨基–5–己烯酸，一种抗惊厥剂）的片剂会在存放过程中泛黄。这是由其中的微晶纤维素 Avicel 造成的[548]。乳糖（通常用作赋形剂）易于发生美拉德反应，导致一些含有氢氯噻嗪的制剂稳定性降低[549]。

第十一章
抗坏血酸诱发的非酶褐变反应

在高于 98℃ 的水溶液中，抗坏血酸会自行褐变，产生糠醛和二氧化碳。即使在甘氨酸存在的情况下，二氧化碳也主要来自抗坏血酸（见第二章的 Strecker 降解）。抗坏血酸的褐变也随着 pH 值的增加而增加，pH 值大于 7 时，甚至在 25℃ 条件下也会发生自氧化和褐变。其他还原酮的反应类似。葡萄糖和果糖会降低褐变的速率，氨基酸开始时也会降低褐变速率，但之后会提高褐变速率。抗坏血酸的降解可以用图 11.1 所示的路径进行描述。

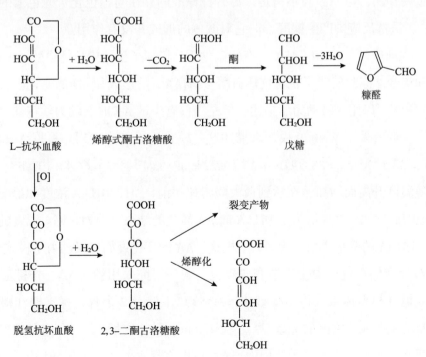

图 11.1　抗坏血酸的降解路径

按照这个路径，抗坏血酸很容易转化成戊糖，但这不能解释抗坏血酸与戊糖之间性质的差异。2,3-二酮古洛糖酸（及相应的烯醇）非常不稳定，甚至在低温下也容易变成褐色[550]。同时，它也能发生氧化裂变。

在 pH 值为 7.0、温度 37℃时，抗坏血酸的降解进一步持续，主要产物为苏阿糖、甘油醛、木酮糖和 3-脱氧木酮糖[551]。与戊醛糖或己醛糖相比，苏阿糖的反应活性更强。在 pH 值为 7.0、温度 37℃时，半衰期约为 3.5 天。在涉及抗坏血酸的美拉德反应中，苏阿糖似乎可能是主要影响因素。

在强酸介质中，例如柠檬汁（pH 值为 2.5），糖-胺缩合反应不太可能发生，褐变主要是通过抗坏血酸降解为具有高反应活性的羰基化合物（例如 3-脱氧戊糖醛酮和 3,4-二脱氧戊糖醛酮 -3- 烯）产生的，然后，这些羰基化合物再与胺反应产生颜色[552,553]。Clegg[554] 发现柠檬汁的褐变与抗坏血酸的浓度成比例，并且发生在有氧条件下，在密封的容器中不会发生。pH 值对褐变的影响显著。在 pH 值为 4.5 时，褐变最强，而且柠檬酸的存在会进一步增加褐变。葡萄糖不影响褐变，但是氨基酸（水解酪蛋白）能使褐变进一步增强。有机酸，特别是柠檬酸，起到重要作用，但原因尚不清楚，尽管柠檬酸的存在与棕色化荧光色素的形成有关[555]。虽然反应中产生糠醛，但它对颜色的形成并没有作用。

一项研究[556] 在 20～45℃、有氧条件下，模拟了橙汁中抗坏血酸（AA）的热降解和褐变。同时监测了脱氢抗坏血酸（DHAA）的形成和 pH 的变化。一定限度的 AA 降解可以用一级动力学描述，但是当仅有少量 AA 时，动力学特征会变成反向曲线。通常采用 Weibull 模型来描述这一模式（$R^2_{adj} > 0.995$）。根据 Arrhenius 公式 [$T = 32.5℃$，$E_A = 38.6 \text{ kJ} \cdot \text{mol}^{-1}$（$9.22 \text{ kcal} \cdot \text{mol}^{-1}$），$k = 64.4 \times 10^{-3} \text{ h}^{-1}$]，速率常数随温度升高而增加。在达到最大降解速率前，pH、DHAA 浓度和褐变保持不变，但随后增加。这被认为是 DHAA 向 AA 转化的结果，因为它们对温度的敏感性不同，DHAA 的变化遵循一级动力学模式，AA 的变化遵循二级动力学模式。

橙汁在储存过程中会逐渐变成褐色。一项研究采用糖、AA、柠檬酸和氨基酸建立橙汁模型体系，将该模型体系在 50℃下储存 2 个月，探索橙汁褐变过程中涉及的主要成分之间的关系[557]。在 420 nm 下，评估褐变。在储存过程中，溶液逐渐变成褐色。在开始的 2 周内，AA 对褐变起主要作用，但随后糖主导褐变。

3 天内，AA 完全分解。精氨酸和脯氨酸能促进褐变。采用 HPLC 能检测到 5 种产物，即 3-羟基-2-吡喃酮、HMF、糠醛、5-羟基麦芽酚和 2-糠酸。其中 3-羟基-2-吡喃酮、糠醛和 2-糠酸来自 AA，HMF 源自果糖。储存时，3-羟基-2-吡喃酮持续增加，一直到第 3 天，但随后下降，而其他化合物在存储过程中都是逐渐增加的。单纯的 3-羟基-2-吡喃酮溶液存储时也会有轻微的褐变。在氨基酸存在时，糠醛变成黄色。不管氨基酸存在与否，其他三种物质的溶液都不会褐变。

在不同酸性 pH 值和温度条件下，Arena 等人[558] 研究了血橙汁，以及果糖、葡萄糖或蔗糖模型体系中 HMF 的形成。紫外吸收变化检测显示，烯二醇正持续形成并缓慢转化为 HMF，符合准一级动力学特征。葡萄糖的降解速率比果糖慢得多。蔗糖的反应活性取决于 pH 值和温度，活化能比果糖高约 80 kJ · mol^{-1}（19 kcal · mol^{-1}），这种差异归因于初步水解。在同等 pH 值和温度条件下，橙汁的一级动力学速率常数与糖类模型体系的相似，这表明在没有其他化合物干预的情况下也会发生糖降解，因此可以排除美拉德反应。

仿效 Ames 等的研究[85]，Obretenov 等人[559] 使用 AA 依次与甘氨酸、赖氨酸和谷氨酸混合制备类黑素，并比较它们与用葡萄糖-甘氨酸体系制备的标准类黑素对乙酸异戊酯的保留行为。借助 100 μm PDMS 纤维评估顶空浓度测定乙酸异戊酯释放行为。当乙酸异戊酯为 0.1 ppm 时，葡萄糖-甘基酸体系产生的类黑素倾向于减少乙酸异戊酯的释放，而当乙酸异戊酯为 1 ppm 和 10 ppm 时，则倾向于增加乙酸异戊酯的释放。源于 AA 和甘氨酸的类黑素表现与上述相似，但源于 AA 和赖氨酸的类黑素有所不同。在 AA-赖氨酸体系中，采用 100 ppm 类黑素和 0.1 ppm 乙酸异戊酯，乙酸异戊酯释放会增加，然而在几乎所有情况下，采用 1 ppm 乙酸异戊酯，均会导致乙酸异戊酯释放下降，而采用 10 ppm 乙酸异戊酯时，与对照组（仅有水）相比几乎没有差异。在采用 0.1 ppm 和 1 ppm 乙酸异戊酯的情况下，源于 AA 和谷氨酸的类黑素均导致乙酸异戊酯释放的急剧降低，并且这种现象随着类黑素浓度的增加而加剧。在乙酸异戊酯的浓度为 10 ppm 时，类黑素仍倾向于降低乙酸异戊酯的释放，但影响不是很大。总体上，氨基酸在反应体系对乙酸异戊酯的保留中发挥的作用似乎比将反应物从葡萄糖换为 AA 更大。非极性氨基酸产生的低极性类黑素，通过溶剂化效应影响乙酸异戊酯，而赖氨酸和谷氨酸产生的极性类黑素，通过偶极–偶极和偶极–离子相互作用影响乙酸异戊酯，从而导致更高的（乙酸异戊酯）保留率。

在软饮料中，AA 和阿斯巴甜经常同时存在。当加热到 90℃时，AA 被氧化成 DHAA，并与阿斯巴甜缩合形成 N–2–吡喃–3–基衍生物（见文献 [557]），该衍生物具有强烈的苦味并能引起异味[560]。将含有 "AA+ 阿斯巴甜" 和 "DHAA+阿斯巴甜"（各占 0.5%）的储存液在 5℃和 37℃下储存 150 天，在 37℃时，两种溶液中均会形成这种物质，但在 5℃时，仅 "DHAA+ 阿斯巴甜" 储存液中有这种物质形成。苦味强度与褐变几乎呈线性相关。在 37℃下存放 60 天，"DHAA+阿斯巴甜" 储存液中形成该物质的量（$> 1g \cdot L^{-1}$）最大。

糖尿病患者和动物体内 AA 平衡的破坏似乎与糖尿病并发症的发病机制有关，但很难将 AA 的降解从糖的降解中区分出来。因此，Nishikawa 等人[561] 开发了一种基于 6–脱氧–6–氟抗坏血酸（FAA）和 ^{19}F–NMR 的新技术来跟踪 AA 分解代谢，这一技术通常不需要色谱的分离。将 FAA 分别注射到正常和 STZ 糖尿病大鼠体内，其血浆 FAA 随后分别达到 42 μM 和 27 μM 的水平，这意味着由于组织消耗或氧化加速和尿液排泄，糖尿病组大鼠的细胞摄取加速。糖尿病组大鼠尿液中含有 12 ~ 15 个氟取代的降解产物，且排泄物中 FAA 与总氟降解的比率更高。在肾脏中，糖尿病组大鼠氟–DHAA 与总 FAA 的比率超过正常组大鼠的 2 倍，这强烈表明肾脏在体内 AA 平衡中起主要作用，肾脏的损伤可能是糖尿病患者体内 AA 总量偏低的原因。这些数据表明糖尿病患者需要补充 AA。

在 6 周内，STZ 糖尿病大鼠肝脏中 L–古洛糖酸内酯氧化酶、过氧化氢酶和谷胱甘肽过氧化物酶的 mRNA 水平下调，这和 α–L–蛋白酶抑制剂 3 的情况一致[562]。AA 合成酶和循环酶 mRNA 的水平也下调，同样，AA 本身的水平也下调。似乎抗氧化防御系统已受到严重破坏。

站在美拉德反应的角度，可能会有人认为相对上调的葡萄糖水平可以起到保护 AA 的作用，但实际情况似乎更为复杂。

第十二章

焦糖化反应

在没有氨基化合物参与的情况下，糖、多糖、聚羟基羧酸、还原酮、α–双羰基化合物以及醌也会发生褐变。

这类反应在食品工业中很重要，甚至不需要催化剂，但需要不常遇到的高温条件。例如，葡萄糖只有在超过 150℃ 的环境中才会分解。羧酸及其盐、磷酸盐和金属离子能加速焦糖化反应。但是，即使在被催化的情况下，反应的能量需求也超过了糖–胺缩合反应。

与美拉德反应一样，焦糖化反应过程中，会形成有气味的化合物，释放出水和二氧化碳，同时 pH 下降；增加 pH 能显著增加体系中颜色的形成，氧气对颜色的产生仅有轻微的增强作用，二氧化硫能抑制这个反应。

焦糖化过程中的主要反应是 1,2– 烯醇化（Lobry de Bruyn–Alberda van Ekenstein 重排，见 Amadori 重排）、脱水生成糠醛，以及裂解（见文献［563］）。

含有蔗糖和有机酸的冷冻干燥体系，在 55℃ 下储藏，即使在较低的相对湿度下，也会发生快速的非酶褐变。在这种情况下，蛋白质很可能是通过缓冲作用降低褐变的速率的。褐变被认为是水分含量低于 1%（相对湿度为 0.1）时通过水解作用形成的还原糖引起的［564］。

与此类似，在 100℃ 下，加热不同 pH 值的赖氨酸和果糖混合溶液（各 0.05 M），赖氨酸会减少果糖的损失［565］。在 pH 值为 8～11 时，影响最显著。Ajandouz 等人［565］估计，在赖氨酸–果糖体系（pH 值为 4～7）中，焦糖化反应贡献总紫外吸收产物（A_{294}）的 40%～62%，颜色（A_{420}）的 10%～36%。在

100℃下，将 0.05 M 葡萄糖在 0.05 M 磷酸盐缓冲液（pH 值为 7.5）中单独加热 2 h，葡萄糖会损失掉 47%，单一的必需氨基酸（0.05 M）能将这种损失降低到 29% ~ 42%，因此，这也似乎阻止了葡萄糖的焦糖化[566]。

糖降解产生的挥发物可能对风味有重要贡献。一项研究从葡萄糖 300℃下的裂解产物中鉴定出 56 种化合物，主要产物为 1,4-二脱水吡喃葡萄糖和 3,6-二脱水吡喃葡萄糖[567]。在空气或氮气氛围下，将葡萄糖在 250℃加热 30 min，能分离出 100 多种挥发性成分，其中 4-羟基-2-戊烯酸内酯、1-（2-呋喃基）丙烷-1,2-二酮和 3-甲基-环戊烷-1,2-二酮是被鉴定出的新产物[568]。

焦糖色相关内容已在第四章中讨论过，此处不再赘述。

Moreno 等人[110] 研究了高压（400 MPa）对葡萄糖焦糖化的影响。在 pH 值小于 10 时，在低压或高压条件下，中间阶段美拉德反应产物（即高级阶段美拉德反应产物）都不会增加；但是在 pH 值为 10 时，在大气压环境下，中间产物会大大增加；在高压下，葡萄糖的焦糖化被完全抑制。

热降解的果糖和葡萄糖对两种偶氮染料的影响在第九章已讨论过。

第十三章

食品中非酶褐变反应的抑制

1 引言

对食物中非酶褐变的抑制很重要，原因有以下两方面：

① 防止褐变形成不良的颜色，影响消费者使用感受。例如，扇贝发生褐变反应呈褐色，无法用于罐头制作。

② 防止褐变产生不良的风味。褐变反应超出一定的限度，异味会变得明显。

2 抑制非酶褐变反应的 6 种主要方法

可以通过以下 6 种主要方法来减少或防止非酶褐变反应的发生。

（1）降低温度

褐变反应具有较高的温度系数，温度每升高 10℃，反应速率增加 3 ~ 6 倍，因此冷藏是一种有效的减缓褐变的方法。在 –10℃ 的储存温度中，大多数食品在一年内不会发生褐变。含有核糖的食品比含有葡萄糖的更容易褐变，核糖、木糖、葡萄糖的褐变速率之比大于 100∶6∶1。

（2）使用二氧化硫

二氧化硫（见参考文献［553］）是一种常用的可延缓褐变反应起始时间的试剂。随着二氧化硫浓度的增加，效果会更加明显，使用浓度可高达 12 000 ppm（1.2%）。增加二氧化硫浓度可以推迟褐变反应发生的起始时间，但是，褐变反应一旦开始，二氧化硫将不再对反应速率产生影响。由于人们的味觉有时甚至可以感知到 30 ppm 的二氧化硫，因此不应在食品中加入高浓度的二氧化硫。干制食品中的二氧化硫含量可能高达 2000 ppm，但预计大量的二氧化硫会在后续的烹饪过程中流失。

相关法规中限定了消费品中二氧化硫的浓度。二氧化硫来源广泛，欧盟对可获得的所有来源（亚硫酸盐类的各种形态，E221-224、E226-228）二氧化硫的限定要求（E220）如下所示（$mg \cdot kg^{-1}$ 或 $mg \cdot L^{-1}$）：

啤酒	20
干蘑菇	100
苹果酒	200
酸橙和柠檬汁	350
干制白色蔬菜	400
脱水土豆泥	400
早餐香肠和汉堡	450
辣根汁	800
干制杏子、桃子、葡萄、李子和无花果	2000
干制香蕉	1000
干制苹果和梨	600
家庭酿酒用浓缩葡萄汁	2000

对二氧化硫的使用，从化学角度的解释是，它可与褐变反应的羰基中间体发生可逆反应，但已鉴定出的物质表明反应要更加复杂（见下文）。

（3）降低 pH 值

在一定程度上，降低 pH 值对抑制褐变是有用的。它可能有利于启动替代机制，但是这些替代机制往往较慢。如果反应体系中含有抗坏血酸，那么任何维持抗坏血酸的措施都将有助于阻止氧化引起的非酶褐变。即使外加抗坏血酸也被证实有一定作用，但是氧化一旦发生，褐变会比没有添加抗坏血酸更严重。

（4）脱水

脱水可有效阻止褐变。但当水分含量为 5%～30%（约 50% 平衡相对湿度）

时，褐变速率会达到最大值，即部分脱水可能会使褐变更严重而不是减缓。例如，许多果汁在浓缩甚至脱水后会褐变，因此需要极度干燥才能真正抑制褐变。即使水分含量仅略高于1%，橘子晶体也会变成棕色。橙汁通常浓缩至6∶1，而柠檬汁或西柚汁仅需浓缩至4∶1。隧道式干燥机的操作程序可以防止将水分处于中等水平的水果暴露于热空气中。研究已经发现，脱水马铃薯尽管在水分含量低于6%时，也会有酸败的风险。但是在570 ppm二氧化硫的环境中，将水分含量从7%降至4%比将二氧化硫含量从400 ppm增至1000 ppm对褐变的抑制更有效。

a_w对不同挥发物形成的影响不同。a_w为0.65~0.75时，甲基吡嗪等化合物产量最大。随着a_w的增加，己二酮等化合物的产量增加，2-乙基噻唑等化合物的产量降低[125]。

（5）去除一种反应底物

褐变反应本质上是氨基酸和羰基化合物之间的反应，可以通过除去这些物质中的一种或另一种来控制反应进程。从某种意义上，二氧化硫正是通过屏蔽羰基化合物而起作用的。

一种中国蛋白粉，曾经是最优的去除羰基化合物的典型产品。它通过自然发酵48~72 h的方式去除主要羰基化合物——葡萄糖。然而，发酵可能会滋生有害细菌。因此，优选酵母发酵途径，但是会产生酵母风味。

也可以使用葡萄糖氧化酶与过氧化氢酶的混合物替代酵母进行发酵：

$$C_6H_{12}O_6 \xrightarrow[O_2+H_2O]{葡萄糖氧化酶} 葡萄糖酸 + H_2O_2$$

$$H_2O_2 \xrightarrow{过氧化氢酶} H_2O + 1/2O_2$$

使用这种酶混合物时，建议去除包装中的顶空氧气。

油炸前，Jiang和Ooraikul[570]将的薯条和薯片在40℃的0.04%~0.10%（v/v）葡萄糖氧化酶溶液中浸泡30 min，这样可以使L值（实验室亮度）大约增加5，因此这一方式同样能降低褐变。

在脱脂牛奶干燥前去除乳糖也是减轻褐变的一种方法。

糖原可降解为还原糖。猪肉中被降解的糖原多于牛肉，因此猪肉更易发生褐变。另外，烹饪过程会使淀粉分解能力丧失。因此，脱水后，熟肉比生肉更稳定。

（6）去除胺类

除了移除羰基化合物，也可以移除有机胺类化合物来减少褐变的发生。例如，蛋白质可经加热、凝聚、过滤去除，也可以通过木炭吸附或离子交换去除。可溶性蛋白质是肉的重要组分。出于同样的原因，鱼在脱水前也需浸出可溶性蛋白质。高粱淀粉制出的葡萄糖浆产量优于玉米淀粉。乍看之下，这一结果令人惊讶，因为玉米淀粉所含的总蛋白质不到高粱淀粉中总蛋白质的1%。但是玉米淀粉含有0.07%的可溶性蛋白质，是高粱淀粉的可溶性蛋白质的7倍。

关于方法1、方法3、方法5和方法6的补充不多；但是，必须始终牢记它们与抑制非酶褐变问题的相关性。方法2和方法4在下文进一步讨论。

3 亚硫酸盐抑制非酶褐变反应的化学解释

对于脱水水果和蔬菜，亚硫酸盐是最有效的非酶褐变反应抑制剂。它在许多其他食品中也非常有效，并且还具有防止酶促褐变反应发生、抑制微生物生长以及毒性低等优点。在饼干制作过程中，亚硫酸盐还有一个特殊的作用，即可以通过修饰面粉蛋白增加面团的延展性。

亚硫酸的pK值为1.81和6.91。因此，在pH值低于5时，SO_3^{2-}不起作用，在pH值高于4时，溶解的SO_2会消失。许多食品的pH值约为5，在这一pH下，HSO_3^-是主要的存在形式。

一般认为，亚硫酸氢盐会与一种或多种化合物反应形成加合物。但所需化合物的量远远少于使还原糖存在的当量。反应如下：

$$NaHSO_3 + RCHO \rightleftharpoons RCH(OH)SO_3Na$$
羟基磺酸

亚硫酸氢盐看似可与中间体反应，这与亚硫酸氢盐通常阻止反应发生而不是单单减慢反应速度的实验结果相符。但是亚硫酸氢盐只与开链的糖发生反应。

但不管事实如何，实验已经证实，乙醛的亚硫酸氢盐化合物存在于葡萄酒中。

许多酮类化合物也会发生类似的反应，但前提是羰基碳原子需要是四到七元碳环的一部分，或者它上面有一个甲基。

　　醛糖的反应与醛类似，但反应进行得更加缓慢，形成的亚硫酸氢盐加合物更加不稳定。比如，当将乙醛添加到葡萄糖–亚硫酸氢盐溶液中时，乙醛会取代葡萄糖与亚硫酸氢盐结合。

　　酮糖不会形成亚硫酸氢盐加合物。这一事实也表明，既然 SO_2 还可通过酮糖防止褐变，糖的亚硫酸氢盐加合物的形成就不是必需的。

　　亚硫酸氢盐与烯烃键的反应几乎与醛的反应一样快：

$$NaHSO_3 + R\text{-}CH = CH\text{-}R' \longrightarrow \begin{array}{c} R\text{-}CH\text{-}CH_2\text{-}R' \\ | \\ SO_3Na \\ \text{磺酸} \end{array}$$

　　因此，不饱和醛酮可以与两种类型的基团（例如 3,4–二脱氧己糖醛酮–3–烯）发生反应。

4　分析

　　羟基磺酸很容易在酸或碱中分解形成羰基化合物：

$$\begin{array}{c} OH \\ | \\ RCH \\ | \\ SO_3Na \end{array} + HCl \xrightarrow{\text{室温下缓慢加热}} RCHO + H_2O + NaCl + SO_2$$

$$\begin{array}{c} OH \\ | \\ RCH \\ | \\ SO_3Na \end{array} + NaOH \xrightarrow{\text{室温下快速加热}} RCHO + Na_2SO_3 + H_2O$$

　　醛糖–亚硫酸氢盐加合物是最不稳定的，即使在加热的水溶液中也会分解。酸诱导分解是测定食品中亚硫酸盐的基本方法。最广为人知的定量方法是Monier–Williams 方法，这个方法采用盐酸回流提取样品，接着借助碘量法估算消耗的 SO_2 量。

　　然而，需要注意的是，亚硫酸氢盐与双键加成形成的磺酸在酸性环境加热时不会分解，即 Monier–Williams 方法不能评估以这种方式存在的亚硫酸盐。

以下并不是对 SO_2 作用的可能解释：

$$\underset{\substack{\text{OH}\\|\\\text{R-CH}\\|\\\text{SO}_3\text{Na}}}{} + \text{R'NH}_2 \underset{\xrightarrow{\text{能持续反应}}}{\longleftrightarrow} \underset{\substack{\text{R'NH}\\|\\\text{R-CH}\\|\\\text{SO}_3\text{Na}}}{} \xrightarrow{\text{不能持续反应}} \text{席夫碱}$$

实验表明，葡萄糖溶液被高温预热后，与亚硫酸盐结合的量增加。这似乎是由葡萄糖衍生出来的羰基化合物造成的。它们对亚硫酸盐的亲和性比葡萄糖更强，即便是仅有少量亚硫酸盐存在，产生的羰基化合物也会与之反应。

Burton 等人[571,572]研究表明，将亚硫酸盐添加到葡萄糖–甘氨酸体系中，亚硫酸盐初始的键合形式（可能是亚硫酸盐加合物）是可以采用 Monier-Williams 方法回收的，但随后可回收性下降。这只是因为小范围的亚硫酸盐氧化为硫酸盐，其余部分与不饱和羰基化合物发生了键合。在实验样品中，α,β–不饱和羰基化合物的褐变最快。与 SO_2 作用类似，去除化合物的不饱和性实际上破坏了其发生褐变的潜在能力。很可能是不饱和羰基化合物的浓度决定所需亚硫酸盐的量，而非初始还原糖的浓度。糠醛即使是不饱和羰基化合物，也只有在褐变反应进入后期时才能被检测到。因此，只有在特殊情况下，早期褐变才能归因于糠醛。

二脱氧奥苏烯糖是 1,2–烯醇化路径的一部分，其具有一个烯键，可以与亚硫酸氢盐反应：

$$\underset{\substack{\text{CHO}\\|\\\text{CO}\\|\\\text{CH}\\||\\\text{CH}\\|\\\text{CH}_2\text{OH}}}{} \xrightarrow{\text{HSO}_3^-} \underset{\substack{\text{CHO}\\|\\\text{CO}\\|\\\text{CH}_2\\|\\\text{CHSO}_3\text{H}\\|\\\text{CH}_2\text{OH}}}{}$$

3,4-二脱氧戊糖醛酮-3-烯　　　3,4-二脱氧-4-磺酸基戊糖醛酮

这种类型的化合物比亚硫酸氢盐化合物稳定得多，因此褐变可能性低。

奥苏糖可以与亚硫酸氢盐发生反应（见图 13.1）。过去人们一直认为，这种构型的化合物起了重要作用，且它们的形成是可逆的。

最近，有研究还从美拉德反应和经 SO_2 处理的食品中分离到了磺酸（见表 13.1）。

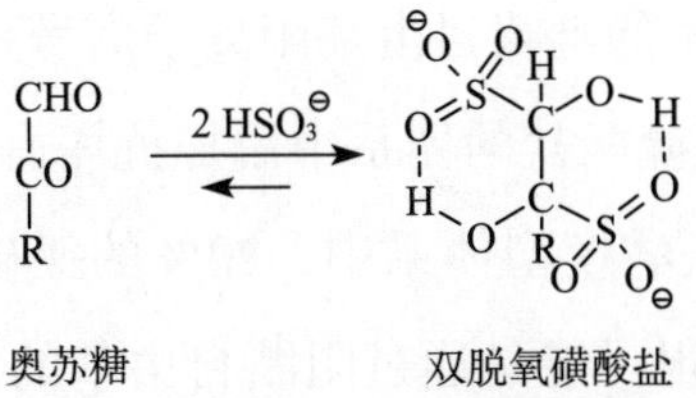

图 13.1　奥苏糖与亚硫酸氢盐反应

表 13.1　不同食品中分离得到的磺酸

食品	SO$_2$ 保留量/（mg·kg^{-1}）	3,4–二脱氧–4–磺酸基奥苏糖[①] /（mg·kg^{-1}）
干白菜（5年）[②]	537	2509
芜菁甘蓝（未干燥）[②]	1941，2114	0
芜菁甘蓝（脱水）[②]	1148，1120	80，84
芜菁甘蓝（烹煮）[③]	0	222，144
白酒	300	0
亚硫酸化柠檬汁	280	<5

①以 3,4–二脱氧–4–硫酸基戊糖醛酮计；②以干基重计；③烹饪前干重

以芜青甘蓝为研究对象，利用 ^{35}S 标记开展的研究工作清楚地表明，磺酸基奥苏糖（约 60 ppm SO$_2$）并不能解释 SO$_2$ 的损失量（约 2000 ppm）。pH 值大于 4 时（经脱水马铃薯确认）不会发生任何物理损失，但在 pH 值小于 4 的果酱制作过程中会发生物理损失（草莓果酱会以这种方式损失 25%，但是可测量的 SO$_2$ 值减少了 95%。在酸性条件下，不会产生太多的磺酸基奥苏糖，比如葡萄酒中）。

一项研究采用葡萄糖–N^α–乙酰基赖氨酸模型体系研究亚硫酸盐的作用[367]。在没有亚硫酸盐的情况下，在 420 nm 波长下测量的色带滞后 10 min，含 2%亚硫酸盐的样品可延长至 30 min，含 20%亚硫酸盐的样品则可延长至 40 min。然而，褐变一旦开始，反应速率就会逐渐增加，且含有 20%亚硫酸盐的样品的褐变速率是最快的。无论是否存在亚硫酸盐，模型体系加热 3min 后冷却（即在诱导期结束之前），均无法通过 ESR 光谱观测到自由基信号。然而，在无亚硫酸盐体系中添加抗坏血酸后，会产生较强的吡嗪自由基阳离子信号。在含 2%亚硫酸盐的体系中添加抗坏血酸，产生的吡嗪自由基阳离子信号强度仅相当于无亚硫酸盐体系的 49%，而在含 20% 亚硫酸盐的体系中添加抗坏血酸，观测不到自由基信号。在乙醇醛–N^α–乙酰基赖氨酸模型体系中，20% 的亚硫酸盐也会抑制 ESR 信号。这些结果表明，亚硫酸盐很可能是通过阻断自由基的前体——乙二醛和乙醇醛，抑制了自由基介导的早期褐变（见第二章）。

尽管大多数情况下，亚硫酸盐在影响美拉德反应方面发挥作用，但其他硫化合物也有会产生影响。例如，N–乙酰半胱氨酸可以减少罐装肝肠的烧焦样异味[272]（见第五章）。

5 水活度的影响

上文中提到，改变水活度值（a_w）可以在一定程度上控制褐变，但这种情况并不容易。因为当 a_w 的中间值在 0.5 ~ 0.8 范围内时，褐变速率能达到最大值。表 13.2 列出了某些食品的 a_w 值。

美拉德反应中间阶段会损失大量的水。因此，当存在过量的水时，a_w 值很高，反应物被稀释而牵制褐变。与之相反，在 a_w 值较低时，反应物的浓度增加，但这种情况下，它们的流动性也开始逐渐丧失。因此，美拉德反应具有一个实现最大反应活性的 a_w 值就不足为奇啦。早在 1953 年，Wolfrom 和 Rooney[574] 就认识到了这一点。

另外，其他物质的存在也会对反应产生影响。像甘油这样的保湿剂可使 a_w 的最大值下调，例如从 0.5 ~ 0.7 下调到小于半干食品水平[575]。最近，Sherwin 和 Labuza[576] 借助葡萄糖–酪蛋白酸钠模型体系，在保湿剂占反应物干重 1/3 的情况下，比较了甘油（液体）和山梨糖醇（固体）对反应的影响。T_g 曲线显示，2 种保湿剂的塑化作用均有所增强，与对照组相比，在同等 a_w 值条件下，山梨糖醇组的反应速率没有变化。然而，在 a_w 值为 0.11 ~ 0.78 时，甘油组的褐变速率高于对照组，最大褐变速率出现在 a_w 为 0.25 时，是对照组在 a_w 为 0.65 时出现的最大褐变速率的 1.5 倍。这些结果倾向于提示影响褐变的溶剂机制。

表 13.2　最大褐变速率时的水分活度

食品	a_w	参考文献
杏子（在氮气下）	0.25 ~ 0.45	Eichner[623]
乳清粉	约 0.44	Labuza[624]
猪肉粒	0.52	Labuza[575]
干肉	0.57	Eichner[623]
猪肉香肠	0.62	Labuza[575]
奶粉	0.68	Eichner[623]
豌豆汤	0.69	Labuza[575]
土豆	0.73	Eichner[623]
玉米杂烩汤	0.79	Labuza[575]
鸡蛋面条	<0.75	Labuza[625]

在食品加工过程中，不考虑时间和温度因素，当食品的 a_w 出现中间值时，食品浓缩和干燥会遇到来自褐变的困扰。在保质期方面，a_w 值处于中间的食品最容易因非酶褐变而变质。

Eichner 和 Wolf[577] 对胡萝卜丁进行风干的研究结果很好地说明了这些因素之间的相互关系（图 13.2）。这个过程分为四个阶段：

①随着胡萝卜丁温度的升高，出现一个恒定的失水速率，这个速率会持续到胡萝卜丁内部的水分扩散开始受到限制为止。

②水分继续流失，但流失的速率开始下降，而温度急剧上升。

③美拉德反应开始。在没有预水解的情况下，借助离子交换氨基酸分析对水提取物中形成的 Amadori 化合物进行测定，可以对这一阶段进行评估。

④当褐变开始时，Amadori 化合物的浓度达到最大值，这表明无色的 Amadori 化合物正被转化为有色的产物。

如果干燥过程在 120 min 左右停止，胡萝卜丁的褐变将非常微弱，但会出现相当数量的 Amadori 化合物。由图 13.3 可以看出，这意义重大。

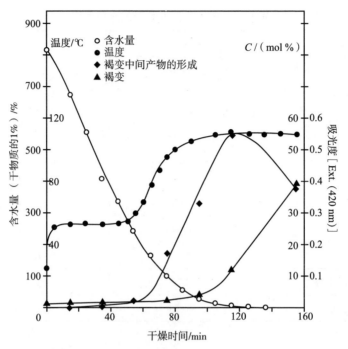

图 13.2 胡萝卜块风干过程中褐变中间产物的形成及褐变（温度为110℃）

注：经 Elsevier 许可，转载自 Eichner 和 Ciner-Doruk[577]。

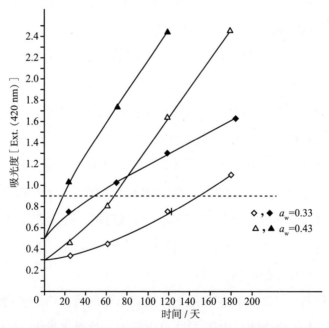

图 13.3 热处理对番茄冻干粉在 23℃和不同 a_w 下的货架期影响（吸光度为 0.9 对应于可接受的极限，◆和▲表示在 40℃下预热，a_w 为 0.11 时约 30% 的谷氨酸已转化为果糖基谷氨酸，◇和△表示未加热）

注：经 Elsevier 许可，转载自 Eichner 和 Ciner-Doruk[577]。

番茄冻干粉预先经过温和的热处理，会产生相当数量的 Amadori 化合物。将其与未经预先经过温和热处理的番茄冻干粉进行比较。与未经加热处理的番茄冻干粉相比，Amadori 化合物的存在大大缩短了其在 23℃时的货架期。

最近，在 a_w 为 0.33、0.49、0.52、0.69、0.85 和 0.98 条件下，研究人员将乳糖与酪蛋白（二者之比为 3∶2，其中乳糖与可利用赖氨酸之比约为 8∶1）的混合物分别在 37℃、50℃、60℃下储存一周，去考察可利用赖氨酸的损失[578]。在每种实验条件下，赖氨酸的损失量都相当大，在 3 个温度条件下，反应进行 15h、60 h 和 300 h 后，在 a_w 为 0.52 时，赖氨酸的损失率均超过 60%。在 37℃和 50℃条件下，反应速率都是在 a_w 为 0.52 时最高。a_w 降低时，反应速率对温度有较大的依赖性。

第十四章

体内美拉德反应的抑制

1 引言

在第十三章中，我们已经阐述过抑制食品中美拉德反应的 6 种主要途径：冷藏、暴露于二氧化硫环境、降低 pH 值、调节 a_w 值和去除任意一种反应底物。其中，冷藏、调节 pH 值、调节 a_w 值和暴露于二氧化硫环境这 4 种途径，显然不适用于体内环境，因为在正常情况下，我们无法在体内环境实现这些途径。因此，反应底物（及其衍生的中间产物）就成了抑制体内美拉德反应的主要靶标。

根据 Monnier 等人的研究[579]，对抗体内美拉德反应的潜在策略可以集中在以下 7 个靶标上：

· 血糖

    限制性食物

    降糖剂

· Amadori 产物

    果糖基氨基酸氧化酶

    果糖 3-磷酸激酶

· 羧甲基赖氨酸和其他 AGE

    诱导剂（sRAGE / 溶菌酶）

    受体拮抗剂

酶

· 双羰基化合物（2-氧丙醛 / DG）

捕获剂

解毒酶

· 氧化应激

· 细胞信号

· 代谢解耦联

Monnier 等人[579]已经对每一个靶标都有进一步的解释。本章重点介绍捕获剂和酶干预，最后提及最近证实的降糖剂。

2　捕获剂

这里讨论的捕获剂有：氨基胍，与氨基胍有关的化合物（包括二甲双胍），吡哆胺（维生素 B_6），OPB-9195，苯甲酰噻唑鎓衍生物，替尼西坦，以及类黄酮。

2.1　氨基胍

Brownlee 等人[395]已经给出了氨基胍（aminoguanidine，AG）能够在很大程度上减少糖尿病诱导的动脉壁蛋白交联的依据。在无葡萄糖的情况下，孵育BSA，荧光（370 nm/440 nm）保持不变。然而，与葡萄糖一起孵育后，与交联相关的荧光在几天之内持续增加，但是 AG 可以将这种增加 90％ 抑制。与之相反，采用掺入 ^{14}C 标记的葡萄糖的方式测量产生的 Amadori 化合物，结果显示这些化合物的量基本上保持不变。在糖尿病大鼠中，也就是有机体内，主动脉组织的荧光是正常大鼠的 5.5 倍，而且非消化道给药每天每千克体重 25 mg AG 后，荧光降低为正常大鼠的 1.3 倍。通过测量主动脉组织中胶原蛋白纤维在乙酸中的溶解度，以及用 CNBr 和胃蛋白酶治疗后的溶解度，证实了上述结果。这表明了 AG 可以显著减轻糖尿病大鼠的动脉壁蛋白交联。

源于糖分解和糖酵解的活性 α-氧代醛类化合物，可能是交联过程的中间体，Oimomi 等人[580]的研究支持了这一观点。为了证明这一点，他们将 BSA 与 3-DG

一起孵育，源于 BSA 的荧光性美拉德反应产物增加约 10 倍，而将 3-DG 与 AG 一起预孵育后，再与 BSA 一起孵育，可使荧光下降近 80%。

研究证实，给药 AG 可以使链脲佐菌素诱导的糖尿病大鼠神经供血正常化并改善传导，由此可见，AG 具有治疗糖尿病诱发的神经性病变的潜力[581]。

糖尿病患者更容易出现动脉粥样硬化和血管功能不全，概率是正常人的 3～4 倍。非糖尿病的肾功能不全患者也有类似的情况。通过肌酐清除率评价实验，Makita 等人[582]发现，血清 AGE-肽水平和肾功能之间存在直接的相关性（$P<0.005$）。这导致 Bucala 等人[145]认为血浆蛋白质［例如低密度脂蛋白（LDL）］修饰可能上调是由于与活性循环 AGE-肽的反应，而不是与葡萄糖。对于天然的 LDL，无论是与人工合成的 AGE-肽，或者是与从病人血浆中直接分离到的 AGE-肽在体外共培养，都易于形成 AGE-LDL。将这种 AGE-LDL 注射到表达了人 LDL 受体的转基因小鼠体内时，清除动力学明显受损。他们的数据显示，AGE 修饰可能导致糖尿病或肾功能不全患者 LDL 水平升高。当对糖尿病患者进行 AG 治疗后，循环中的 LDL 水平降低了近 30%，该实验进一步支持了上述猜测。同时，在糖尿病患者给药 AG 实验中，Hb-AGE 的水平也有所降低。

Hirsch 等人[583]阐明了其中的化学转化过程。他们列出了由 1-DG 和 3-DG 形成的三嗪类物质，如图 14.1 所示。

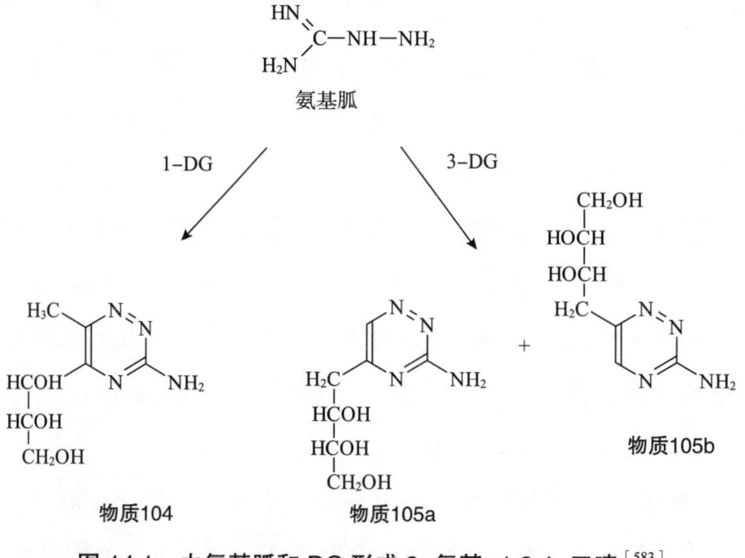

图 14.1　由氨基胍和 DG 形成 3-氨基-1,2,4-三嗪[583]

　　这个转化过程非常迅速，产物三嗪类物质也很稳定，同时葡萄糖与 AG 的反应缓慢且可逆。将 AG 分别与 Amadori 化合物（果糖基甘氨酸、果糖基赖氨酸和双果糖基甘氨酸等）在它们相应 pK_{a2}（见表 14.1）的磷酸盐缓冲液中 37℃ 孵育 30 天，三嗪类物质的产率分别约为 17.5％、10％ 和 45％。前两个反应主要生成的是**物质104**，只有少许的**物质105a**、**物质105b**，而最后一个反应生成较多的**物质105a**、**物质105b**，但产量也只是**物质104** 的 1/5。在 pH 值为 7.0 时孵育，果糖和葡萄糖体系都明显更稳定，三嗪类物质的产量不到 1％；果糖体系中**物质105a**、**物质105b** 的产量更高一些，而**物质104** 的产量则可以忽略。人们试着将双果糖基甘氨酸参与反应的高产率归因于较低的 pH 值，但其他的实验显示，Amadori 化合物的不稳定性与培养基的 pH 值或 pK_{a2} 之间似乎不存在函数关系。

表 14.1　源于葡萄糖的一些 Amadori 化合物的 pK_a 值

变量	果糖基甘氨酸	果糖基赖氨酸	双果糖基甘氨酸
pK_{a1}	2.20	3.08	1.76
pK_{a2}	2.18	9.02	5.18

注：pK_{a1} 指羧基的酸解离常数；pK_{a2} 指氨基的酸解离常数。

　　在温度 37℃，50 mM pH 值为 7.4 的磷酸盐缓冲液中，Thornalley 等人[584] 考察了 AG 与乙二醛、2-氧丙醛（MGO）和 3-DG 等之间的反应动力学，发现 AG 与 3-DG 的反应最慢。AG 与 MGO 的反应很复杂。在溶液中，MGO 以游离态、一水合物、二水合物 3 种形式存在，这 3 种存在形式的比例约为 1∶71∶28，游离态比水合态具有更高的反应活性。与 AG 反应时，只有在 MGO 为 20 mM 时，5-异构体与 6-异构体两种异构体的生成量大致相等；MGO 大约是 1 mM 时，形成的5-异构体的量是 6-异构体的 9 倍多，而在高浓度下，这个比例是 1∶2。MGO 与水、AG 以及半胱氨酰硫醇反应速率的比例约为 1∶0.21∶488，这意味着当 MGO 形成时，AG 将不会与水发生有效的竞争。在药理学相关条件下（MGO，100 nM；AG，10 ~ 50 μM），计算出的主要产物是 6-异构体（96％）。

　　Agalou 等人[585] 将这一动力学研究进一步扩展，不仅研究了 AG 与乙二醛、

MGO 和 3-DG 的相互作用，而且还考察了 AG 与羟基丙酮醛、葡萄糖醛酮、核糖醛酮、赤藓糖醛酮以及相应的 3-脱氧松酮的相互作用。结果显示，AG 与 MGO 反应最快，随后依次是羟基丙酮醛和乙二醛。

Taguchi 等人[586] 的研究表明，给药 AG 会导致在小鼠肝脏和肾脏中形成磷酸吡哆醛的席夫碱，并伴有磷酸吡哆醛自身水平的降低。之后，他们通过吡哆醛和 AG 制备出了磷酸吡哆醛的席夫碱（PL-AG）[587]。但是相应的磷酸盐在水中的溶解度不足，并不能发挥作用。随后，他们发现 PL-AG 抑制 AGE 形成的程度与 AG 的抑制能力相似或更高。在给药小鼠的组织中，吡哆醛及其磷酸盐的量根本没有减少。因此，Taguchi 等人[588] 进一步研究了 PL-AG 对 STZ 诱导的糖尿病小鼠肾病严重程度的影响。小鼠每天给药 27 μmol，持续 9 周。与对照组相比，PL-AG 和 AG 都没有对血糖产生改善作用。AG 减轻了肾小球体积，肾小球部分间质的体积和基底膜厚度有所增加，但并不改变尿白蛋白排泄率。然而，与对照组相比，PL-AG 可使糖尿病患者的蛋白排泄率改善 78%，在某种程度上更有效地阻止了肾脏的病理学发展。ZnO 存在下的甲基橙光氧化反应、H_2O_2 诱导的苯甲酸羟基化反应、Cu^{2+} 存在下人 LDL 的过氧化以及 H_2O_2 诱导的红细胞膜脂质过氧化等实验表明，PL-AG 的体外抗氧化活性也优于 AG。

Urios 等人[589] 发现，尽管 AG 在高于 18 mM 的浓度下抑制戊糖素的形成，但 AG 在 1.6 ~ 18 mM 时，在 Type I 不溶性培养基（9 mg·mL^{-1}，200 mM 磷酸盐缓冲液，pH 值为 7.4，葡萄糖 250 mM，28 天，37℃）中，戊糖素的形成会增加。在 AG 为 8 mM 时，戊糖素达到最大值（大约增加了一倍），但在 89 mM 时，戊糖素又几乎完全被抑制。

Liggins 等人[590] 甚至研究了更低的 AG 浓度，例如晚期肾病患者。一项研究显示，口服剂量 1.2 g，产生约 0.13 mM 水平的血药浓度[145]。当将 0.6 mM BSA 和 0.1 M 葡萄糖孵育 7 天时，1 mM AG 完全阻断了预糖化蛋白和天然蛋白之间的 AGE 交联。AGE 荧光分子的形成被降低 60%，蛋白质键合羰基化合物的形成被降低 10%。荧光对 AG 浓度非常敏感，在仅 4 mM AG 中即被完全抑制。CML 的形成受到类似的影响。另外，在 AG 浓度为 25 mM 时，蛋白质键合羰基化合物的形成被抑制 70%；进一步增加 AG 浓度，不影响抑制的百分比。

2.2 与氨基胍有关的化合物

二甲双胍是一种用于治疗 Ⅱ 型糖尿病的药物。它借助增加肝及外周组织对胰岛素的敏感性来降低血糖水平，同时也会降低血浆中 2-氧丙醛的浓度。因此，在 pH 值为 7.4、温度 37℃ 下，Battah 等人[591]考察了 2-氧丙醛与二甲双胍的反应速率，得到了二氢咪唑酮、三氮杂吡啶酮和其他产物（见图 14.2）。研究表明，二甲双胍不是血浆中 2-氧丙醛的有效清除剂，因此除了清除 2-氧丙醛外的其他机制都有可能是糖尿病患者 2- 氧丙醛水平降低的原因。

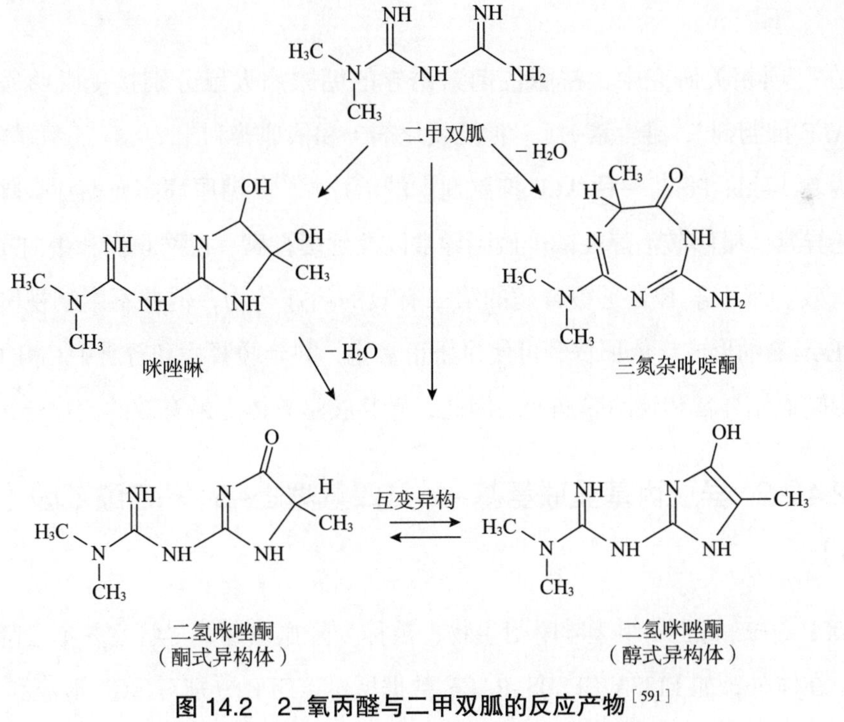

图 14.2　2-氧丙醛与二甲双胍的反应产物[591]

Niigata 等人合成了一系列杂环 *N*-amidino 化合物，包括三唑[592]、吡唑[593-595]、和吲唑[596]。这些化合物均对美拉德反应具有抑制作用，三唑类毒性较低，其 IC₅₀ 值为 6.6 ~ 30.0 μM。这些化合物不仅在治疗糖尿病并发症以及与老龄化相关的疾病方面有价值，而且在皮肤药物、化妆品、食品和饮料生产中也有应用价值。

2.3 吡哆胺／维生素 B6

和高级脂质氧化终产物（ALE）一样，吡哆胺在体外能抑制蛋白质上 Amadori 加合物形成 AGE。Baynes 人[597]已报道过，吡哆胺抑制了链脲佐菌素诱导的糖尿病 Sprague-Dawley 大鼠和非糖尿病的 Zucker 肥胖大鼠皮肤胶原中 AGE/ALE 的增加。

抑制 AGE/ALE 的形成，随之而来的是甘油三酸酯和胆固醇的增量的下调。血浆肌酐和尿白蛋白的降低表明，吡哆胺还对早期肾病提供了有效保护。实验数据显示，吡哆胺可能有助于延缓肾病以及与糖尿病和血脂异常有关的其他疾病的进程。

在一项相关研究中，链脲佐菌素诱导的糖尿病大鼠分别接受吡哆胺（一种 AGE/ALE 抑制剂）、维生素 E（一种抗氧化剂）和依那普利［N-（1-乙氧基羰基-3-苯基丙基）-Ala-Pro，一种 ACE 抑制剂］的治疗[598]。糖尿病高血糖症会伴有严重的血脂异常。吡哆胺治疗在减少血脂异常以及延缓肾病、视网膜病和蛋白质修饰方面最有效。维生素 E 是延缓肾病的第二有效的治疗药物，但并不影响视网膜病变或 AGE/ALE 的形成。依那普利可使血压正常化，并延缓肾病和肾脏中 CML 的积聚，但不影响血脂异常和视网膜病变。因此，吡哆胺是总体上最有效的治疗药物。

2.4 2-异亚丙基亚联氨基-4-氧四氢噻唑-5-基乙酰苯胺（OPB-9195）

OPB-9195 属于一组噻唑啉衍生物，被称为降血糖药，尽管它并不会降低血糖水平。在体外，如 ELISA 和 SDS-PAGE 数据所示，OPB 分别对 AGE 形成和 AGE 衍生的交联有抑制作用[599]。与 200 mM AG 相比，在 10 mM AG 处观察到了这种作用。在非胰岛素依赖型糖尿病（Ⅱ型）的 OLETF（Otsuga-Long-Evans-Tokushima-Fatty）大鼠中，服用该药物可阻止肾小球硬化的发展和肾小球中 AGE 的沉积。即使在 56 周龄且患有持续性高血糖的大鼠中，循环 AGE 水平和尿排泄也得到了显著的抑制。

在链脲佐菌素诱导的糖尿病大鼠中，OPB-9195 将延迟的运动神经传导速度提高了 60%，减少了坐骨神经周围的应激相关 DNA 损伤，并降低了血清 AGE 水平，但并不影响体重、血糖水平和糖化血红蛋白[600]。

用 OPB-9195 抑制源自各种 AGE 前体和 BSA 的 CML 和戊糖素，效率比用 AG 更优[601]。OPB-9195 也抑制了两种 ALE（丙二醛-赖氨酸和 4-羟基壬醛-蛋白加合物）的形成，效率与 AG 相似。在基于葡萄糖的腹膜透析液中，OPB-9195 可能通过捕获反应性羰基化合物（如 GO、MGO 和 3-DG）来抑制 AGE 的形成。

2.5　苯甲酰基噻唑鎓衍生物

苯并噻唑鎓衍生物，可以由苯甲酰溴和适量的噻唑轻易制得。如图 14.3 所示，它与双羰基化合物反应，可以使双羰基化合物之间的 C-C 键不稳定[602]。苯甲酰基噻唑鎓衍生物在血管硬化的临床研究中具有很大潜力，已经用于收缩期高血压的 II 期临床试验[603]。

更早期的研究表明，在用链脲佐菌素治疗中，3-苯甲酰-4,5-二甲基噻唑氯化物（ALT-711）可以改善大鼠大动脉硬化[604]、犬类年龄相关的左心室硬化[605]以及灵长类动物年龄相关的动脉和心室功能恶化[606]。

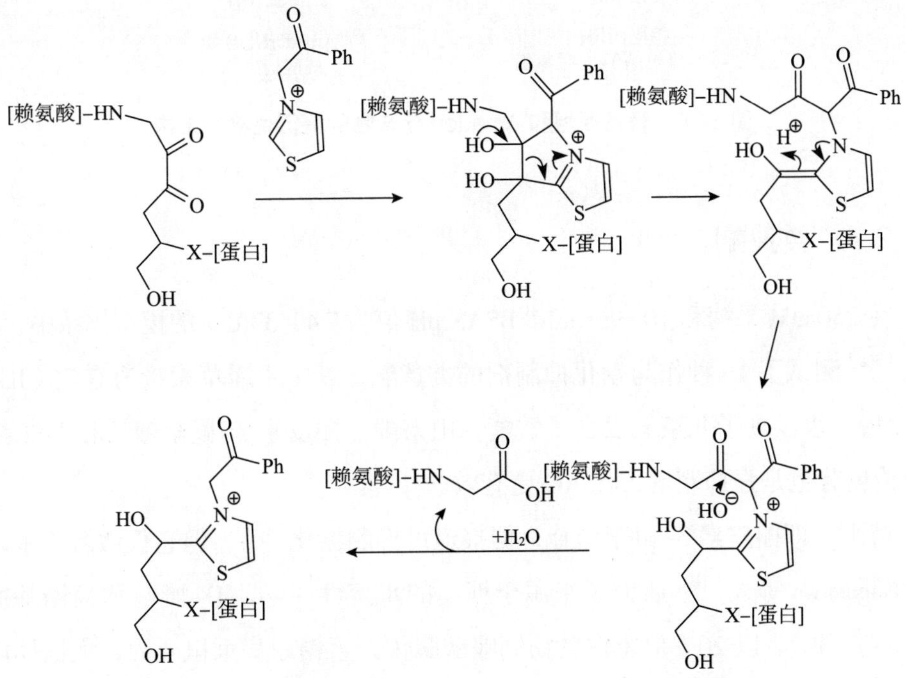

图 14.3　N-苯甲酰基噻唑鎓盐裂解蛋白质交联的可能机理[602]

2.6　3-（2-噻吩基）-2-哌嗪酮（替尼西坦）

替尼西坦（图 14.4）是一种抗痴呆药，由于已有研究表明 AGE 参与了阿尔茨海默病的病变，因此替尼西坦具有抑制美拉德反应的潜质。Shoda 等人[607] 的研究表明，替尼西坦在体外以浓度依赖性的方式抑制了葡萄糖和果糖诱导的溶菌酶聚合。胶原蛋白与 100 mM 葡萄糖一起孵育 4 周后，酶消化下调，通过与 100 mM 替尼西坦共孵育，可以恢复到对照水平。用替尼西坦治疗链脲佐菌素糖尿病大鼠（每天每千克体重给药 50 mg），在 16 周后，AGE 衍生的荧光和吡咯素在肾皮质和主动脉中的升高能够被抑制。因此，替尼西坦在体内也具有活性，并可能在控制糖尿病中发挥一定的治疗作用。

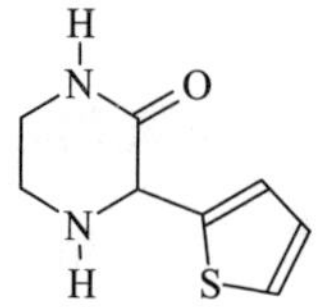

物质106
替尼西坦
3-（2-噻吩基）-2-哌嗪酮

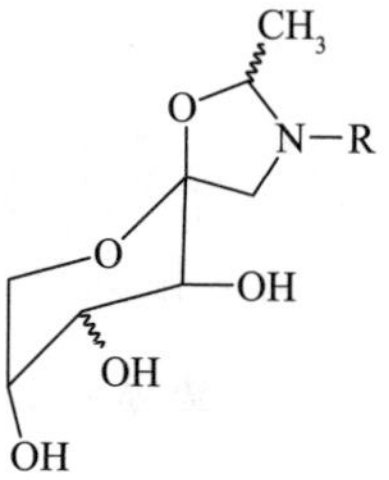

物质107
Amadori化合物
的醛衍生物

图 14.4　替尼西坦和 Amadori 化合物的醛衍生物的结构

2.7　类黄酮

在 250 mM 果糖和 10 mg·mL^{-1} BSA（pH 值为 7.4，37℃）的模型体系中，Kim 等人[608] 测试了 16 种作为糖化抑制剂的类黄酮，其中木犀草素最为有效（IC$_{50}$ = 7.0 μM）。表没食子儿茶素没食子酸酯、山奈酚、槲皮素 3-鼠李糖苷和槲皮素 3-阿拉伯糖苷也是强抑制剂，比 AG 更有效。

芦丁，即槲皮素 3-鼠李糖苷，据报道可抑制糖化[609]，但它仅微溶于水。因此，Nagasawa 等人[610] 研究了来源于糖厂的水溶性 4^G-α-D-吡喃葡萄糖基衍生物（G-芦丁）。以 20% 酪蛋白食物饲喂链脲佐菌素糖尿病大鼠 4 周，大鼠体内由蛋白质水解得到的果糖基赖氨酸增加。但是，当食物中添加 0.2% 的芦丁后，肾脏蛋白的增加量降低了 20%。以抗 AGE 单克隆抗体进行检测，补充芦丁将实验组大鼠血清和肾脏蛋白中的 AGE 积累降低到了对照大鼠的水平。芦丁会抑制肾脏中的醛糖还原酶活性，但对肝脏中醛糖还原酶活性没有影响。

美拉德反应的另一种类黄酮抑制剂是车前子苷（5,7,4′,5′-四羟基黄酮 3′-O-葡萄糖苷），主要来源于车前子的种子。Muraura 等人[611] 称其功效是 AG 的 90 倍。香木叶苷，即 7-芸香苷香木叶素，也叫 3′,5,7-三羟基-4′-甲氧基黄酮，能够减少糖尿病大鼠的糖化胶原蛋白和血红蛋白以及丙二醛的形成[612]。

3 酶干预

3.1 乙二醛酶

乙二醛酶能够将 α-氧代醛转化为相应的 α-羟基酸，这是一种降低氧化应激的反应。乙二醛酶 I（EC 4.4.1.5）的拟态活性与咪唑衍生物（如组氨酸和肌肽）相关，并且这些物质已被证实具有从 S-乳糖基谷胱甘肽中释放乳酸的活性[613]。而哺乳动物组织呈现出 4000 倍以上的这种活性。

3.2 Amadori 酶

Horiuchi 等人[614] 首次报道了一种能够分解 Amadori 化合物的酶。他们将棒状杆菌粗提物纯化约 40 倍，得到它的单一蛋白条带，产率为 35%。在菱形板上结晶后，通过 GFC 测得该酶分子量约 88 kDa，通过 SDS-PAGE 测得该酶分子量为 44 kDa，并且具有非共价结合的黄素腺嘌呤二核苷酸（FAD）作为辅基。等电点为 4.6，磷酸盐缓冲液的最适 pH 值为 8.3。它的首选底物是果糖基-α-L-氨基酸，对其他例如 β-氨基酸、L-亚氨基酸、D-氨基酸和烷基胺的 N-果糖基衍生物几乎没有作用。果糖基甘氨酸和果糖基苯丙氨酸的表观 K_m 值分别为 0.74 mM 和 0.71 mM，相应的 V_{max} 分别为 8.78 s^{-1} 和 14.9 s^{-1}。Hg^{2+} 和 Pb^{2+} 对其具有抑制作用。

随后，一项研究[615] 从曲霉粗提物中得到一个相似的酶。将曲霉粗提物纯化约 75 倍，形成这个酶的单一蛋白条带，产率为 18%。GFC 测得该组分分子量约为 83 kDa，SDS–PAGE 测得该组分分子量为 43 kDa，并且该组分也具有非共价结合的 FAD 作为辅基。其 IP 为 6.8，最适 pH 值为 7.7。果糖基–α–L–氨基酸是首选底物之一，与棒状杆菌酶不同，ε–D–氨基酸和 α–D–氨基酸的 N–果糖基衍生物也会被氧化，但是速率较低。果糖基甘氨酸、β–丙氨酸和甲胺的表观 K_m 值分别为 2.2 mM、5.9 mM 和 220 mM。金属离子（例如 Hg^{2+}）、叠氮化物和对氯汞苯甲酸都对其具有抑制作用。果糖基甘氨酸的酶解产物为葡萄糖醛酮、甘氨酸和 H_2O_2，这个酶被称为果糖基胺，是一种氧化还原酶（EC 1.5.3）。

Yoshida 等人[616]从土曲霉 GP1 中也分离纯化到一种类似酶。这种菌株不能直接利用糖化的蛋白质，但是用蛋白酶处理后可以在糖化的 HSA 上生长。根据土曲霉和山青霉 AKU 3413 的 cDNA 库，克隆编码该酶的 cDNA，这两个真菌酶的编码区均对应 437 个氨基酸残基。序列 GXGXXG 代表典型的过氧化物酶体靶向信号，它用于键合 N 端 FAD 辅基因子和 C 端源于两种真菌的三肽——SKL 和 AKL。

在另一等同实验中，Takahashi 等人[617]从以果糖基金刚烷胺为唯一碳源的曲霉属土壤株中分离纯化出 4 个组分，分别命名为 Ia、Ib、Ic 和 II。前 3 种分子量均为 51 kDa，而 II 的分子量为 49 kDa。它们对果糖基金刚烷胺的 K_m 值为分别 14.4 ~ 14.7 mM 和 3.4 mM，最适 pH 值为分别 8.0 和 8.5，等电点分别为 5.5 ~ 5.7 和 6.7。因此，存在两种截然不同的 Amadori 酶同工酶。这些酶中都存在 FAD，并且所有的 N 端区域都具有 FAD 辅基因子键合的序列。

为了进一步鉴定上述酶的一级结构，Takahashi 等人[618]利用果糖基丙胺诱导的烟曲霉建立了一个 cDNA 库，并借助多克隆 Amadoriase II 抗体分离出了一个复制体。该结构包含了 438 个氨基酸残基，相应的分子量为 48.798kDa。他们借助在具有诱导型表达系统的大肠杆菌中的表达，进一步证实了借助上述方法的鉴定结果。Northern–blotting 分析表明，Amadoriase II 是由果糖基丙胺以剂量依赖性方式诱导的。所确定的序列表明，该酶代表了哺乳动物酶的一个新家族。所测定序列与 Yoshida 等人[616]确定的两个序列的同源性分别为 82% 和 36%，相似性为 92% 和 65%。Amadori 产物与 H_2O_2 的形成有关，但其体内机制需要进一步的研究。尽管金属催化的氧化可导致葡萄糖醛酮和 H_2O_2 的形成，但 Amadori 酶的存在表明，Amadori 产物可能会参与反应。

Gerhardinger 等人[619]从土壤假单胞菌中分离出一种酶，不同之处在于能够产生游离的果糖胺。这也就意味着这种酶与 ε-果糖基氨基己酸的烷氨基键反应，而不是糖氨键。对果糖基氨基己酸、ε-果糖基赖氨酸、果糖基甘氨酸和有核赖氨酸的表观 K_m 值分别为 0.21 mM、2.73 mM、3.52 mM 和 1.57 mM。在磷酸盐缓冲液中，最适 pH 值为 6.5。Hg^{2+}、叠氮化物和氯化物能完全抑制这种酶的活性，说明该酶对巯基基团以及 Cu 都有作用。

以果糖基丙胺和氧气为底物，在 4℃下的 10 mM Tris 盐酸盐缓冲液（pH 值为 7.9）中，进行 Amadori 酶 I 的停流动力学研究，结果表明吡喃糖形式的构型为活性构型。在 pH 值为 7.0 和 25℃下，氧化酶 / 阴离子醌反应和阴离子半醌 / 还原酶反应的氧化还原电位分别为 +48 mV 和 −52 mV[620]。

Amadori 化合物的反应活性在体内也能以非酶的方式降低。因此，像乙醛这样的化合物可以稳定 Amadori 化合物（见**物质107**）[603]。与没有饲喂乙醇的糖尿病大鼠相比[621]，糖尿病大鼠饲喂乙醇 4 周后，Hb_{AGE} 降低了 52%，而 HbA_{1c} 不受影响。这为 "French paradox"[①] 提供了一种可能的机理解释。

3.3　果糖胺-3-激酶（FN3K）

Szwergold 等人[397,398]提出，细胞内非酶糖化部分受到 FN3K 调控。FN3K 能够使果糖基赖氨酸（FL）磷酸化生成 FL3P，然后分解释放出赖氨酸，并生成 3-DG 和 Pi。对 FN3K 进行提纯、测序并克隆，研究发现它是一种全新的 35 kDa 单体酶（309 个氨基酸残基），与任何哺乳动物蛋白均无明显同源性。但在人类体内发现，FN3K 在所有已测过的组织中都有表达。FN3K 的作用体现在诸如对红细胞溶解的活性丧失等方面。完整细胞内，L-葡萄糖产生血红蛋白糖化的速率是 D-葡萄糖的 5 倍，因为其产物不受酶的影响。有证据表明，还存在其他不依赖 FN3K 的脱糖系统。

---

① French paradox 意为法兰西悖论，是指法国人酷爱美食，日常饮食中常摄取大量高热量和高胆固醇的食物，但心血管病的发病率却比其他欧美国家低得多。

4 降血糖药

Yokozawa 等人[622]研究表明，链脲佐菌素糖尿病大鼠连续 10 天口服天然存在于藻类、葡萄酒、清酒、啤酒、梨、葡萄、西瓜和蘑菇中的赤藓糖醇（每天每千克体重 400 mg），血清中 HMF 和 TBA 反应性物质的含量显著降低，肌酐水平也有所下降。90% 以上的赤藓糖醇经尿液清除，而不被体内代谢。

5 小结

毫无疑问，我们对体内美拉德反应的理解已经而且还将逐步加深，但到目前为止，还没有形成公认的临床方法以解决糖尿病、白内障、衰老、阿尔茨海默病等问题。但是，基础科学似乎已处于突破的边缘。

参考文献

◇◇

国际美拉德研讨会书籍

A C. Eriksson (ed), *Maillard Reactions in Food: Chemical, Physiological and Technological Aspects*, Vol. 5, Pergamon Press, Oxford, 1981.

B G. R. Waller and M. S. Feather (eds), *The Maillard Reaction in Foods and Nutrition*, Vol.215, American Chemical Society, Washington, DC, 1983.

C M. Fujimaki, M. Namiki, and H. Kato (eds), *Amino-Carbonyl Reactions in Food and Biological Systems*, Vol. 13, Elsevier, Amsterdam, 1986.

D P. A. Finot, H. U. Aeschbacher, R. F. Hurrell, and R. Liardon (eds), *The Maillard Reaction in Food Processing, Human Nutrition and Physiology*, Birkhauser Verlag, Basel, 1990.

E T. P. Labuza, G. A. Reineccius, V. M. Monnier, J. O'Brien, and J. W. Baynes (eds), *Maillard Reactions in Chemistry, Food, and Health*, Vol. 151, The Royal Society of Chemistry, Cambridge, 1994.

F J. O'Brien, H. E. Nursten, M. J. C. Crabbe, and J. M. Ames (eds), *The Maillard Reaction in Foods and Medicine*, Vol. 223, The Royal Society of Chemistry, Cambridge, 1998.

G S. Horiuchi, N. Taniguchi, F. Hayase, T. Kurata, and T. Osawa (eds), *The Maillard Reaction in Food Chemistry and Medical Science: Update for the Postgenomic Era*, Vol. 1245, Elsevier, Amsterdam, 2002.

其他文献

以下文献若出自上述书籍，则用大写字母 A–G 表示。

[1]   L.-C. Maillard, Action des acides amines sur les sucres: formation des melanoidines par voie methodique, *C.R. Hebd. Seances Acad. Sci.,* 1912, 154, 66–68.

[2]   S. Kawamura, Seventy years of the Maillard reaction, in *B*, 1983, 3–18.

[3]   L.-C. Maillard, Condensation des acides amines en presence de la glycerine; Cycloglycylglycine et

---

注：本书参考文献遵循原书格式。

polypeptides, *C.R. Hebd. Seances Acad. Sci.,* 1911, 153, 1078–1080.

［4］ A. R. Ling, Malting, *J. Inst. Brewing,* 1908, 14, 494–521.

［5］ R. O'Reilly, *The nature of the chemical groupings responsible for the colour of products of the Maillard reaction*, The University of Reading, 1982.

［6］ J. E. Hodge, Chemistry of browning reactions in model systems, *J. Agric. Food Chem.,* 1953, 1, 928–943.

［7］ J. Mauron, The Maillard reaction in food; a critical review from the nutritional viewpoint, in *A*, 1981, 5–35.

［8］ M. Karel, Symptoms of the Maillard reaction, *personal communication,* 1961.

［9］ H. E. Nursten, Maillard browning reaction in dried foods, in *Concentration and Drying of Foods*, D. MacCarthy (ed), Elsevier Applied Science, London, 1986, 53–68.

［10］ J. M. Ames (ed), *Melanoidins in Food and Health*, Vol. 1, European Communities, Luxembourg, 2000.

［11］ J. M. Ames (ed), *Melanoidins in Food and Health*, Vol. 2, European Communities, Luxembourg, 2001.

［12］ V. Fogliano and T. Henle (eds), *Melanoidins in Food and Health*, Vol. 3, European Communities, Luxembourg, 2002.

［13］ G. Vegarud and F. J. Morales (eds), *Melanoidins in Food and Health*, Vol. 4, European Communities: Luxembourg, 2003.

［14］ J. W. Baynes and V. M. Monnier (eds), *The Maillard Reaction in Aging, Diabetes, and Nutrition*, Alan Liss, New York, 1989.

［15］ R. Ikan (ed), *The Maillard Reaction: Consequences for the Chemical and Life Sciences*, Wiley, Chichester, 1996.

［16］ S. E. Fayle and J. A. Gerrard, *The Maillard Reaction*, Royal Society of Chemistry, Cambridge, 2002.

［17］ T. M. Reynolds, Chemistry of nonenzymic browning. I. The reaction between aldoses and amines, *Adv. Food Res.,* 1965, 14, 1–52.

［18］ T. M. Reynolds, Chemistry of nonenzymic browning. II, *Adv. Food Res.,* 1965, 14, 167–283.

［19］ M. Namiki, Chemistry of Maillard reactions: recent studies on the browning reaction mechanism and the development of antioxidants and mutagens, *Adv. Food Res.,* 1988, 38, 115–183.

［20］ F. Ledl and E. Schleicher (translator: H. E. Nursten), New aspects of the Maillard reaction in foods and in the human body, *Angew. Chem. Int. Edn English,* 1990, 29, 565–594.

［21］ I. Blank, T. Davidek, S. Devaud, and N. Clety, Analysis of Amadori compounds by high performance anion exchange chromatography-pulse amperometric detection, in *G*, 2002, 263–267.

［22］ K. Eichner, M. Reutter, and R. Wittmann, Detection of Amadori compounds in heated foods, in *Thermally Generated Flavors: Maillard, Microwave, and Extrusion Process*, T. H. Parliment, M. J. Morello, R. J. McGorrin (eds), American Chemical Society, Washington, DC, 1994, 42–54.

［23］ K. Eichner, M. Reutter, and R. Wittmann, Detection of Maillard reaction intermediates by high pressure liquid chromatography (HPLC) and gas chromatography, in *D*, 1990, 63–77.

［24］ N. Ide, K. Ryu, K. Ogasawara, T. Sasaoka, H. Matsuura, S.-I. Sumi, H. Sumiyoshi, and B. H. S. Lau, Antioxidants in processed garlic. I. Fructosyl arginine identified in aged garlic extract, in *G*, 2002, 447–448.

［25］ N. Ide, M. Ichikawa, K. Ryu, K. Ogasawara, J. Yoshida, S. Yoshida, T. Sasaoka, S.-I. Sumi, and H. Sumiyoshi, Antioxidants in processed garlic. II. Tetrahydro-b-carboline derivatives identified in aged garlic extract, in *G*, 2002, 449–450.

［26］ V. A. Yaylayan and A. Huyghues-Despointes, Chemistry of Amadori rearrangement products: Analysis, synthesis, kinetics, reactions, and spectroscopic properties, *CRC Crit. Rev. Food Sci. Nutr.,* 1994, 34, 321–369.

［27］ M. L. Sanz, M. D. del Castillo, N. Corzo, and A. Olano, Formation of Amadori compounds in dehydrated fruits, *J. Agric. Food Chem.,* 2001, 49, 5228–5231.

［28］ D. J. McWeeny, The role of carbohydrate in non-enzymic browning, in *Molecular Structure and Function of Food Carbohydrate*, G. G. Birch, and L. F. Green (eds), Applied Science, London, 1973, 21–32.

［29］ E. J. Birch, J. Lelievre, and E. L. Richards, Thermal analysis of 1-deoxy-1-glycino-D-fructose and 1-β-alanino-1-deoxy-D-fructose, *Carbohydr. Res.,* 1980, 83, 263–272.

［30］ R. Tressl and D. Rewicki, Heat generated flavors and precursors, in *Flavor Chemistry: Thirty Years of Progress*, R. Teranishi, E. L. Wick, and I. Hornstein (eds), Kluwer/Plenum, New York, 1999, 305–325.

［31］ P. A. Finot, Toxicology of nonenzymatic browning, in *Encyclopedia of Food Science and Nutrition*, 2nd edn., Vol. 2, B. Caballero, L. C. Trugo, and P. M. Finglas (eds), Academic Press, London, 2003, 673–678.

［32］ E. Ferrer, A. Alegria, R. Farre, P. Abellan, F. Romero, and G. Clemente, Evolution of available lysine and furosine contents in milk-based infant formulas throughout shelf-life storage period, *J. Sci. Food Agric.,* 2003, 83, 465–472.

［33］ T. Henle, H. Walter, and H. Klostermeyer, Evaluation of the extent of the early Maillardreaction in milk products by direct measurement of the Amadori-product lactuloselysine, *Z. Lebensm. Unters. Forsch.,* 1991, 193, 119–122.

［34］ W. L. Claeys, A. M. van Loey, and M. E. Hendricks, Kinetics of hydroxymethylfurfural, lactulose and furosine formation in milk with different fat content, *J. Dairy Res.,* 2003, 70, 85–90.

[35] M. Rada-Mendoza, A. Olano, and M. Villamiel, Furosine as indicator of Maillard reaction in jams and fruit-based infant foods, *J. Agric. Food Chem.,* 2002, 50, 4141–4145.

[36] M. L. Sanz, M. D. del Castillo, N. Corzo, and A. Olano, Presence of 2-furoylmethyl derivatives in hydrolysates of processd tomato products, *J. Agric. Food Chem.,* 2000, 48, 468–471.

[37] A. Hidalgo, M. Rossi, and C. Pompei, Furosine as a freshness parameter of shell eggs, *J. Agric. Food Chem.,* 1995, 43, 1673–1677.

[38] P. Resmini and L. Pellegrino, Evaluation of the advanced Maillard reaction in dried pasta, in *E,* 1994, 418.

[39] M. D. del Castillo, M. L. Sanz, M. J. Vicente-Arana, and N. Corzo, Study of 2-furoylmethyl amino acids in processed foods by HPLC-mass spectrometry, *Food Chem.,* 2002, 79, 261–266.

[40] J. A. Rufian-Henares, Guerra-Hernández, and B. García-Villanova, Maillard reaction in enteral formula processing: furosine, loss of o-phthalaldehyde reactivity, and fluorescence, *Food Res. Int.,* 2002, 35, 527–533.

[41] J. A. Rufián-Henares, García-Villanova, and E. Guerra-Hernández, Furosine content, loss of o-phthalaldehyde reactivity, fluorescence and colour in stored enteral formula, *Int. J. Dairy Techn.,* 2002, 55, 121–126.

[42] E. Marconi, M. F. Caboni, M. C. Messia, and G. Panfili, Furosine: a suitable marker for assessing the freshness of royal jelly, *J. Agric. Food Chem.,* 2002, 50, 2825–2829.

[43] J. Leclère and I. Birlouez-Aragon, The fluorescence of advanced Maillard products is a good indicator of lysine damage during the Maillard reaction, *J. Agric. Food Chem.,* 2001, 49, 4682–4687.

[44] X. Li and S. C. Ricke, Influence of soluble lysine maillard reaction products on Escherichia coli amino acid lysine auxotroph growth-based assay, *J. Food Sci.,* 2002, 67, 2126–2128.

[45] E. Guerra-Hernández, A. Ramirez-Jiménez, and B. García-Villanova, Glucosylisomaltol, a new indicator of browning reaction in baby cereals and bread, *J. Agric. Food Chem.,* 2002, 50, 7282–7287.

[46] M. Akagawa, T. Miura, and K. Suyama, Factors influencing the early stage of the Maillard reaction, in *G,* 2002, 395–396.

[47] S. J. French, W. J. Harper, N. M. Kleinholz, R. B. Jones, and K. B. Green-Church, Maillard reaction induced lactose attachment to bovine β-lactoglobulin: electrospray ionization and matrix-assisted laser desorption/ionization examination, *J. Agric. Food Chem.,* 2002, 50, 820–823.

[48] F. Guyomarc'h, F. Warin, D. D. Muir, and J. Leaver, Lactosylation of milk proteins during manufacture and storage of skim milk powders, *Int. Dairy J.,* 2000, 10, 863–872.

［49］ F. J. Moreno, R. López-Fandiño, A. Olano, Characterization and functional properties of lactosyl caseinomacropeptide conjugates, *J. Agric. Food Chem.*, 2002, 50, 5179–5184.

［50］ N. Ahmed, O. K. Argirov, H. S. Minhas, C. A. A. Cordeiro, and P. J. Thornalley, Assay of advanced glycation endproducts (AGEs): surveying AGEs by chromatographic assay with derivatization by 6-quinolyl-*N*-hydroxysuccinimidyl-carbamate and application to N^ε-carboxymethyl-lysine and N^ε-(1-carboxyethyl)-lysine modified albumin, *Biochem. J.,* 2002, 364, 1–14.

［51］ M. U. Ahmed, S. R. Thorpe, and J. W. Baynes, Identification of *N*-carboxymethyllysine as a degradation product of fructoselysine in glycated protein, *J. Biol. Chem.,* 1986, 261, 4889–4894.

［52］ T. Davidek, N. Clety, S. Aubin, and I. Blank, Degradation of the Amadori compound *N*-(1-deoxy-D-fructos-1-yl)glycine in aqueous model systems, *J. Agric. Food Chem.,* 2002, 50, 5472–5479.

［53］ I. Tosun and N. S. Ustun, Nonenzymic browning during storage of white hard grape pekmez (Zile pekmesi), *Food Chem.,* 2003, 80, 441–443.

［54］ M. S. Feather, Amine-assisted sugar dehydration reactions, in *A*, 1981, 37–45.

［55］ K. Eichner, R. Schnee, and M. Heinzler, Indicator compounds and precursors for cocoa aroma formation, in *Thermally Generated Flavors: Maillard, Microwave, and Extrusion Processes*, T. H. Parliment, M. J. Morello, R. J. McGorrin (eds), Vol. 543, American Chemical Society: Washington, DC, 1994, ACS Symposium Series, 218–227.

［56］ M. Pischetsrieder, C. Schoetter, and T. Severin, Formation of an aminoreductone during the Maillard reaction of lactose with *N*-acetyllysine or proteins, *J. Agric. Food Chem.,* 1998, 46, 928–931.

［57］ H. Weenen and W. Apeldoorn, Carbohydrate cleavage in the Maillard reaction. In *Flavour Science: Recent Developments*, Vol. 197, A. J. Taylor and D. S. Mottram (eds), Royal Society of Chemistry, Cambridge, 1996, 211–216.

［58］ S. J. Meade and J. A. Gerrard, The structure-activity relationships of dicarbonyl compounds and their role in the Maillard reaction, in *G*, 2002, 455–456.

［59］ V. A. Yaylayan and A. Wnorowski, The role of beta-hydroxyamino acids in the Maillard reaction — transamination route to Amadori products, in *G*, 2002, 195–200.

［60］ M. A. Glomb and G. Lang, Isolation and characterization of glyoxal-arginine modifications, *J. Agric. Food Chem.,* 2001, 49, 1493–1501.

［61］ P. F. G. de Sa, J. M. Treubig Jr, P. R. Brown, and J. A. Dain, The use of capillary electrophoresis to monitor Maillard reaction products (MRP) by glyceraldehyde and epsilon amino group of lysine, *Food Chem.,* 2001, 72, 379–384.

［62］ F. H. Stadtman, C. O. Chichester, and G. Mackinney, Carbon dioxide production in the browning reaction, *J. Am. Chem. Soc.,* 1952, 74, 3194–3196.

［63］ A. Strecker, A note concerning a peculiar oxidation by alloxan, *Annalen,* 1862, 123, 363–365.

［64］ A. Schönberg and R. Moubacher, The Strecker degradation of α-amino acids, *Chem. Rev.,* 1952, 50, 261–277.

［65］ G. P. Rizzi, The Strecker degradation and its contribution to food flavor, in *Flavor Chemistry: Thirty Years of Progress*, R. Teranishi, E. L. Wick, and I. Hornstein (eds), Kluwer/Plenum, New York, 1999, 335–343.

［66］ I. D. Morton, P. Akroyd, and C. G. May, Flavoring substances, *U.S. Patent* 1960, 2934437, *via Chem. Abstr.*, 1960, 54, 17746a.

［67］ I. Blank, S. Devaud, and L. B. Fay, New aspects of the formation of 3(2*H*)-furanones through the Maillard reaction, in *Flavour Science: Recent Developments*, Vol. 197, A. J. Taylor and D. S. Mottram (eds), Royal Society of Chemistry, Cambridge, 1996, 188–193.

［68］ K. Suyama, M. Akagawa, and T. Sasaki, Oxidative deamination of lysine residue in plasma protein from diabetic rat: α-dicarbonyl-mediated mechanism, in *G*, 2002, 243–248.

［69］ L. Benzing-Purdie, J. A. Ripmeester, and C. I. Ratcliffe, Effects of temperature on Maillard reaction products, *J. Agric. Food Chem.,* 1985, 33, 31–33.

［70］ L. Benzing-Purdie and C. I. Ratcliffe, A study of the Maillard reaction by 13C and 15N CP-MAS NMR: Influence of time, temperature, and reactants on major products, in *C*, 1986, 193–205.

［71］ K. Olsson, P. A. Pernemalm, and O. Theander, Reaction products and mechanism in some simple model systems, in *A*, 1981, 47–55.

［72］ V. Fogliano, R. C. Borrelli, and S. M. Monti, Characterization of melanoidins from different carbohydrate amino acids model system, in *Melanoidins in Food and Health*, Vol. 2, J. M. Ames (ed), European Communities, Luxembourg, 2001, 65–72.

［73］ T. Hofmann, Studies on the influence of the solvent on the contribution of single Maillard reaction products to the total color of browned pentose/alanine-solutions — a quantitative correlation by using the color activity concept, *J. Agric. Food Chem.,* 1998, 46, 3912–3917.

［74］ R. C. Borrelli, V. Fogliano, S. M. Monti, and J. M. Ames, Characterization of melanoidins from a glucose-glycine model system, *Eur. Food Res. Technol.,* 2002, 215, 210–215.

［75］ H. Kato and F. Hayase, An approach to estimate the chemical structure of melanoidins, in *G*, 2002, 3–7.

［76］ R. Tressl, G. T. Wondrak, R. P. Kruger, and D. Rewicki, New melanoidin-like Maillard polymers from 2-deoxypentoses, *J. Agric. Food Chem.,* 1998, 46, 104–110.

［77］ R. Tressl, G. T. Wondrak, L.-A. Garbe, R. P. Kruger, and D. Rewicki, Pentoses and hexoses as sources of new melanoidin-like Maillard polymers, *J. Agric. Food Chem.,* 1998, 46, 1765–1776.

［78］ G. T. Wondrak, R. Tressl, and D. Rewicki, Maillard reaction of free and nucleic acidbound 2-deoxyᴅ-ribose and ᴅ-ribose with ω-amino acids, *J. Agric. Food Chem.,* 1997, 45, 321–327.

[79]　R. C. Borrelli, A. Visconti, C. Menella, M. Anese, and V. Fogliano, Chemical characterization and antioxidant properties of coffee melanoidins, *J. Agric. Food Chem.,* 2002, 50, 6527–6533.

[80]　T. Hofmann, On the preparation of glucose/glycine standard melanoidins and their separation by using dialysis, ultrafiltration and gel permeation chromatography, in *Melanoidins in Food and Health*, Vol. 2, J. M. Ames (ed), European Communities, Luxembourg, 2001, 11–21.

[81]　B. Cämmerer, I. J. Fuchs, and L. W. Kroh, Antioxidative activity of melanoidins — radical and oxygen scavenging properties, in *Melanoidins in Food and Health*, Vol. 2, J. M. Ames (ed), European Communities, Luxembourg, 2001, 159–164.

[82]　B. Cämmerer, V. Jalyschkov, and L. W. Kroh, Carbohydrate structures as part of the melanoidin skeleton, in *G*, 2002, 269–273.

[83]　H. Ottinger and T. Hofmann, Influence of roasting on the melanoidin spectrum in coffee beans and instant coffee, in *Melanoidins in Food and Health*, Vol. 2, J. M. Ames (ed), European Communities, Luxembourg, 2001, 119–125.

[84]　B. L. Wedzicha and M. T. Kaputo, Melanoidins from glucose and glycine: Composition, characteristics and reactivity towards sulphite ion, *Food Chem.,* 1992, 63, 359–367.

[85]　J. M. Ames, B. Caemmerer, J. Velisek, K. Cejpek, C. Obretenov, and M. Cioroi, The nature of melanoidins and their investigation, in *Melanoidins in Food and Health*, Vol. 1, J. M. Ames (ed), European Communities, Luxembourg, 2000, 13–29.

[86]　M. Anese, L. Manzocco, and E. Maltini, Determination of the glass transition temperatures of "solution A" and HMW melanoidins and estimation of viscosities by the WLF equation: a preliminary study, in *Melanoidins in Food and Health*, Vol. 2, J. M. Ames (ed), European Communities, Luxembourg, 2001, 137–141.

[87]　K. A. Tehrani, M. Kersiene, A. Adams, R. Venskutonis, and N. de Kimpe, Thermal degradation studies of glucose/glycine melanoidins, *J. Agric. Food Chem.,* 2002, 50, 4062–4068.

[88]　H. Mitsuda, K. Yasumoto, and K. Yokoyama, Studies on the free radical in amino-carbonyl reaction, *Agric. Biol. Chem.,* 1965, 29, 751–756.

[89]　1M. Namiki, T. Hayashi, and S. Kawakishi, Free radicals developed in the amino-carbonyl reaction of sugars with amino acids, *Agric. Biol. Chem.,* 1973, 37, 2935–2936.

[90]　M. Namiki and T. Hayashi, Development of novel free radicals during amino-carbonyl reaction of sugars with amino acids, *J. Agric. Food Chem.,* 1975, 23, 487–491.

[91]　M. Namiki and T. Hayashi, Formation of novel free radical products in an early stage of Maillard reaction, in *A*, 1981, 81–91.

[92]　T. Hayashi and M. Namiki, Formation of two-carbon sugar fragment at an early stage of the

browning reaction of sugar with amine, *Agric. Biol. Chem.,* 1980, 44, 2575–2580.

[93] T. Hayashi, S. Mase, and M. Namiki, Formation of three-carbon sugar fragment at an early stage of the browning reaction of sugar with amines or amino acids, *Agric. Biol. Chem.,* 1986, 50, 1959–1964.

[94] T. Hofmann, W. Bors, and K. Stettmaier, Studies on radical intermediates in the early stage of the non-enzymatic browning of carbohydrates and primary amino acids, *J. Agric. Food Chem.,* 1999, 47, 379–390.

[95] M. Namiki and T. Hayashi, A new mechanism of the Maillard reaction involving sugar fragmentation and free radical formation, in *B*, 1983, 21–46.

[96] J. P. O'Meara, E. K. Truby, and T. M. Shaw, Free radicals in roasted coffee, *Food Res.,* 1957, 22, 96–100.

[97] E. C. Pascual, B. A. Goodman, and C. Yeretzian, Characterization of free radicals in soluble coffee by electron paramagnetic resonance spectroscopy, *J. Agric. Food Chem.,* 2002, 50, 6114–6122.

[98] J. M. Ames and A. Apriyantono, Effects of pH on the volatile compounds formed in a xylose-lysine model system, in *Thermally Generated Flavors: Maillard, Microwave, and Extrusion Processes*, T. H. Parliment, M. J. Morello, and R. J. McGorrin (eds), American Chemical Society, Washington, DC, 1994, 228–239.

[99] A. Arnoldi and G. Boschin, Low molecular weight coloured compounds from Maillard reaction model systems, in *Melanoidins in Food and Health*, Vol. 2, J. M. Ames (ed), European Communities, Luxembourg, 2001, 23–29.

[100] T. Davidek, I. Blank, N. Clety, and S. Aubin, The fate of *N*-(1-deoxy-D-fructose-1-yl)glycine in aqueous model systems, in *G*, 2002, 375–376.

[101] R. A. Lawrie, *Meat Science*, 6th edn, Woodhead Publishing, Cambridge, 1998.

[102] E. Dransfield, G. R. Nute, D. S. Mottram, T. G. Rowan, and T. L. J. Lawrence, Pork quality from pigs fed on low glucosinolate rapeseed meal: influence of level in the diet, sex, and ultimate pH, *J. Sci. Food Agric.,* 1985, 36, 546–556.

[103] D. S. Mottram and F. B. Whitfield, Aroma volatiles from meatlike Maillard systems, in *Thermally Generated Flavors: Maillard, Microwave, and Extrusion Processes*, T. H. Parliment, M. J. Morello, R. J. McGorrin (eds), American Chemical Society, Washington, DC, 1994, 180–191.

[104] D. S. Mottram and A. Leseigneur, The effect of pH on the formation of aroma volatiles in meat-like Maillard systems, in *Flavour Science and Technology*, Y. Bessière and A. F. Thomas (eds), Wiley, Chichester, 1990, 121–124.

[105] V. M. Hill, D. A. Ledward, and J. M. Ames, Influence of high hydrostatic pressure and pH on the

rate of Maillard browning in a glucose-lysine system, *J. Agric. Food Chem.,* 1996, 44, 594–598.

[106] N. S. Isaacs and M. Coulson, Effect of pressure on processes modeling the Maillard reaction, *J. Phys. Org. Chem.,* 1996, 9, 639–644 (*via Chem. Abstr.,* 1996, 125, 245925h).

[107] M. Bristow and N. S. Isaacs, The effect of high pressure on the formation of volatile products in a model Maillard reaction, *J. Chem. Soc. Perkin Trans. 2,* 1999, 2213–2218.

[108] T. Tamaoka, N. Itoh, and R. Hayashi, High pressure effect on Maillard reaction, *Agric. Biol. Chem.,* 1991, 55, 2071–2074.

[109] O. Frank, I. Heberle, P. Schieberle, and T. Hofmann, Influence of high hydrostatic pressure on the formation of intense chromophores formed from pentoses and primary amino acids, in *G,* 2002, 387–388.

[110] F. J. Moreno, E. Molina, A. Olano, and R. Lopez-Fandiño, High pressure effects on Maillard reaction between glucose and lysine, *J. Agric. Food Chem.,* 2003, 51, 394–400.

[111] F. J. Moreno, M. Villamiel, and A. Olano, Effect of high pressure on isomerization and degradation of lactose in alkaline media, *J. Agric. Food Chem.,* 2003, 51, 1894–1896.

[112] U. Schwarzenbolz, H. Klostermeyer, and T. Henle, Maillard reaction under high hydrostatic pressure: studies on the formation of protein-bound amino acid derivatives, in *G,* 2002, 223–227.

[113] H. E. Nursten and R. O'Reilly, Coloured compounds formed by the interaction of glycine and xylose, *Food Chem.,* 1986, 20, 45–60.

[114] M. A. Glomb and R. Tschirnich, Detection of α-dicarbonyl compounds in Maillard reaction systems and in vivo, *J. Agric. Food Chem.,* 2001, 49, 5543–5550.

[115] K. M. Biemel, O. Reihl, J. Conrad, and M. O. Lederer, Formation pathways for lysinearginine cross-links derived from hexoses and pentoses by Maillard processes, in *G,* 2002, 255–261.

[116] H. E. Nursten, Key mechanistic problems posed by the Maillard reaction, in *D,* 1990, 145–153.

[117] S.-J. Ge and T.-C. Lee, Kinetic significance of the Schiff base reversion in the early-stage Maillard reaction of a phenylalanine-glucose aqueous model system, *J. Agric. Food Chem.,* 1997, 45, 1619–1623.

[118] B. L. Wedzicha and L. P. Leong, Modelling of the Maillard reaction: rate constants for individual steps in the reaction, in *F,* 1998, 141–146.

[119] S. Mundt, B. L. Wedzicha, M. A. J. S. van Boekel, A kinetic model for the maltoseglycine reaction, in *G,* 2002, 465–467.

[120] S. I. F. S. Martins and M. A. J. S. van Boekel, Key intermediates in early stage Maillard reaction: kinetic analysis, in *G,* 2002, 469–470.

[121] M. A. J. S. van Boekel and S. I. F. S. Martins, Fate of glycine in the glucose-glycine reaction: a kinetic analysis, in *G,* 2002, 289–293.

［122］ L. Bates, J. M. Ames, D. B. MacDougall, and P. C. Taylor, Laboratory reaction cell to model Maillard color development in a starch-glucose-lysine system, *J. Food Sci.,* 1998, 68, 991–996.

［123］ C. M. Brands and M. A. J. S. van Boekel, Kinetic modelling of Maillard reaction browning: effect of heating temperature, in *Melanoidins in Food and Health,* Vol. 2, J. M. Ames (ed), European Communities, Luxembourg, 2001, 143–144.

［124］ C. M. Brands and M. A. J. S. van Boekel, Reactions of monosaccharides during heating of sugar-casein systems: building a reaction network model, *J. Agric. Food Chem.,* 2001, 49, 4667–4675.

［125］ G. A. Reineccius, The influence of Maillard reactions on the sensory properties of foods, in *D,* 1990, 157–170.

［126］ H. D. Stahl and T. H. Parliment, Formation of Maillard products in the proline-glucose model system: high-temperature short-time kinetics, in *Thermally Generated Flavors: Maillard, Microwave, and Extrusion Processes,* T. H. Parliment, M. J. Morello, and R. J. McGorrin (eds), American Chemical Society, Washington, DC, 1994, 251–262.

［127］ R. Tressl, B. Helak, and D. Rewicki, Maltoxazine, a tricyclic compound from malt, *Helv. Chim. Acta.,* 1982, 65, 483–489.

［128］ G. A. Reineccius, Kinetics of flavor formation during Maillard browning, in *Flavor Chemistry: Thirty Years of Progress,* R. Teranishi, E. L. Wick, and I. Hornstein (eds), Kluwer Academic/ Plenum, New York, 1999, 345–352.

［129］ M. Peleg, R. Engel, C. Gonzales-Martinez, and M. G. Corradini, Non-Arrhenius and non-WLF kinetics in food systems, *J. Sci. Food Agric.,* 2002, 82, 1346–1355.

［130］ F. Jousse, T. Jongen, W. Agterof, S. Russell, and P. Braat, Simplified kinetic scheme of flavor formation by the Maillard reaction, *J. Food Sci.,* 2002, 67, 2534–2542.

［131］ L. N. Bell, D. E. Touma, K. L. White, and Y.-H. Chen, Glycine loss and Maillard browning as related to the glass transition in a model food system, *J. Food Sci.,* 1998, 63, 625–628.

［132］ I. D. Craig, R. Parker, N. M. Rigby, P. Cairns, and S. G. Ring, Maillard reaction kinetics in model preservation systems in the vicinity of the glass transition: experiment and theory, *J. Agric. Food Chem.,* 2001, 49, 4706–4712.

［133］ S. M. Lievonen and Y. H. Roos, Nonenzymatic browning in amorphous food models: effects of glass transition and water, *J. Food Sci.,* 2002, 67, 2100–2106.

［134］ S. M. Lievonen, T. J. Laaksonen, and Y. H. Roos, Nonenzymatic browning in food models in the vicinity of the glass transition: effects of fructose, glucose, and xylose as reducing sugar, *J. Agric. Food Chem.,* 2002, 50, 7034–7041.

［135］ N. van Chuyen, T. Kurata, and M. Fujimaki, Studies on the reaction of dipeptides with glyoxal, *Agric. Biol. Chem.,* 1973, 37, 327–334.

［136］ N. van Chuyen, T. Kurata, and M. Fujimaki, Formation of *N*-[2(3-alkylpyrazin-2-on-1-yl)acyl] amino acids or -peptides on heating tri-or tetrapeptides with glyoxal, *Agric. Biol. Chem.,* 1973, 37, 1613–1618.

［137］ P. M. T. de Kok and E. A. E. Rosing, Reactivity of peptides in Maillard reaction, in *Thermally Generated Flavors: Maillard, Microwave, and Extrusion Processes*, T. H. Parliment, M. J. Morello, and R. J. McGorrin (eds), American Chemical Society, Washington, DC, 1994, 158–179.

［138］ Y. Chen and C.-T. Ho, Effects of carnosine on volatile generation from Maillard reaction of ribose and cysteine, *J. Agric. Food Chem.,* 2002, 50, 2372–2378.

［139］ R. Bucala, Z. Makita, T. Koschinsky, A. Cerami, and H. Vlassara, Lipid advanced glycosylation: Pathway for lipid oxidation *in vivo*, *Proc. Natl. Acad. Sci. USA,* 1993, 91, 6434–6438.

［140］ W. C. Fountain, J. R. Requena, A. J. Jenkins, T. J. Lyons, B. Smyth, J. W. Baynes, and S. R. Thorpe, Quantification of *N*-(glucitol)ethanolamine and *N*-(carboxymethyl)serine: two products of nonenzymatic modification of aminophospholipids formed *in vivo*, *Anal. Biochem.,* 1999, 272, 48–55.

［141］ A. Ravandi, A. Kuksis, L. Marai, J. J. Myher, G. Steiner, G. Lewisa, and H. Kamido, Isolation and identification of glycated aminophospholipids from red cells and plasma of diabetic blood, *FEBS Lett.,* 1996, 381, 77–81.

［142］ J. R. Requena, M. U. Ahmed, C. W. Fountain, T. P. Degenhardt, S. Reddy, C. Perez, T. J. Lyons, A. J. Jenkins, J. W. Baynes, and S. R. Thorpe, Carboxymethylethanolamine, a biomarker of phospholipid modification during Maillard reaction *in vivo*, *J Biol. Chem.*, 1997, 272, 17473–17479.

［143］ T. Miyazawa, J.-H. Oak, M. Yamada, and K. Nakagawa, Synthesis and UV-analysis of glycated Amadori-phospholipids, in *G*, 2002, 285–288.

［144］ A. Ravandi, A. Kuksis, and N. A. Shaikh, Glucosylated glycerophosphoethanolamines are the major LDL glycation products and increase LDL susceptibility to oxidation: Evidence of their presence in atherosclerotic lesions, *Arterioscler. Thromb. Vasc. Biol.,* 2000, 20, 467–477.

［145］ R. Bucala, Z. Makita, G. Vega, S. Grundy, T. Koschinsky, A. Cerami, and H. Vlassara, Modification of low density lipoprotein by advanced glycation end products contributes to the dyslipidemia of diabetes and renal insufficiency, *Proc. Natl. Acad. Sci. USA*, 1994, 91, 9441–9445.

［146］ S. M. Poling, R. D. Plattner, and D. Weisleder, *N*-(1-Deoxy-D-fructos-1-yl)fumonisin B1, the initial reaction product of Fumonisin B1 and D-glucose, *J. Agric. Food Chem.,* 2002, 50, 1318–1324.

［147］ Y. Lu, L. Clifford, C. C. Hauck, S. Hendrich, G. Osweiler, and P. A. Murphy, Characterization of Fumonisin B1-glucose reaction kinetics and products, *J. Agric. Food Chem.,* 2002, 50, 4726–4733.

［148］ M. M. Costelo, L. S. Jackson, M. A. Hanna, B. H. Reynolds, and L. B. Bullerman, Loss of fumonisin B1 in extruded and baked corn-based foods with sugars, *J. Food Sci.,* 2001, 66, 416–421.

[149] F. B. Whitfield, Volatiles from interactions of Maillard reactions and lipids, *Crit. Rev. Food Nutr.*, 1992, 31, 1–58.

[150] J. Pokorný, Browning from lipid-protein interactions, in *A*, 1981, 421–428.

[151] D. S. Mottram and R. A. Edwards, The role of triglycerides and phospholipids in the aroma of cooked beef, *J. Sci. Food Agric.*, 1983, 34, 517–522.

[152] D. S. Mottram, Flavor compounds formed during the Maillard reaction, in *Thermally Generated Flavors: Maillard, Microwave, and Extrusion Processes*, T. H. Parliment, M. J. Morello, and R. J. McGorrin (eds), American Chemical Society, Washington, DC, 1994, 104–126.

[153] F. B. Whitfield, D. S. Mottram, S. Brock, D. J. Puckey, and L. J. Salter, Effect of phospholipid on the formation of volatile heterocyclic compounds in heated aqueous solu- tions of amino acids and ribose, *J. Sci. Food Agric.*, 1988, 42, 261–272.

[154] L. J. Farmer and D. S. Mottram, Interaction of lipid in the Maillard reaction between cysteine and ribose: the effect of triglyceride and three phospholipids on the volatile products, *J. Sci. Food Agric.*, 1990, 53, 505–525.

[155] T. P. Labuza, S. R. Tannenbaum, and M. Karel, Water content and stability of low-moisture and intermediate-moisture foods, *Food Technol.*, 1970, 24, 543–544, 546–548, 550.

[156] T. Uematsu, L. Párkanyiová, T. Endo, C. Matsuyama, T. Yano, M. Miyahara, H. Sakurai, and J. Pokorný, Effect of the unsaturation degree on browning reactions of peanut oil and other edible oils with proteins under storage and frying conditions, in *G*, 2002, 445–446.

[157] R. Tressl, C. T. Piecchotta, D. Rewicki, and E. Krause, Modification of peptide lysine during Maillard reaction of $_D$-glucose and $_D$-lactose, in *G*, 2002, 203–209.

[158] K. Hasenkopf, B. Ronner, H. Hiller, and M. Pischetsrieder, Analysis of glycated and ascorbylated proteins by gas chromatography-mass spectrometry, *J. Agric. Food Chem.*, 2002, 50, 5697–5703.

[159] T. Kislinger, A. Humeny, C. C. Peich, X. Zhang, T. Niwa, M. Pischetsrieder, and C.-M. Becker, Relative quantification of N^{ε}-(carboxymethyl)lysine, imidazolone A, and the Amadori product in glycated lysozyme by MALDI-TOF mass spectrometry, *J. Agric. Food Chem.*, 2003, 51, 51–57.

[160] J. W. C. Brock, D. J. S. Hinton, W. E. Cotham, T. O. Metz, S. R. Thorpe, J. W. Baynes, and J. M. Ames, Proteomic analysis of the site specificity of glycation and carboxymethylation of ribonuclease, *J. Proteome Res.*, 2003, 2, 506–513.

[161] N. Ahmed, and P. J. Thornalley, Chromatographic assay of glycation adducts in human serum albumin glycated in vitro by derivatization with 6-aminoquinolyl-*N*-hydroxysuccinimidylcarbamate and intrinsic fluorescence, *Biochem. J.*, 2002, 364, 15–24.

[162] D. J. S. Hinton and J. M. Ames, Analysis of glycated protein by capillary electrophoresis, in *G*, 2002, 471–474.

[163] F. Chevalier, J.-M. Chobert, C. Genot, and T. Haertle, Scavenging free radicals, antimicrobial, and cytotoxic activities of the Maillard reaction products of β-lactoglobulin glycated with several sugars, *J. Agric. Food Chem.,* 2001, 49, 5031–5038.

[164] A. Scaloni, V. Perillo, P. Franco, E. Fedele, R. Froio, L. Ferrara, and P. Bergamo, Characterization of heat-induced lactosylation products in caseins by immunoenzymatic and mass spectrometric methodologies, *Biochem. Biophys. Acta,* 2002, 1598, 30–39.

[165] A. Hollnagel and L. W. Kroh, 3-Deoxypentosulose: an α-dicarbonyl compound predominating in nonenzymatic browning of oligosaccharides in aqueous solution, *J. Agric. Food Chem.,* 2002, 50, 1659–1664.

[166] L. Pellegrino, P. Resmini, I. de Noni, and S. Cattaneo, Occurrence of glucosyl-β-pyranone and other AGEs from 1-deoxyosone pathway in cereal-based foods, in *G,* 2002, 461–462.

[167] T. Severin and V. Krönig, Studien zur Maillard-Reaktion. IV. Struktur eines farbigen Produktes aus Pentosen, *Chem. Mikrobiol. Technol. Lebensm.,* 1972, 1, 156–157.

[168] F. Ledl and T. Severin, Braunungsreaktionen von Pentosen mit Aminen. Untersuchungen zur Maillard-Reaktion. XIII, *Z. Lebensm. Unters. Forsch.,* 1978, 167, 410–413.

[169] F. Ledl and T. Severin, Formation of coloured compounds from hexoses, *Z. Lebensm. Unters. Forsch.,* 1982, 175, 262–265.

[170] H. Lerche, M. Pischetsrieder, and T. Severin, Maillard reaction of D-glucose: identification of a colored product with conjugated pyrrole and furanone rings, *J. Agric. Food Chem.,* 2002, 50, 2984–2986.

[171] F. Ledl, U. Krönig, T. Severin, and H. Lotter, Studies on the Maillard reaction. XVIII. Isolation of N-containing coloured compounds, *Z. Lebensm. Unters. Forsch.,* 1983, 177, 267–270; *Food Sci. Technol. Abstr.,* 1984, 16, 7A487.

[172] F. Ledl, J. Hiebl, and T. Severin, Studies on the Maillard reaction. XIX. Formation of coloured β-pyrones from pentoses and hexoses, *Z. Lebensm. Unters. Forsch.,* 1983, 177, 353–355; *Food Sci. Technol. Abstr.,* 1985, 17, 2A55.

[173] S. B. Banks, J. M. Ames, and H. E. Nursten, Isolation and characterisation of 4-hydroxy-2-hydroxymethyl-3-(2'-pyrrolyl)-2-cyclopenten-1-one from a xylose/lysine reaction mixture, *Chem. Ind.,* 1988, 433–434.

[174] A. J. Tomlinson, J. A. Mlotkiewicz, and I. A. S. Lewis, An investigation of the compounds produced by spray-drying glucose and glycine, *Food Chem.,* 1993, 48, 373–379.

[175] J. G. Farmar, P. C. Ulrich, and A. Cerami, Novel pyrroles from sulfite-inhibited Maillard reactions: insight into the mechanism of inhibition, *J. Org. Chem.,* 1988, 53, 2346–2349.

[176] M. J. Lane and H. E. Nursten, The variety of odors produced in Maillard model systems and how

they are influences by reaction conditions, in *B*, 1983, 141–158.

[177] T. Hofmann, Characterization of chemical structure of novel colored Maillard reaction products from furan-2-carboxaldehyde and amino acids, *J. Agric. Food Chem.*, 1998, 46, 932–940.

[178] T. Hofmann, O. Frank, M. Kemeny, E. Bernardy, M. Habermeyer, U. Weyand, S. Meiers, and D. Marko, Studies on the inhibition of tumor cell growth and microtubule assembly by 3-hydroxy-4-[(*E*)-(2-furyl)methylidene]methyl-3-cyclopentene-1,2-dione, an intensely colored Maillard product formed from carbohydrates and L-proline, in *G*, 2002, 401–402.

[179] T. Hofmann, Acetylformoin — a chemical switch in the formation of colored Maillard reaction products from hexoses and primary and secondary amino acids, *J. Agric. Food Chem.*, 1998, 46, 3918–3928.

[180] T. Hofmann, 4-Alkylidene-2-imino-5-[4-alkylidene-5-oxo-1,3-imidazol-2-inyl]azamethylidine-1,3-imidazolidine — A novel colored substructure in melanoidins formed by Maillard reactions of bound arginine with glyoxal and furan-2-carboxaldehyde, *J. Agric. Food Chem.*, 1998, 46, 3896–3901.

[181] W. A. W. Mustapha, S. E. Hill, J. M. V. Blanshard, and W. Derbyshire, Maillard reactions: Do the properties of liquid matrices matter? *Food Chem.*, 1998, 62, 441–449.

[182] G. P. Rizzi, Chemical structure of colored Maillard reaction products, *Food Rev. Intern.*, 1997, 13, 1–28.

[183] H. Kato and H. Tsuchida, Estimation of melanodin structure by pyrolysis and oxidation, in *A*, 1981, 147–156.

[184] M. S. Feather and D. Nelson, Maillard polymers derived from D-glucose, D-fructose, 5-(hydroxymethyl)-2-furaldehyde, and glycine and methionine, *J. Agric. Food Chem.*, 1984, 32, 1428–1432.

[185] U. Lessig and W. Baltes, Model experiments on the Maillard reaction. VI. Structural studies on selected melanoidins, *Z. Lebensm. Unters. Forsch.*, 1981, 173, 435–444; *via Food Sci. Technol. Abstr.*, 1982, 14, 6A528.

[186] F. Hayase, Y. Takahashi, S. Tominaga, M. Miura, T. Gomyo, and H. Kato, Identification of blue pigment formed in a D-xylose-glycine reaction system, *Biosci. Biotech. Biochem.*, 1999, 63, 1512–1514.

[187] R. S. Hannan and C. H. Lea, The reaction between proteins and reducing sugars in the "dry" state. VI. The reactivity of the terminal amino groups of lysine in model systems, *Biochem. Biophys. Acta,* 1952, 9, 293–305; *via Chem. Abstr.*, 1953, 47, 641.

[188] A. V. Clark and S. R. Tannenbaum, Isolation and characterization of pigments from protein-carbonyl browning systems: Isolation, purification, and properties, *J. Agric. Food Chem.*, 1970, 18,

891–894.

[189] A. V. Clark and S. R. Tannenbaum, Studies on limit-peptide pigments from glucosecasein browning systems using radioactive glucose, *J. Agric. Food Chem.*, 1973, 21, 40–43.

[190] A. V. Clark and S. R. Tannenbaum, Isolation and characterization of pigments from proteincarbonyl systems. Models for two insulin-glucose pigments, *J. Agric. Food Chem.*, 1974, 22, 1089–1093.

[191] T. Hofmann, Studies on melanoidin-type colourants generated from the Maillard reaction of casein and furan-2-carboxaldehyde — chemical characterisation of a red coloured domaine, *Z. Lebensm. Unters. Forsch.*, 1998, 206, 251–258.

[192] C. M. J. Brands, B. L. Wedzicha, and M. A. J. S. van Boekel, The use of radiolabelled sugar to estimate the extinction coefficient of melanoidins formed in heated sugar-casein systems, in *G*, 2002, 249–253.

[193] V. Fogliano, S. M. Monti, T. Musella, G. Randazzo, and A. Ritieni, Formation of coloured Maillard reactionproducts in a gluten-glucose model system, *Food Chem.*, 1999, 66, 19–25.

[194] T. Kurata, M. Fujimaki, and Y. Sakurai, Red pigment produced by the reaction of dehydro-L-ascorbic acid with alpha-amino acid, *Agric. Biol. Chem.*, 1973, 37, 1471–1477.

[195] E. P. a. C. Directive, Colours for use in foodstuffs, *Official J.*, 1994, 36/94, 13–29.

[196] W. Kamuf, A. Nixon, O. Parker, and G. C. Barnum, Overview of caramel colors, *Cereal Foods World*, 2003, 48, 64–69.

[197] R. Hardt and W. Baltes, The analysis of caramel colours. Part 1. Differentiation of the classes of caramel colours by Curie-point pyrolysis-capillary gas chromatography-mass spectrometry, *Z. Lebensm. Unters. Forsch.*, 1987, 185, 275–280.

[198] A. Dross and W. Baltes, Uber die Fraktionierung von Zuckercouleur-Inhaltsstoffen nach ihrer Molmasse, *Z. Lebensm. Unters. Forsch.*, 1989, 188, 540–544.

[199] L. Royle and C. M. Radcliffe, Analysis of caramels by capillary electrophoresis and ultrafltration, *J. Sci. Food Agric.*, 1999, 79, 1709–1714.

[200] L. Royle, J. M. Ames, L. Castle, H. E. Nursten, and C. M. Radcliffe, A new method for the identification and quantification of Class IV caramels using capillary electrophoresis and its application to soft drinks, *J. Sci. Food Agric.*, 1998, 76, 579–587.

[201] J. S. Coffey, H. E. Nursten, J. M. Ames, and L. Castle, A liquid chromatographic method for the estimation of Class III caramel added to foods, *Food Chem.*, 1997, 58, 259–267.

[202] R. Wang and S. A. Schroeder, The effect of caramel coloring on the multiple degradation pathways of aspartame, *J. Food Sci.*, 2000, 65, 1100–1106.

[203] M. Manley-Harris and G. N. Richards, A novel fructoglucan from the thermal polymerization of sucrose, *Carbohydrate Res.*, 1993, 240, 183–196.

[204] M. Rychlik, P. Schieberle, and W. Grosch, *Compilation of Odor Thresholds, Odor Qualities and Retention Indices of Key Food Odorants*, Deutsche Forschungsanstalt für Lebensmittelchemie and Institut für Lebensmittelchemie der Technischen Universität München, Garching, 1998.

[205] H. E. Nursten, Workshop on volatile products, in *A*, 1981, 491–496.

[206] R. Teranishi, E. L. Wick, and I. Hornstein (eds), *Flavor Chemistry: Thirty Years of Progress*, Kluwer/Plenum, New York, 1999.

[207] G. Reineccius, Instrumental methods of analysis, in *Food Flavour Technology*, A. J. Taylor (ed), Sheffield Academic Press, Sheffield, 2002, 210–251.

[208] W. M. Coleman III, SPME-GC-MS detection analysis of Maillard reaction products, in *Applications of Solid Phase Microextraction*, J. Pawliszyn (ed), Royal Society of Chemistry, Cambridge, 1999, 585–608.

[209] T. H. Parliment, A concerted procedure for the generation, concentration, fractionation, and sensory evaluation of Maillard reaction products, in *Flavor Chemistry: Thirty Years of Progress*, R. Teranishi, E. L. Wick, and I. Hornstein (eds), Kluwer/Plenum, New York, 1999, 43–54.

[210] L. B. Fay, A. Newton, H. Simian, F. Robert, D. Douce, P. Hancock, M. Green, and I. Blank, Potential of gas chromatography-orthogonal acceleration time-of-flight mass spectrometry (GC-oaTOFMS) in flavor research, *J. Agric. Food Chem.*, 2003, 51, 2708–2713.

[211] W. Engel, T. Hofmann, and P. Schieberle, Characterization of 3,4-dihydroxy-3-hexen- 2,5-dione as the first open-chain caramel-like smelling flavor compound, *Eur. Food Res. Technol.*, 2001, 213, 104–106.

[212] A. Wnorowski and V. A. Yaylayan, Influence of pyrolytic and aqueous-phase reactions on the mechanism of formation of Maillard products, *J. Agric. Food Chem.*, 2000, 48, 3549–3554.

[213] T. Hofmann and P. Schieberle, Acetylformoin – an important progenitor of 4-hydroxy-2,5-dimethyl-3(2H)-furanone and 2-acetyltetrahydropyridine during thermal food processing, in *Flavour 2000: Perception, Release, Evaluation, Formation, Acceptance, Nutrition/Health*, M. Rothe (ed), Eigenverlag: Bergholz-Rehbrücke, 2001, 311–322.

[214] A. Kobayashi, Sotolon: Identification, formation, and effects on flavor, in *Flavor Chemistry: Trends and Developments*, R. Teranishi, R. G. Buttery, and F. Shahidi (eds), American Chemical Society, Washington, DC, 1989, 49–59, *via Chem. Abstr.*, 1989, 111, 76632p.

[215] J. A. Maga, Pyrroles in foods, *J. Agric. Food Chem.*, 1981, 29, 691–694.

[216] G. Vernin and C. Párkányi, Mechanisms of formation of heterocyclic compounds in Maillard and pyrolysis reactions, in *Chemistry of Heterocyclic Compounds in Flavours and Aromas*, G. Vernin (ed), Ellis Horwood, Chichester, 1982, 151–207.

[217] H. Kato and M. Fujimaki, Formation of *N*-substituted pyrrole-2-aldehydes in the browning reaction

between D-xylose and amino compounds, *J. Food Sci.,* 1968, 33, 445.

[218] H. Shigematsu, S. Shibata, T. Kurata, H. Sato, and M. Fujimaki, 5-Acetyl-2,3-hydro-1*H*-pyrrolizines and 5,6,7,8-terahydroindolizin-8-ones, odor constituents formed on heating proline with D-glucose, *J. Agric. Food Chem.,* 1975, 23, 233–237.

[219] R. Tressl, B. Helak, H. Koppler, and D. Rewicki, Formation of 2-(1-pyrrolidinyl)-2-cyclopentenones and cyclopent(b)azepin-8(1*H*)-ones as proline specific Maillard products, *J. Agric. Food Chem.,* 1985, 33, 1132–1137.

[220] R. Tressl, K. G. Grunewald, E. Kersten, and D. Rewicki, Formation of pyrroles and tetrahydroindolizin-6-ones as hydroxyproline-specific Maillard products from glucose and rhamnose, *J. Agric. Food Chem.,* 1985, 33, 1137–1142.

[221] P. Schieberle, The role of free amino acids present in yeast as precursors of the odorants 2-acetyl-1-pyrroline and 2-acetyltetrahydropyridine in wheat bread crust, *Z. Lebensm. Unters. Forsch.,* 1990, 191, 206–209.

[222] J. Kerler, J. G. M. van der Ven, and H. Weenen, α-Acetyl-N-heterocycles in the Maillard reaction, *Food Rev. Int.,* 1997, 13, 553–575.

[223] R. Tressl, B. Helak, E. Kersten, and D. Rewicki, Formation of proline-and hydroxyproline-specific Maillard products from [1-^{13}C]glucose, *J. Agric. Food Chem.,* 1993, 41, 547–553.

[224] R. G. Buttery, L. C. Ling, and B. O. Juliano, 2-Acetyl-1-pyrroline: an important aroma component of cooked rice, *Chem. Ind.,* 1982, 958–959.

[225] R. G. Buttery, L. C. Ling, B. O. Juliano, and J. G. Turnbaugh, Cooked rice aroma and 2-acetyl-1-pyrroline, *J. Agric. Food Chem.,* 1983, 31, 823–826.

[226] G. Jianming, Identification of 2-acetylpyridine in Xiangjing-8618 rice and in Yahonkaoluo leaves, *Food Chem.,* 2002, 78, 163–166.

[227] P. Schieberle, Quantitation of important roast-smelling odorants in popcorn by stable isotope dilution analysis and model studies on flavor formation during popping, *J. Agric. Food Chem.,* 1995, 43, 2442–2448.

[228] I. R. Hunter, M. K. Walden, J. R. Scherer, and R. E. Lundin, Preparation and properties of 1,4,5,6-tetrahydro-2-acetopyridine, a cracker-odor constituent of bread aroma, *Cereal Chem.,* 1969, 46, 189–195.

[229] J. E. Hodge, F. D. Mills, and B. E. Fisher, Compounds of browned flavor derived from sugar-amine reactions, *Cereal Sci. Today,* 1972, 17, 34.

[230] N. G. De Kimpe, W. S. Dhooge, Y. Shi, M. A. Keppens, and M. M. Boelens, On the Hodge mechanism of the formation of the bread flavor component 6-acetyl-1,2,3,4-tetrahydropyridine from proline and sugars, *J. Agric. Food Chem.,* 1994, 42, 1739–1742.

[231] J. A. Maga and C. E. Sizer, Pyrazines in foods, *CRC Crit. Rev. Food Technol.*, 1973, 4, 39–115.

[232] J. A. Maga, Pyrazines in flavour, in *Food Flavours: Part A. Introduction*; I. D. Morton and A. J. MacLeod (eds), Elsevier, Amsterdam, 1982, 283–323.

[233] J. A. Maga, Pyrazine update, *Food Rev. Int.*, 1992, 8, 479–558.

[234] T. Shibamoto and R. A. Bernhard, Investigation of pyrazine formation pathways in glucose-ammonia model systems, *Agric. Biol. Chem.*, 1977, 41, 143–153.

[235] W. Baltes and G. Bochmann, Model reactions on roast aroma formation. IV. Mass spectrometric identification of pyrazines from the reaction of serine and threonine with sucrose under the conditions of coffee roasting, *Z. Lebensm. Unters. Forsch.*, 1987, 184, 485–493.

[236] P. E. Koehler and G. V. Odell, Factors affecting the formation of pyrazine compounds in sugar-amine reactions, *J. Agric. Food Chem.*, 1970, 18, 895–898.

[237] G. P. Rizzi, A mechanistic study of alkylpyrazine formation in model systems, *J. Agric. Food Chem.*, 1972, 20, 1081–1085.

[238] H. Weenen, S. B. Tjan, P. J. de Valois, N. Bouter, A. Pos, and H. Vonk, Mechanism of pyrazine formation, in *Thermally Generated Flavors: Maillard, Microwave, and Extrusion Processes*, T. H. Parliment, M. J. Morello, R. J. McGorrin (eds), American Chemical Society, Washington, DC, 1994, 142–157.

[239] C.-T. Ho and J. Chen, Generation of volatile compounds from Maillard reaction of serine, threonine, and glutamine with monosaccharides, in *Flavor Chemistry: Thirty Years of Progress*, R. Teranishi, E. L. Wick, and I. Hornstein (eds), Kluwer/Plenum, New York, 1999, 327–333.

[240] R. Scarpellino and R. J. Soukup, Key flavors from heat reactions of food ingredients, in *Flavor Science: Sensible Principles and Techniques*, T. E. Acree and R. Teranishi (eds), American Chemical Society, Washington, DC, 1993, 309–335.

[241] H. V. Izzo, T. G. Hartman, and C.-T. Ho, Ammonium bicarbonate and pyruvaldehyde as flavor precursors in extruded food systems, in *Thermally Generated Flavors: Maillard, Microwave, and Extrusion Processes*, T. H. Parliment, M. J. Morello, and R. J. McGorrin (eds), American Chemical Society, Washington, DC, 1994, 328–333.

[242] V. A. Yaylayan and A. Keyhani, Elucidation of the mechanism of pyrrole formation during thermal degradation of 13C-labeled L-serines, *Food Chem.*, 2001, 74, 4–9.

[243] V. A. Yaylayan and L. J. W. Haffenden, Mechanism of imidazole and oxazole formation in [^{13}C-2]-labelled glycine and alanine model systems, *Food Chem.*, 2003, 81, 403–409.

[244] U. S. Gi and W. Baltes, Pyridoimidazoles, histidine-specific reaction products, in *Thermally Generated Flavors: Maillard, Microwave, and Extrusion Processes*, T. H. Parliment, M. J. Morello, and R. J. McGorrin (eds), American Chemical Society, Washington, DC, 1994, 263–269.

[245] G. MacLeod, The scientific and technological basis of meat flavours, in *Developments in Food Flavours*, G. G. Birch and M. G. Lindley (eds), Elsevier Applied Science, London, 1986, 191–223.

[246] Y. Zheng and C.-T. Ho, Kinetics of the release of hydrogen sulfide from cysteinme and glutathione during thermal treatment, in *Sulfur Compounds in Foods*, C. J. Mussinan and M. E. Keelan (eds), American Chemical Society, Washington, DC, 1994, 138–146.

[247] R. Tressl, E. Kersten, C. Nittka, and D. Rewicki, Formation of sulfur-containing flavor compounds from [^{13}C]-labeled sugars, cysteine, and methionine, in *Sulfur Compounds in Foods*, C. J. Mussinan and M. E. Keelan (eds), American Chemical Society, Washington, DC, 1994, 224–235.

[248] I. Flament, Coffee, cocoa, and tea, in *Volatile Compounds in Foods and Beverages*, H. Maarse (ed), Dekker, New York, 1991, 617–669.

[249] W. Baltes and C. Song, New aroma compounds in wheat bread, in *Thermally Generated Flavors: Maillard, Microwave, and Extrusion Processes*, T. H. Parliment, M. J. Morello, R. J. McGorrin (eds), American Chemical Society, Washington, DC, 1994, 192–205.

[250] C. Cerny and T. Davidek, Formation of aroma compounds from ribose and cysteine during Maillard reaction, *J. Agric. Food Chem.*, 2003, 51, 2714–2721.

[251] H.-D. Belitz and W. Grosch, *Food Chemistry*, Springer, Berlin, 1987.

[252] J. A. Maga, The role of sulfur compounds in food flavor. Part II: thiophens, *CRC Crit. Rev. Food Technol.*, 1975, 6, 241–270.

[253] G. Vernin and Vernin, Genevieve. Heterocyclic aroma compounds in foods: occurrence and organoleptic properties, in *Chemistry of Heterocyclic Compounds in Flavours and Aromas*, G. Vernin and C. Párkányi (eds), Ellis Horwood, Chichester, 1982, 92–97.

[254] T. Hofmann and P. Schieberle, Evaluation of the key odorants in a thermally treated solution of ribose and cysteine by aroma extract dilution techniques, *J. Agric. Food Chem.*, 1995, 43, 2187–2194.

[255] D. S. Mottram, M. S. Madruga, and F. B. Whitfield, Some novel meatlike aroma compounds from the reactions of alkanediones with hydrogen sulfide and furanthiols, *J. Agric. Food Chem.*, 1995, 43, 189–193.

[256] T. A. Bolton, G. A. Reineccius, R. Liardon, and T. Huynh Ba, Role of cysteine in the formation of 2-methyl-3-furanthiol in a thiamine-cysteine model system, in *Thermally Generated Flavors: Maillard, Microwave, and Extrusion Processes*, T. H. Parliment, M. J. Morello, and R. J. McGorrin (eds), American Chemical Society, Washington, DC, 1994, 270–278.

[257] G. MacLeod and M. Seyyedain-Ardebili, Natural and simulated meat flavors (with particular reference to beef), *CRC Crit. Rev. Food Sci. Nutr.*, 1981, 14, 309–437.

[258] M. Sakaguchi and T. Shibamoto, Formation of heterocyclic compounds from the reaction of

cysteamine and $_D$-glucose, acetaldehyde, or glyoxal, *J. Agric. Food Chem.*, 1978, 26, 1179–1183.

[259] J. A. Maga, The role of sulfur compounds in food flavor. Part I: thiazoles, *CRC Crit. Rev. Food Technol.*, 1975, 6, 153–176.

[260] G. Vernin, Recent progress in food flavors: the role of heterocyclic compounds, *Ind. Alim. Agric.*, 1980, 97, 433–449.

[261] T. Hayashi and T. Shibamoto, Analysis of methyl glyoxal in foods and beverages, *J. Agric. Food Chem.*, 1985, 33, 1090–1093.

[262] T. Hofmann and P. Schieberle, Studies on the formation and stability of the roast-flavor compound 2-acetyl-2-thiazoline, *J. Agric. Food Chem.*, 1995, 43, 2946–2950.

[263] T. Hofmann and P. Schieberle, Studies on intermediates generating the flavour compounds 2-methyl-3-furanthiol, 2-acetyl-2-thiazoline and sotolon by Maillard-type reactions, in *Flavour Science: Recent Developments*, A. J. Taylor and D. S. Mottram (eds), Royal Society of Chemistry, Cambridge, 1996, 182–187.

[264] R. B. Rhlid, Y. Fleury, I. Blank, L. B. Fay, D. H. Welti, F. A. Vera, and M. A. Juillerat, Generation of roasted notes based on 2-acetyl-2-thiazoline and its precursor, 2-(1-hydroxyethyl)-4,5-dihydrothiazole, by combined bio and thermal approaches, *J. Agric. Food Chem.*, 2002, 50, 2350–2355.

[265] W. Engel and P. Schieberle, Identification and quantitation of key aroma compounds formed in Maillard-type reactions of fructose with cysteamine or isothiaproline (1,3-thiazolidine-2-carboxylic acid), *J. Agric. Food Chem.*, 2002, 50, 5394–5399.

[266] W. Engel and P. Schieberle, Structural determination and odor characterization of *N*-(2-mercaptoethyl)-1,3-thiazolidine, a new intense porcorn-like-smelling odorant, *J. Agric. Food Chem.*, 2002, 50, 5391–5393.

[267] E. J. Mulders, Volatile components from the non-enzymic browning reaction of the cysteine/cystine-ribose system, *Z. Lebensm. Unters. Forsch.*, 1973, 152, 193–201.

[268] T. Shibamoto and H. Yeo, Flavor in the cysteine-glucose model system prepared in microwave and conventional ovens, in *Thermally Generated Flavors: Maillard, Microwave, and Extrusion Processes*, T. H. Parliment, M. J. Morello, and R. J. McGorrin (eds), American Chemical Society, Washington, DC, 1994, 457–465.

[269] M. Guntert, J. Bruning, R. Emberger, M. Kopsel, W. Kuhn, T. Thielmann, and P. Werkhoff, Identification and formation of some selected sulfur-containing flavor compounds in various meat model systems, *J. Agric. Food Chem.*, 1990, 38, 2027–2041.

[270] T. Hofmann, R. Hassner, and P. Schieberle, Determination of the chemical structure of the intense roasty, popcorn-like odorant 5-acetyl-2,3-dihydro-1,4-thiazine, *J. Agric. Food Chem.*, 1995, 43,

2195–2198.

[271] C. Hilmes and A. Fischer, Role of amino acids and glucose in development of burnt off-flavours in liver sausage during heat processing, *Meat Sci.,* 1997, 47, 249–258, *via Food Sci. Technol. Abstr.,* 1998, 05S0817.

[272] C. Hilmes and A. Fischer, Inhibitory effect of sulfur-containing amino acids on burnt off-flavours in canned liver sausages, *Meat Sci.,* 1997, 46, 199–210, *via Food Sci. Technol. Abstr.,* 1997, 12S0192.

[273] J. E. Hodge, Origin of flavor in foods: Nonenzymatic browning reactions, in *The Chemistry and Physiology of Flavors*, H. W. Schultz, E. A. Day, and L. M. Libbey (eds), The AVI Publishing Co, Westport, CO, 1967, 465–491.

[274] H. E. Nursten, The mechanism of formation of 3-methylcyclopent-2-en-2-olone, in *F*, 1998, 65–68.

[275] A. Arnoldi and G. Boschin, Flavors from the reaction of lysine and cysteine with glucose in the presence of lipids, in *Thermally Generated Flavors: Maillard, Microwave, and Extrusion Processes*, T. H. Parliment, M. J. Morello, and R. J. McGorrin (eds), American Chemical Society, Washington, DC, 1994, 240–250.

[276] H. Maarse (ed), *Volatile Compounds in Foods and Beverages*, Dekker, New York, 1991.

[277] D. D. Roberts and T. E. Acree, Gas chromatography-olfactometry of glucose-proline Maillard reaction products, in *Thermally Generated Flavors*, T. H. Parliment, M. J. Morello, and R. J. McGorrin (eds), American Chemical Society, Washington, DC, 1994, 71–79.

[278] H. E. Nursten, Volatiles produced by the Maillard reaction, in *Frontiers of Flavour Science*, P. Schieberle and K.-H. Engel (eds), Deutsche Forschungsanstalt für Lebensmittelchemie, Garching, 2000, 475–480.

[279] R. Harper, D. G. Land, N. M. Griffiths, and E. C. Bate-Smith, Odour qualities: a glossary of usage, *Br. J. Psychol.,* 1968, 59, 231–252.

[280] A. Dravnieks, Odor quality: semantically generated multidimensional profiles are stable, *Science,* 1982, 218, 799–801.

[281] V. A. Yaylayan, N. G. Forage, and S. Mandeville, Microwave and thermally induced Maillard reactions, in *Thermally Generated Flavors: Maillard, Microwave, and Extrusion Processes*, T. H. Parliment, M. J. Morello, R. J. McGorrin (eds), American Chemical Society, Washington, DC, 1994, 449– 456.

[282] J. Kerler, and C. Winkel, The basic chemistry and process conditions underpinning reaction flavour production, in *Food Flavour Technology*, A. J. Taylor (ed), Sheffield Academic Press, Sheffield, 2002, 27–59.

[283] H. Ottinger and T. Hofmann, Quantitative model studies on the efficiency of precursors in the formation of cooling-active 1-pyrrolidinyl-2-cyclopenten-1-ones and bitter-tasting cyclopenta-[b]

azepin-8(1*H*)-ones, *J. Agric. Food Chem.,* 2002, 50, 5156–5161.

［284］O. Frank, M. Jezussek, and T. Hofmann, Sensory activity, chemical structure, and synthesis of Maillard generated bitter-tasting 1-oxo-2,3-dihydro-1*H*-indolizinium-6-olates, *J. Agric. Food Chem.,* 2003, 51, 2693–2699.

［285］O. Frank, and T. Hofmann, Reinvestigation of the chemical structure of bitter-tasting quinizolate and homoquinizolate and studies on their Maillard-type formation pathways using suitable 13C-labeling experiments, *J. Agric. Food Chem.,* 2002, 50, 6027–6036.

［286］H. Ottinger, T. Soldo, and T. Hofmann, Discovery and structure determination of a novel Maillard-derived sweetness enhancer by application of the comparative taste dilution analysis (cTDA), *J. Agric. Food Chem.,* 2003, 51, 1035–1041.

［287］H. Ottinger, A. Bareth, and T. Hofmann, Characterization of natural "cooling" compounds formed from glucose and $_L$-proline in dark malt by application of taste dilution analysis, *J. Agric. Food Chem.,* 2001, 49, 1336–1344.

［288］H. Ottinger, T. Soldo, and T. Hofmann, Systematic studies on structure and physiological activity of cyclic *α*-keto enamines, a novel class of "cooling" compounds, *J. Agric. Food Chem.,* 2001, 49, 53383–55390.

［289］K.-G. Lee and T. Shibamoto, Toxicology and antioxidant activities of non-enzymic browning reaction products: Review, *Food Rev. Int.,* 2002, 18, 151–175.

［290］M. Friedman, Food browning and its prevention: an overview, *J. Agric. Food Chem.,* 1996, 44, 631–653.

［291］V. Faist, K. Krome, J. M. Ames, and H. F. Erbersdobler, Effects of non-enzymic browning products formed by roasting glucose/glycine and glucose/casein mixtures on nadph-cytochrome c-reductase and glutathione-S-transferase in Caco-2 cells, in *Melanoidins in Food and Health,* Vol. 2, J. M. Ames (ed), European Communities, Luxembourg, 2001, 95–106.

［292］V. Faist, T. Hofmann, H. Zill, J. W. Baynes, S. R. Thorpe, K. Sebekova, R. Schinzel, A. Heidland, E. Wenzel, and H. F. Erbersdobler, Effects of dietary N^{ε}-carboxymethyllysine on expression of the biotransformation enzyme, glutathione-S-transferase, in the rat, in *G,* 2002, 313–320.

［293］T. Hofmann, H. F. Erbersdobler, I. Kruse, and V. Faist, Molecular weight distribution of non-enzymatic browning products in Japanese soy sauce and studies on their effects on NADPH-cytochrome c-reductase and glutathione-S-transferase in intestinal cells, in *G,* 2002, 485–486.

［294］C.-C. Chen, T.-H. Tseng, J.-D. Hsu, and C.-J. Wang, Tumor-promoting effect of GGN-MRP extract from the Maillard reaction products of glucose and glycine in the presence of sodium nitrite in C3H10T1/2 cells, *J. Agric. Food Chem.,* 2001, 49, 6063–6067.

［295］E. M. P. Widmark, Presence of cancer-producing substances in roasted food, *Nature,* 1939, 143,

984.

[296] D. S. Mottram, B. L. Wedzicha, and A. T. Dodson, Acrylamide is formed in the Maillard reaction, *Nature,* 2002, 419, 448–449.

[297] E. Tareke, P. Rydberg, P. Karlsson, S. Eriksson, and M. Törnqvist, Analysis of acrylamide, a carcinogen formed in heated foodstuffs, *J. Agric. Food Chem.,* 2002, 50, 4998–5006.

[298] R. H. Stadler, I. Blank, N. Varga, F. Robert, J. Hay, P. A. Guy, M.-C. Robert, and S. Riediker, Acrylamide from Maillard reaction products, *Nature,* 2002, 419, 449–450.

[299] F. L. Martin and J. M. Ames, Formation of Strecker aldehydes and pyrazines in a fried potato model system, *J. Agric. Food Chem.,* 2001, 49, 3885–3892.

[300] M. Nagao, M. Honda, Y. Seino, T. Yahagi, and T. Sugimura, Mutagenicities of smoke condensates and the charred surface of fish and meat, *Cancer Lett.,* 1977, 2, 221–226.

[301] T. Sugimura, T. Kawachi, M. Nagao, T. Yahagi, Y. Seino, T. Okamoto, K. Shudo, T. Kosuge, K. Tsuji, K. Wakabayashi, Y. Iitaka, and A. Itai, Mutagenic principle(s) in tryptophan and phenylalanine pyrolysis products, *Proc. Japan Acad.,* 1977, 53, 58–61.

[302] M. Jägerstad, K. Skog, and A. Solyakov, Effects of possible binding of potential human carcinogens in cooked foods to melanoidins, in *Melanoidins in Food and Health,* Vol. 1, J. M. Ames (ed), European Communities, Luxembourg, 2000, 89–92.

[303] J. S. Felton, M. A. Malfatti, M. G. Knize, C. P. Salmon, E. C. Hopmans, and B. W. Wu, Health risks of heterocyclic amines, *Mut. Res.,* 1997, 376, 37–41.

[304] J. S. Felton and M. G. Knize, Carcinogens in cooked foods: How do they get there and do they have an impact on human health? in *F,* 1998, 11–18.

[305] A. Solyakov, K. Skog, and M. Jägerstad, Possible binding of carcinogenic/mutagenic heterocyclic amines to melanoidins, in *Melanoidins in Foods and Health,* Vol. 2, J. M. Ames (ed), European Communities, Luxembourg, 2001, 117–118.

[306] M. J. Barnes and J. H. Weisburger, In vitro binding of the food mutagen 2-amino-3-methylimidazo(4,5-f)quinoline to dietary fiber, *J. Natl. Cancer Inst.,* 1983, 70, 757–760.

[307] M. Jägerstad, A. L. Reuterswärd, R. Öste, A. Dahlqvist, S. Grivas, K. Olsson, and T. Nyhammar, Creatinine and Maillard reaction products as precursors of mutagenic compounds formed in fried beef, in *B,* 1983, 507–519.

[308] C. Negishi, K. Wakabayashi, M. Tsuda, S. Sato, T. Sugimura, H. Saito, M. Maeda, and M. Jägerstad, Formation of 2-amino-3,7,8-trimethylimidazo[4,5-f]quinoxaline, a new mutagen, by heating a mixture of creatinine, glucose and glycine, *Mut. Res. Lett.,* 1984, 140, 55–59.

[309] T. Nyhammar, S. Grivas, K. Olsson, and M. Jägerstad, Isolation and identification of beef mutagens (IQ compounds) from heated model systems of creatinine, fructose and glycine or alanine, in *C,*

1986, 323–327.

[310] S. Zöchling, and M. Murkovic, Formation of the heterocyclic aromatic amine PhIP: Idenfication of precursors and intermediates, *Food Chem.,* 2002, 79, 125–134.

[311] K. Skog, A. Solyakov, P. Arvidsson, and M. Jägerstad, Screening for toxic Maillard reaction products in meat flavours and bouillons, in *F*, 1998, 444.

[312] N. Kinae, K. Kujirai, C. Kajimoto, M. Furugori, S. Masuda, and K. Shimoi, Formation of mutagenic and carcinogenic heterocyclic amines in model systems without heating, in *G*, 2002, 341–345.

[313] L. M. Tikkanen, T. M. Sauri, and K. J. Latva-Kala, Screening of heat-processed Finnish foods for the mutagens 2-amino-3,4,8-dimethylimidazo[4,5-f]quinoxaline, 2-amino-3,8-dimethylimidazo[4,5-f]quinoxaline, and 2-amino-1-methyl-6-phenylimidazo[4,5-b]pyridine, *Food Chem. Toxic.,* 1993, 31, 717–721.

[314] B. Zimmerli, P. Rhyn, O. Zoller, and J. Schlatter, Occurrence of heterocyclic aromatic amines in the Swiss diet: analytical method, exposure estimation and risk assessment, *Food Add. Contam.,* 2001, 18, 533–551.

[315] R. D. Klassen, D. Lewis, B. P.-Y. Lau, and N. P. Sen, Heterocyclic aromatic amines in cooked hamburgers and chicken obtained from local fast food outlets in the Ottawa region, *Food Res. Int.,* 2002, 35, 837–847.

[316] K. Skog, A. Eneroth, and M. Svanberg, Effect of different cooking methods on the formation of food mutagens in meat, *Int. J. Food Sci. Technol.,* 2003, 38, 313–323.

[317] M. G. Knize, C. P. Salmon, and J. S. Felton, Meat surface effects: Marinating before grilling can inhibit or promote the formation of heterocyclic amines, in *F*, 1998, 417.

[318] J. H. Weisburger, Specific Maillard reactions yield powerful mutagens and carcinogens, in *E*, 1994, 335–340.

[319] E. B. Brittebo, K. Skog, and M. Jägerstad, Binding of the food mutagen PhIP in pigmented tissues of mice, *Carcinogenesis,* 1992, 13, 2263–2269, *via Chem. Abstr.,* 1993, 118, 54067a.

[320] C. M. J. Brands, G. M. Alink, M. A. J. S. van Boekel, and W. M. F. Jongen, Mutagenicity of heated sugar-casein systems: Effect of the Maillard reaction, in *Melanoidins in Food and Health*, Vol. 2, J. M. Ames (ed), European Communities, Luxembourg, 2001, 175–180.

[321] G. C. Yen and C.-M. Liao, Effects of Maillard reaction products on DNA damage in human cells and their possible mechanisms, in *G*, 2002, 321–325.

[322] B. L. Pool, H. Roeper, S. Roeper, and K. Romruen, Mutagenicity studies on *N*-nitrosated products of the Maillard browning reaction: *N*-nitroso-fructose-amino acids, *Food Chem. Toxic.,* 1984, 22, 797-801, *via Chem. Abstr.,* 1985, 102, 60899j.

[323] H. Mi, K. Hiramoto, K. Kujirai, K. Ando, Y. Ikarashi, and K. Kikugawa, Effect of food reductones,

2,5-dimethyl-4-hydroxy-3(2*H*)-furanone (DMHF) and hydroxyhydroquinone (HHQ), on lipid peroxidation and Type IV and I allergy responses of mouse, *J. Agric. Food Chem.,* 2001, 49, 4950–4955.

[324] J. Gasic-Milenkovic, S. Dukic-Stefanovic, K. Nowick, W. Conrad, and G. Münch, Oxidative stress and re-entry of neurones into the cell cycle: can advanced glycation end-products derived from food cause double trouble in the brain? in *Melanoidins in Food and Health*, J. M. Ames (ed), European Communities, Luxembourg, 2001, 107–115.

[325] T. Koschinsky, C. J. He, T. Mitsuhashi, R. Bucala, C. Liu, C. Buenting, K. Heitmann, and H. Vlassara, Orally absorbed reactive glycation products (glycotoxins): an environmental risk factor in diabetic nephropathy, *Proc. Natl. Acad. Sci. USA,* 1997, 94, 6474–6479.

[326] H. Satoh, M. Togo, M. Hara, T. Miyata, K. Han, H. Maekawa, N. Ohno, Y. Hashimoto, K. Kurokawa, and T. Watanabe, Advanced glycation endproducts stimulate mitogen-activated protein kinase and proliferation in rabbit vascular smooth muscle cells, *Biochem. Biophys. Res. Comm.,* 1997, 239, 111–115.

[327] D. Ruggiero-Lopez, N. Rellier, M. Lecomte, M. Lagarde, and N. Wiernsperger, Growth modulation of retinal microvascular cells by early and advanced glycation products, *Diabetes Res. Clin. Pract.,* 1997, 34, 135–142.

[328] G.-C. Yen and P.-P. Hsieh, Possible mechanisms of antimutagenic effect of Maillard reaction products prepared from xylose and lysine, *J. Agric. Food Chem.,* 1994, 42, 133–137.

[329] H. Kato, I. E. Lee, N. van Chuyen, S. B. Kim, and F. Hayase, Inhibition of nitrosamine formation by nondialyzable melanoidins, *Agric. Biol. Chem.,* 1987, 51, 1333–1338.

[330] H. Einarsson, S. G. Snygg, and C. Eriksson, Inhibition of bacterial growth by Maillard reaction products, *J. Agric. Food Chem.,* 1983, 31, 1043–1047.

[331] H. Einarsson, The effect of pH and temperature on the antibacterial effect of Maillard reaction products, *Lebensm. Wiss. Technol.,* 1987, 20, 56–58.

[332] H. Einarsson, T. Eklund, and I. F. Nes, Inhibitory mechanisms of Maillard reaction products, *Microbios,* 1988, 53, 27–36.

[333] R. E. Oste, D. L. Brandon, A. H. Bates, and M. Friedman, Effect of the Maillard reaction of the Kunitz soybean trypsin inhibitor on its interaction with monoclonal antibodies, *J. Agric. Food Chem.,* 1990, 38, 258–261.

[334] J. O'Brien and P. A. Morrissey, Nutritional and toxicological aspects of the Maillard browning reaction in foods, *Crit. Rev. Food Sci. Nutr.,* 1989, 28, 211–248.

[335] R. J. van Barneveld, E. S. Batterham, and B. W. Norton, The effect of heat on amino acids for growing pigs. 1. A comparison of ileal and faecal digestibilities of amino acids in raw and heat-

treated field peas (*Pisum sativum* cultivar Dundale), *Br. J. Nutr.,* 1994, 72, 221–241.

[336] R. J. van Barneveld, E. S. Batterham, and B. W. Norton, The effect of heat on amino acids for growing pigs. 2. Utilization of ileal-digestible lysine from heat-treated field peas (*Pisum sativum* cultivar Dundale), *Br. J. Nutr.,* 1994, 72, 243–256.

[337] R. J. van Barneveld, E. S. Batterham, and B. W. Norton, The effect of heat on amino acids for growing pigs. 3. The availability of lysine from heat-treated field peas (*Pisum sativum* cultivar Dundale), *Br. J. Nutr.,* 1994, 72, 257–275.

[338] R. J. van Barneveld, E. S. Batterham, D. C. Skingle, and B. W. Norton, The effect of heat on amino acids for growing pigs. 4. Nitrogen balance and urine, serum and plasma composition of growing pigs fed on raw or heat-treated field peas (*Pisum sativum*), *Br. J. Nutr.,* 1995, 73, 259–273.

[339] N. Terasawa, M. Murata, and S. Homma, Separation of model melanoidin into components with copper chelating Sepharose 6B column chromatography and comparison of chelating activity, *Agric. Biol. Chem.,* 1991, 55, 1507–1514.

[340] A. N. Wijewickreme, D. D. Kitts, and T. D. Durance, Reaction conditions influence the elementary composition and metal chelating affinity of nondialyzable model Maillard products, *J. Agric. Food Chem.,* 1997, 45, 4577–4583.

[341] C. Delgado-Andrade, I. Seiquer, and M. P. Navarro, Copper metabolism in rats fed diets containing Maillard reaction products, *J. Food Sci.,* 2002, 67, 855–860.

[342] H. F. Erbersdobler, A. Brandt, E. Scharrer, and B. von Wangenheim, Transport and metabolism studies with fructose amino acids, in *A,* 1981, 257–263.

[343] H. F. Erbersdobler and V. Faist, Metabolism of Amadori products in rats and humans, in *Melanoidins in Food and Health,* Vol. 2, J. M. Ames (ed), European Communities, Luxembourg, 2001, 165–174.

[344] K. Lee and H. F. Erbersdobler, Balance experiments on human volunteers with epsilon-fructoselysince (FL) and Lysinoalanine (LAL), in *E,* 1994, 358–363.

[345] A. Niederwieser, P. Giliberti, and A. Matasovic, N^ε-1-Deoxyfructosyl-lysine in urine after ingestion of a lactose free, glucose containing milk formula, *Pediatr. Res.,* 1975, 9, 867–872.

[346] A. G. Wynne, C. Sauter, J. M. Ames, and G. R. Gibson, Evaluation of the microbial degradation of melanoidins and the implications for human gut health, Vol. 2, in *Melanoidins in Food and Health,* J. M. Ames (ed), European Communities, Luxembourg, 2001, 181–186.

[347] G. R. Gibson and M. B. Roberfroid (ed), *Colonic Microbiota, Nutrition and Health,* Kluwer Academic, Dordrecht, 1999.

[348] S. Rahbar, O. Blumenfeld, and H. M. Ranney, Unusual hemoglobin in patients with diabetes mellitus, *Biochem. Biophys. Res. Comm.,* 1969, 36, 838–843, *via Chem. Abstr.,* 1969, 71, 99722x.

[349] M. C. De Rosa, M. T. Sanna, I. Messana, M. Castgnola, A. Galtieri, E. Tellone, R. Scatena, B. Botta, M. Botta, B. Giardina, Glycated human hemoglobin (HbA$_{1c}$): functional characteristics and molecular modeling studies, *Biophys. Chem.*, 1998, 72, 323–335, *via Chem. Abstr.*, 1998, 129, 91907x.

[350] H. E. Nursten, The Maillard reaction in food and nutrition, in *Flavour 2000: Perception, Release, Evaluation, Formation, Acceptance, Nutrition/Health*, M. Rothe (ed), Eigenverlag, Bergholz-Rehbrücke, 2001, 297–309.

[351] T. P. Degenhardt, E. Brinkmann-Frye, S. R. Thorpe, and J. W. Baynes, Role of carbonyl stress in aging and age-related diseases, in *F*, 1998, 3–10.

[352] S. R. Thorpe and J. W. Baynes, CML: a brief history, in *G*, 2002, 91–99.

[353] M. A. Glomb and C. Pfahler, Amides are novel protein modifications formed by physiological sugars, *J. Biol. Chem.*, 2001, 276, 41638–41647.

[354] T. Henle, U. Schwarzenbolz, A. W. Walter, and H. Klostermeyer, Protein-bound Maillard compounds in foods: Analytical and technological aspects, in *F*, 1998, 178–183.

[355] R. Bucala, Advanced glycosylation: Role in atherosclerosis. In *The Glycation Hypothesis of Atherosclerosis*, C. A. L. S. Colaco (ed), Landes Biosciences/Springer, Georgetown, Texas/Heidelberg, 1997, 89–107.

[356] M. Lindenmeier, V. Faist, and T. Hofmann, Structural and functional characterization of pronyl-lysine, a novel protein modification in bread crust melanoidins showing in vitro antioxidative and Phase I/II enzyme modulating activity, *J. Agric. Food Chem.*, 2002, 50, 6997–7006.

[357] F. Tessier, V. M. Monnier, and J. A. Kornfield, Characterization of novel chromophores, fluorophores and cross-links from glyceraldehyde, lysine and arginine, in *G*, 2002, 303–311.

[358] H. Odani, K. Iijima, M. Nakata, S. Miyata, Y. Yasuda, S. Irie, K. Maeda, and D. Fujimoto, Identification of N^ω-carboxymethylarginine, as a new advanced glycation endproduct in serum proteins of diabetic patients, in *G*, 2002, 295–301.

[359] F. Hayase, N. Nagashima, T. Koyama, S. Sagara, and Y. Takahashi, Reaction mechanisms operating in 3-deoxyglucosone-protein systems, in *F*, 1998, 262–267.

[360] F. Hayase, Y. Takahashi, S. Sasaki, S. Shizuuchi, and H. Watanabe, 3-Deoxyosone-related advanced glycation end products in foods and biological systems, in *G*, 2002, 217–221.

[361] E. A. Abordo and P. J. Thornalley, Pro-inflammatory cytokine synthesis by human monocytes induced by proteins minimally modified by methylglyoxal, in *F*, 1998, 357–362.

[362] U. Schwarzenbolz, T. Henle, and H. Klostermeyer, Studies on the reaction of glyoxal with protein-bound arginine, in *F*, 1998, 443.

[363] M. A. Glomb and R. H. Nagaraj, Protein modification by glyoxal and methylglyoxal during the

Maillard reaction of higher sugars, in *F*, 1998, 250–255.

[364] T. Oya-Ito, S. Kawakishi, N. Shibata, M. Kobayashi, T. Osawa, and K. Uchida, A novel monoclonal antibody against methylglyoxal-arginine adduct, in *G*, 2002, 397–399.

[365] P. S. Padayatti, A. S. Ng, K. Uchida, M. A. Glomb, and R. H. Nagaraj, Argpyrimidine, a blue fluorophore in human lens proteins: High levels in brunescent cataractous lenses, *Invest. Ophthal. Visual Sci.*, 2001, 42, 1299–1304.

[366] J. M. Onorato, S. R. Thorpe, and J. W. Baynes, Immunohistochemical and ELISA assays for biomarkers of oxidative stress in aging and disease, *Ann. N.Y. Acad. Sci.*, 1998, 854, 277–290.

[367] T. Hofmann, W. Bors, and K. Stettmaier, Radical-assisted melanoidin formation during thermal processing of foods as well as under physiological conditions, *J. Agric. Food Chem.*, 1999, 47, 391–396.

[368] F. Tessier, M. Obrenovich, and V. M. Monnier, Structure and mechanism of formation of human lens fluorophore LM-1, *J. Biol. Chem.*, 1999, 274, 20796–20804.

[369] L. Graham, R. H. Nagaraj, R. Peters, L. M. Sayre, and V. M. Monnier, Structure and biological significance of pentodilysine, a novel fluorescent advanced Maillard reaction protein crosslink, in *F*, 1998, 410.

[370] M. E. Westwood and P. J. Thornalley, Glycation and advanced glycation endproducts, in *The Glycation Hypothesis of Atherosclerosis*, C. A. L. S. Colaco (ed), Landes Bioscience/ Springer, Austin, TX, 1997, 57–87.

[371] T. Knerr, H. Lerche, M. Pischetsrieder, and T. Severin, Formation of a novel colored product during the Maillard reaction of $_D$-glucose, *J. Agric. Food Chem.*, 2001, 49, 1966–1970.

[372] C. A. L. S. Colaco (ed), *The Glycation Hypothesis of Atherosclerosis*, Landes Bioscience/ Springer, Austin, TX, 1997.

[373] M. A. Friedlander, R. A. Rodby, E. J. Lewis, and D. Hricik, Serum 'free' pentosidine levels and urinary excretion predict deteriorating renal function in diabetic nephropathy, in *F*, 1998, 408.

[374] R. G. Paul, T. J. Sims, N. C. Avery, and A. J. Bailey, Identification and inhibition of glycation cross-links impairing the function of collagenous tissues, in *F*, 1998, 437.

[375] J. teKoppele, J. de Groot, N. Verzijl, and R. A. Bank, Nonenzymic glycation as risk factor in osteoarthritis, in *F*, 1998, 447.

[376] K. Miyazaki, R. Nagai, and S. Horiuchi, Formation of pentosidine-like AGE structure from creatine, in *G*, 2002, 457–458.

[377] K. M. Biemel, O. Reihl, J. Conrad, and M. O. Lederer, Formation pathways for lysine-arginine cross-links derived from hexoses and pentoses by Maillard processes, *J. Biol. Chem.*, 2001, 276, 23405–23412.

［378］ M. O. Lederer and R. G. Klaiber, Cross-linking of proteins by Maillard processes: Characterization and detection of lysine-arginine cross-links derived from glyoxal and methylglyoxal, *Bioorg. Med. Chem.*, 1999, 7, 2499–2507.

［379］ M. O. Lederer and H. P. Bühler, Cross-linking of proteins by Maillard processes — characterization and detection of a lysine-arginine cross-link derived from glucose, *Bioorg. Med. Chem.*, 1999, 7, 1081–1088.

［380］ Y. Al-Abed and R. Bucala, A novel AGE crosslink exhibiting immunological cross-reactivity with AGEs formed *in vivo*, in *F*, 1998, 239–244.

［381］ F. Gerum, M. O. Lederer, and T. Severin, Cross-linking of proteins by Maillard processes: Model reaction of an Amadori compound with N^α-acetyl-L-arginine, in *F*, 1998, 409.

［382］ R. Tressl, G. Wondrak, E. Kersten, and D. Rewicki, Structure and potential crosslinking reactivity of a new pentose-specific Maillard product, *J. Agric. Food Chem.*, 1994, 42, 2692–2697.

［383］ T. Osawa, T. Oya, H. Kumon, Y. Morimitsu, H. Kobayashi, M. Akiba, and N. Kakimoto, A novel type of advanced glycation endproduct found in diabetic rats, in *F*, 1998, 434.

［384］ T. Henle, U. Schwarzenbolz, and H. Klostermeyer, Irreversible crosslinking of casein during storage of UHT-treated skim milk, in *Heat Treatments & Alternative Methods*, International Dairy Federation, Brussels, 1996, 290–298.

［385］ G. Boschin, A. D'Agostina, and A. Arnoldi, A convenient synthesis of some cross-linked amino acids and their diastereoisomeric characterization, *Food Chem.*, 2002, 78, 325–331.

［386］ K. Iijima, H. Odani, K. Maeda, D. Fujimoto, and S. Irie, Immunological detection of N^ω-carboxymethylarginine, in *G*, 2002, 349–351.

［387］ T. Araki, Y. Chijiiwa, R. Nagai, N. Araki, and S. Horiuchi, Application of the amino acid analysis for the detection of AGE-proteins of the Maillard reaction, in *G*, 2002, 391–393.

［388］ R. Nagai, T. Araki, and S. Horiuchi, Preparation of specific antibody against CML, one of the major AGE structures, in *G*, 2002, 479–480.

［389］ T. Oya, N. Hattori, Y. Mizuno, S. Miyata, S. Maeda, T. Osawa, and K. Uchida, Methylglyoxal modification of protein: chemical and immunochemical characterization of methylglyoxal-arginine adducts, *J. Biol. Chem.*, 1999, 274, 18492–18502.

［390］ H. Watanabe, S. Iwaki, K. Aida, and F. Hayase, Formation and determination of α-dicarbonyls and an AGE cross-link, pyrropyridine in glycated proteins and in vivo, in *G*, 2002, 153–156.

［391］ K. Sekine, M. Uchiyama, H. Kawakami, K. Yoshiharar, T. Kuragano, M. Miura, and M. Beppu, Chromatographic quantification of pentosidine and pyrraline in patients with diabetic complications, in *G*, 2002, 427–428.

［392］ P. Chellan and R. H. Nagaraj, Early glycation products produce pentosidine cross-links on native proteins: Novel mechanism of pentosidine formation and propagation of glycation, *J. Biol. Chem.*, 2001, 276, 3895–3903.

[393] L. Kennedy and J. W. Baynes, Nonenzymatic glycosylation and the chronic complications of diabetes: An overview, *Diabetologia,* 1984, 26, 93–98.

[394] H. Vlassara, R. Bucala, and L. Striker, Pathogenic effects of advanced glycosylation: Biochemical, biologic and clinical implications for diabetes and aging, *Lab. Invest.,* 1994, 70, 138–151.

[395] M. Brownlee, H. Vlassara, A. Kooney, P. Ulrich, and A. Cerami, Aminoguanidine prevents diabetes-induced arterial wall protein crosslinking, *Science,* 1986, 232, 1629–1632.

[396] Z. Makita, H. Vlassara, E. Rayfield, K. Cartwright, E. Friedman, R. Rodby, A. Cerami, and R. Bucala, Hemoglobin-AGE: A circulating marker of advanced glycosylation, *Science,* 1992, 258, 651–653.

[397] B. S. Szwergold, K. Taylor, S. Lal, B. Su, F. Kappler, and T. R. Brown, Identification of a novel protein kinase activity specific for Amadori adducts on glycated proteins, *Diabetes,* 1997, 46, 108A.

[398] B. S. Szwergold, S. K. Howell, and P. J. Beisswenger, Nonenzymatic glycation/enzymatic deglycation: A novel hypothesis on the etiology of diabetic complications, in *G*, 2002, 143–152.

[399] J. W. Baynes, The role of oxidative stress in the development of complications in diabetes, *Diabetes,* 1991, 40, 405–412.

[400] S. P. Wolff, Z. Y. Jiang, and J. V. Hunt, Protein glycation and oxidative stress in diabetes mellitus and ageing, *Free Radical Biol. Med.,* 1991, 10, 339–352.

[401] K. J. Wells-Knecht, D. V. Zyzak, J. E. Litchfield, S. R. Thorpe, and J. W. Baynes, Mechanism of autoxidative glycosylation: Identification of glyoxal and arabinose as intermediates in autoxidative modification of proteins by glucose, *Biochemistry,* 1995, 34, 3702–3709.

[402] T. Hayashi and M. Namiki, Role of sugar fragmentation in the Maillard reaction, in *C*, 1986, 29–38.

[403] K. J. Wells-Knecht, S. R. Thorpe, and J. W. Baynes, Pathways of formation of glycoxidation products during glycation of collagen, *Biochemistry,* 1995, 34, 15132–15141.

[404] M. A. Glomb and V. M. Monnier, Mechanism of protein modification by glyoxal and glycolaldehyde, reactive intermediates of the Maillard reaction, *J. Biol. Chem.,* 1995, 270, 10017–10026.

[405] M. X. Fu, J. R. Requena, A. J. Jenkins, T. J. Lyons, J. W. Baynes, and S. R. Thorpe, The advanced glycation end-product, N^{ε}-(carboxymethyl)lysine (CML), is a product of both lipid peroxidation and glycoxidation reactions, *J. Biol. Chem.,* 1996, 271, 9982–9986.

[406] M. M. Anderson, J. R. Requena, S. L. Hazen, M. X. Fu, S. R. Thorpe, and J. W. Heinecke, A pathway for the generation of advanced glycosylation end products by the myeloperoxidase system of activated macrophages, *Circulation,* 1997, 8, I–37 (Abstr.).

[407] C. M. Hayashi, R. Nagai, K. Miyazaki, F. Hayase, T. Araki, T. Ono, and S. Horiuchi, Conversion of Amadori product of the Maillard reaction to N^ε-(carboxymethyl)lysine by short-term heating process, in G, 2002, 409–410.

[408] T. Niwa, T. Katsuzaki, S. Miyazaki, T. Miyazaki, Y. Ishizaki, F. Hayase, N. Tatemichi, and Y. Takei, Immunohistochemical detection of imidazolone, a novel advanced glycation end product, in kidneys and aortas of diabetic patients, J. Clin. Invest., 1997, 99, 1272–1280.

[409] P. J. Thornalley, Advanced glycation and the development of diabetic complications. Unifying the involvement of glucose, methylglyoxal and oxidative stress, Endocrinol. Metab., 1996, 3, 149–166.

[410] J. E. Litchfield, S. R. Thorpe, and J. W. Baynes, Oxygen is not required for the browning and crosslinking of protein by pentoses: Relevance to Maillard reactions in vivo, Int. J. Biochem. Cell Biol., 1999, 31, 1297–1305.

[411] S. Lal, B. S. Szwergold, A. H. Taylor, W. C. Randall, F. Kappler, K. Wells-Knecht, J. W. Baynes, and T. R. Brown, Metabolism of fructose-3-phosphate in the diabetic rat lens, Arch. Biochem. Biophys., 1995, 318, 191–199.

[412] R. Liardon, D. de Weck-Gaudard, G. Philippossian, and P.-A. Finot, Identification of N^ε-carboxymethyllysine: A new Maillard reaction product, in rat, J. Agric. Food Chem., 1987, 35, 427–431.

[413] S. K. Wadman, P. K. de Bree, F. J. van Sprang, J. P. Kamerling, J. Haverkamp, and J. F. G. Vliegenthart, N^ε-(Carboxymethyl)lysine, a constituent of human urine, Clin. Chim. Acta, 1975, 59, 313–320.

[414] G. H. Chiang, High-performance liquid chromatographic determination of ε-pyrrolelysine in processed food, J. Agric. Food Chem., 1988, 36, 506–509.

[415] Y. Al-Abed, T. Mitsuhashi, P. Ulrich, and R. Bucala, Novel modification of N^α-BOC- arginine and N^ε-CBZ-lysine by methylglyoxal, Bioorg. Med. Chem. Lett., 1996, 6, 1577–1578.

[416] J. A. Gerrard, P. K. Brown, and S. E. Fayle, Maillard crosslinking of food proteins I: The reaction of glutaraldehyde, formaldehyde and glyceraldehyde with ribonuclease, Food Chem., 2002, 79, 343–349.

[417] J. W. Baynes and S. R. Thorpe, Role of oxidative stress in diabetic complications: A new perspective on an old paradigm, Diabetes, 1999, 48, 1–9.

[418] A. A. Booth, R. G. Khalifa, P. Todd, and B. G. Hudson, In vitro kinetic studies of formation of antigenic advanced glycation end products (AGEs). Novel inhibition of post- Amadori glycation pathways, J. Biol. Chem., 1997, 272, 5430–5437.

[419] J. W. Baynes, From life to death — the struggle between chemistry and biology during aging; the Maillard reaction as an amplifier of genomic damage, Biogerontology, 2000, 1, 235–246.

［420］E. B. Frye, T. P. Degenhardt, S. R. Thorpe, and J. W. Baynes, Role of the Maillard reaction in aging tissue proteins: Advanced glycation end product-dependent increase in imidazolium cross-links in human lens, *J. Biol. Chem.,* 1998, 273, 18714–18719.

［421］M. U. Ahmed, E. B. Frye, T. P. Degenhardt, S. R. Thorpe, and J. W. Baynes, N^{ε}-(Carboxyethyl) lysine, a product of the chemical modification of proteins by methylglyoxal, increases with age in human lens proteins, *Biochem. J.,* 1997, 324, 565–570.

［422］D. G. Dyer, J. A. Blackledge, S. R. Thorpe, and J. W. Baynes, Formation of pentosidine during nonenzymatic browning of proteins by glucose. Identification of glucose and carbohydrates as possible precursors of pentosidine *in vivo, J. Biol. Chem.,* 1991, 266, 11654–11660.

［423］M. C. Wells-Knecht, T. G. Huggins, D. G. Dyer, S. R. Thorpe, and J. W. Baynes, Oxidized amino acids in lens protein with age. Measurement of *o*-tyrosine and dityrosine in the aging human lens, *J. Biol. Chem.,* 1993, 268, 12348–12352.

［424］B. Buckingham and K. M. Reiser, Relationship between content of lysyl oxidase-dependent cross-links in skin collagen, nonenzymatic glycosylation, and long-term complications in type I diabetes mellitus, *J. Clin. Invest.,* 1990, 86, 1046–1054.

［425］N. Verzijl, J. DeGroot, E. Oldehinkel, R. A. Bank, S. R. Thorpe, J. W. Baynes, M. T. Bayliss, J. W. J. Bijlsma, F. P. J. G. Lafeber, and J. M. TeKoppele, Age-related accumulation of Maillard reaction products in human articular cartilage collagen, *Biochem. J.,* 2000, 350, 381–387.

［426］N. Verzijl, J. DeGroot, S. R. Thorpe, R. A. Bank, J. N. Shaw, T. J. Lyons, J. W. J. Bijlsma, F. P. J. G. Lafeber, J. W. Baynes, and J. M. TeKoppele, Effect of collagen turnover on accumulation of advanced glycations end products, *J. Biol. Chem.,* 2000, 275, 39027–39031.

［427］A. Maroudas, G. Palla, and E. Gilav, Racemization of aspartic acid in human articular cartilage, *Connect. Tissue Res.,* 1992, 28, 161–169.

［428］S. Ohtani and K. Yamamoto, Age estimation using racemization of amino acid in human dentin, *J. Forensic Sci.,* 1991, 36, 792–800, *Chem. Abstr.*, 1992, 117, 126029u.

［429］X. Ling, R. Nagai, N. Sakashita, M. Takeya, K. Takahashi, and S. Horiuchi, Immunohistochemical distribution and quantitative biochemical detection of advanced glycation end products in rats from fetal to adult life, in *G*, 2002, 137–142.

［430］T. Jono, R. Nagai, K. Miyazaki, N. Ahmed, P. J. Thornalley, T. Kitamura, and S. Horiuchi, Detection of 3-deoxyglucosone-derived AGE structures in vitro, in *G*, 2002, 239–242.

［431］H. Siren, P. Laitinen, U. Turpeinen, and P. Karppinen, Direct monitoring of glycohemoglobin A1c in the blood samples of diabetic patients by capillary electrophoresis: Comparison with an immunoassay method, *J. Chromatogr., A* 2002, 979, 201–207.

［432］R. H. Nagaraj, T. S. Kern, D. R. Sell, J. Fogarty, and R. L. Engerman, Evidence of a glycemic threshold for the formation of pentosidine in diabetic dog lens but not in collagen, *Diabetes,* 1996, 45, 587–594, *via Chem. Abstr.*, 1996, 125, 55251n.

[433] Y. Morimitsu, K. Kubota, T. Tashiro, E. Hashizume, T. Kamiya, and T. Osawa, Inhibitory effect of anthocyanins and colored rice on diabetic cataract formation in the rat lens, in *G*, 2002, 503–508.

[434] E. Spoerl and T. Seiler, Techniques for stiffening the cornea, *J. Refract. Surg.,* 1999, 15, 711–713.

[435] Y. Izuhara, T. Miyata, Y. Ueda, and K. Kurokawa, Accumulation of carbonyls accelerates the formation of two advanced glycation endproducts: Carbonyl stress in uremia, in *G*, 2002, 381–382.

[436] A. Moh, N. Sakata, A. Noma, N. Uesugi, S. Takebayashi, R. Nagai, and S. Seikoh, Glycoxidation and lipoperoxidation in the collagen of the myocardium in hemodialysis patients, in *G*, 2002, 429.

[437] A. Noma, N. Sakata, Y. Yamamoto, K. Okamoto, A. Moh, S. Takebayashi, R. Nagai, and S. Horiuchi, An increase in elastin-associated pentosidine of aorta in hemodialysis patients, in *G*, 2002, 431–432.

[438] K. Yoshimura, M. Nishimura, T. Hasegawa, H. Terawaki, T. Nakazato, K. Sakamoto, S. Arita, K. Nakajima, H. Kashiwabara, K. Hamaguti, R. Nagai, K. Horiuchi, and K. Yamada, Effect of successful renal transplantation on coronary AGE accumulation of uremic heart, in *G*, 2002, 183–191.

[439] N. Uesugi, N. Sakata, S. Horiuchi, J. Meng, and S. Takebayashi, Glycoxidation induces vascular smooth muscle cell injury in diabetes through mediation of membrane attack complement, in *G*, 2002, 439–440.

[440] S. Agalou, N. Karachalias, P. J. Thornalley, B. Tucker, and A. B. Dawnay, Estimation of α-oxoaldehydes formed from the degradation of glycolytic intermediates and glucose fragmentation in blood plasma of human subjects with uraemia, in *G*, 2002, 181–182.

[441] R. Inagi, T. Miyata, Y. Ueda, A. Yoshino, M. Nangaku, C. van Ypersele de Strihou, and K. Kutokawa, Efficient lowering of carbonyl stress by the glyoxalase in peritoneal dialysis, in *G*, 2002, 359–360.

[442] D. J. Millar, P. J. Thornalley, C. Holmes, and A. Dawnay, In vitro kinetics of AGE formation with PD fluid resembles that of glucose degradation products rather than glucose, in *G*, 2002, 475–477.

[443] K. Yoshihara, Y. Nagayama, H. Horiguchi, S.-i. Yoshida, S. Tohyoh, S. Takahashi, H. Maruyama, N. Saito, and M. Beppu, Acceleration of pentosidine formation by medication, in *G*, 2002, 425–426.

[444] H. J. Prochaska and P. Talahay, Regulatory mechanisms of monofunctional and bifunctional anticarcinogenic enzyme inducers in murine liver, *Cancer Res.,* 1988, 48, 4776–4782, *via Chem. Abstr.*, 1988, 109, 163043z.

[445] S. M. Monti, R. G. Bailey, and J. M. Ames, The influence of pH on the non-volatile reaction products of aqueous Maillard model systems by HPLC with diode array detection, *Food Chem.,*

1998, 62, 369–375.

［446］M. Anese, and M. C. Nicoli, Comparison among different methodologies currently used for assessing the antioxidant activity of foods, in *Melanoidins in Food and Health*, Vol. 2, J. M. Ames (ed), European Communities, Luxembourg, 2001, 53–63.

［447］C. Rice-Evans, Methods to quantify antioxidant activity of tea/tea extracts *in vitro*, *Crit. Rev. Food Nutr.*, 2001, 41, 405–407.

［448］I. F. F. Benzie and J. J. Strain, The ferric reducing ability of plasma (FRAP) as a measure of "antioxidant power": the FRAP assay, *Anal. Biochem.*, 1996, 239, 70–76.

［449］M. Cioroi, Antioxidative effect of Maillard reaction products in coffee brew, in *Melanoidins in Food and Health*, Vol. 3, V. Fogliano and T. Henle (eds), European Communities, Luxembourg, 2002, 159–162.

［450］J. T. Tanner and S. A. Barnett, Methods of analysis for infant formula: Food and Drug Administration and Infant Formula Council collaborative study, *J. Assoc. Off. Anal. Chem.*, 1985, 68, 514–522.

［451］T. Shimamura, A. Takamori, H. Ukeda, S. Nagata, and M. Sawamura, Relationship between reduction of tetrazolium salt XTT and DNA strand breakage with aminosugars, *J. Agric. Food Chem.*, 2000, 48, 1204–1209.

［452］J. W. Hamilton and A. L. Tappel, Evaluation of antioxidants by a rapid polarographic method, *J. Am. Oil Chem. Soc.*, 1963, 40, 52–54.

［453］C. H. Lea, Methods for determining peroxide in lipids, *J. Sci. Food Agric.*, 1952, 3, 586–594.

［454］B. Brand and K. Eichner, Antioxidative properties of melanoidins of different origin, in *Melanoidins in Food and Health*, Vol. 3, V. Fogliano and T. Henle (eds), European Communities, Luxembourg, 2002, 143–158.

［455］D. Bright, G. G. Stewart, and H. Patino, A novel assay for antioxidant potential of specialty malts, *J. Am. Soc. Brew. Chem.*, 1999, 57, 133–137.

［456］J. I. Gray, Measurement of lipid oxidation: A review, *J. Am. Oil Chem. Soc.*, 1978, 55, 539–546.

［457］F. Tubaro, E. Micossi, and F. Ursini, The antioxidant capacity of complex mixtures by kinetic analysis of crocin bleaching inhibition, *J. Am. Oil Chem. Soc.*, 1996, 73, 173–179.

［458］K. Yanagimoto, K.-G. Lee, H. Ochi, and T. Shibamoto, Antioxidative activity of heterocyclic compounds formed in Maillard reaction products, in *G*, 2002, 335–340.

［459］V. Fogliano, V. Verdee, G. Randazzo, and A. Ritieni, Method for measuring antioxidant activity and its application to monitoring the antioxidant capacity of wines, *J. Agric. Food Chem.*, 1999, 47, 1035–1040.

［460］D.-O. Kim, K. W. Lee, J. C. Lee, and C. Y. Lee, Vitamic C equivalent oxidant capacity (VCEAC) of phenolic phytochemicals, *J. Agric. Food Chem.*, 2002, 50, 3713–3717.

[461] D. L. Berner, J. A. Conte, and G. A. Jacobson, Rapid method for determining antioxidant activity and fat stability, *J. Am. Oil Chem. Soc.*, 1974, 51, 292–296.

[462] R. J. DeLange and A. N. Glazer, Phycoerythrin fluorescence-based assay for peroxy radicals: A screen for biologically relevant protective agents, *Anal. Biochem.*, 1989, 177, 300–306.

[463] G. P. Rizzi, Electrochemical study of the Maillard reaction, *J. Agric. Food Chem.*, 2003, 51, 1728–1731.

[464] D. Huang, B. Ou, M. Hampsch-Woodill, J. A. Flanagan, and R. L. Prior, High-throughput assay of oxygen radical absorbance capacity (ORAC) using a multichannel liquid handling system coupled with a microplate fluorescence reader in 96-well format, *J. Agric. Food Chem.*, 2002, 50, 4437–4444.

[465] K.-J. Yeum, G. Aldini, H.-Y. Chung, N. I. Krinsky, and R. M. Russell, The activities of antioxidant nutrients in human plasma depend on the localization of attacking radical species, *J. Nutr.*, 2003, 133, 2688–2691.

[466] B. Cämmerer, M. Anese, B. Brand, M. Cioroi, C. Liégeois, and G. E. Vegarud, Antioxidative activity of melanoidins, in *Melanoidins in Food and Health*, Vol. 1, J. M. Ames (ed), European Communities, Luxembourg, 2000, 49–60.

[467] H. Iwainsky and C. Franzke, Zur antioxydativen Wirkung der Melanoide. III, *Deutsch. Lebensm. Rundschau*, 1956, 52, 129–133, *via Food Sci. Abstr.*, 1956, 28, 1894.

[468] F. Bressa, N. Tesson, M. D. Rosa, A. Sensidoni, and F. Tubaro, Antioxidant effect of Maillard reaction products: Application to a butter cookie of a competition kinetics analysis, *J. Agric. Food Chem.*, 1996, 44, 692–695.

[469] H. Lingnert and C. E. Eriksson, Antioxidative effect of Maillard reaction products, in *A*, 1981, 453–466.

[470] A. N. Wijewickreme and D. D. Kitts, Influence of reaction conditions on the oxidative behavior of model Maillard reaction products, *J. Agric. Food Chem.*, 1997, 45, 4571–4576.

[471] G.-C. Yen, L. C. Tsai, and J.-D. Lii, Antimutagenic effect of Maillard browning products obtained from amino acids and sugars, *Food Chem. Toxic.*, 1992, 30, 127–132.

[472] A. N. Wijewickreme and D. D. Kitts, Oxidative reactions of model Maillard reaction products and α-tocopherol in a flour-lipid mixture, *J. Food Sci.*, 1998, 63, 466–471.

[473] N. Yamaguchi, Y. Koyama, and M. Fujimaki, Fractionation and antioxidative activity of browning reaction products between $_D$-xylose and glycine, in *A*, 1981, 429–439.

[474] N. van Chuyen, N. Utsunomiya, A. Hidaka, and H. Kato, Antioxidative effect of Maillard reaction products in vivo, in *D*, 1990, 285–290.

［475］ M. Ninomiya, T. Matsuzaki, and H. Shigematsu, Formation of reducing substances in Maillard reaction between D-glucose and γ-aminobutyric acid, *Biosci. Biotech. Biochem.,* 1992, 56, 806–807.

［476］ A. J. Bedinghaus and H. W. Ockerman, Antioxidative Maillard reaction products from reducing sugars and free amino acids in cooked ground pork patties, *J. Food Sci.,* 1995, 60, 992–995.

［477］ K. Kawashima, H. Itoh, and I. Chibata, Antioxidant activity of browning oroducts prepared from low molecular carbonyl compounds and amino acids, *J. Agric. Food Chem.,* 1977, 25, 202–204.

［478］ G. R. Waller, R. W. Beckel, and B. O. Adeleye, Conditions for the synthesis of antioxidative arginine-xylose Maillard reaction products, in *B*, 1983, 125–140.

［479］ T. Obretenov, S. Ivanov, and D. Peeva, Antioxidative activity of Maillard reaction products obtained from hydrolysates, in *C*, 1986, 281–290.

［480］ G. Moon, M. Lee, Y. Lee, and G. Trakoontivakorn, Main component of soy sauce representing antioxidative activity, in *G*, 2002, 509–510.

［481］ H. Lingnert and G. Hall, Formation of antioxidative Maillard reaction products during food processing, in *C*, 1986, 273–279.

［482］ M. Murakami, A. Shigeeda, K. Danjo, T. Yamaguchi, H. Takamura, and T. Matoba, Radical-scavenging activity and brightly colored pigments in the early stage of the Maillard reaction, *J. Food Sci.,* 2002, 67, 93–96.

［483］ L. Manzocco, S. Calligaris, and M. C. Nicoli, Assessment of pro-oxidant activity of foods by kinetic analysis of crocin bleaching, *J. Agric. Food Chem.,* 2002, 50, 2767–2771.

［484］ C. Puscasu and I. Birlouez-Aragon, Intermediary and/or advanced Maillard products exhibit prooxidant activity on Trp: in vitro study on α-lactalbumin, *Food Chem.,* 2002, 78, 399–406.

［485］ H. Lingnert, C. E. Eriksson, and G. R. Waller, Characterization of antioxidative Maillard reaction products from histidine and glucose, in *B*, 1983, 335–345.

［486］ K. Eichner, Antioxidative effect of Maillard reaction intermediates, in *A*, 1981, 441–451.

［487］ B. Brand and K. Eichner, Reducing, radical scavenging and antioxidative properties of model melanoidins, in *Melanoidins in Food and Health*, J. M. Ames (ed), Vol. 2, European Communities, Luxembourg, 2001, 151–158.

［488］ K.-H. Wagner, S. Derkits, M. Herr, W. Schuh, and I. Elmadfa, Antioxidative potential of melanoidins isolated from a roasted glucose-glycine model, *Food Chem.,* 2002, 78, 375–382.

［489］ Y. Yoshimura, T. Iijima, T. Watanabe, and H. Nakazawa, Antioxidative effect of Maillard reaction products using glucose-glycine model system, *J. Agric. Food Chem.,* 1997, 45, 4106–4109.

［490］ F. Hayase, Scavenging of active oxygen by melanoidins, in *The Maillard Reaction: Consequences for the Chemical and Life Sciences*, R. Ikan (ed), Wiley, Chichester, 1996, 89–104.

［491］ G.-C. Yen and P.-P. Hsieh, Antioxidative activity and scavenging effects on active oxygen of xylose-lysine Maillard reaction products, *J. Sci. Food Agric.,* 1995, 67, 415–420.

[492] M. C. Nicoli, M. Anese, M. T. Parpinel, S. Franceschi, and C. R. Lerici, Study on loss and/or formation of antioxidants during food processing and storage, *Cancer Lett.,* 1997, 114, 1–4, *via Chem. Abstr.,* 1997, 126, 316597m.

[493] M. C. Nicoli, M. Anese, L. Manzocco, and C. R. Lerici, Antioxidant properties of coffee brews in relation to the roasting degree, *Lebensm. Wiss. Technol.,* 1997, 30, 292–297.

[494] F. J. Morales and M.-B. Babbel, Melanoidins exert a weak antiradical activity in watery fluids, *J. Agric. Food Chem.,* 2002, 50, 4657–4561.

[495] M. Anese and M. C. Nicoli, Antioxidant properties of ready-to-drink coffee brews, *J. Agric. Food Chem.,* 2003, 51, 942–946.

[496] M. Richelle, I. Tavazzi, and E. Offord, Comparison of the antioxidant activity of commonly consumed polyphenolic beverages (coffee, cocoa, and tea) prepared per cup serving, *J. Agric. Food Chem.,* 2001, 49, 3438–3442.

[497] P. Bersuder, M. Hole, and G. Smith, Antioxidants from a heated histidine-glucose model system. Investigation of the copper(II) binding ability, *J. Am. Oil Chem. Soc.,* 2001, 78, 1079–1082.

[498] S. M. Antony, I. Y. Han, J. R. Rieck, and P. L. Dawson, Antioxidative effect of Maillard reaction products added to turkey meat during heating by addition of honey, *J. Food Sci.,* 2002, 67, 1719–1724.

[499] K. D. Ross, Reduction of the azo food dyes FD&C Red 2 (amaranth) and FD&C Red 40 by thermally degraded $_D$-fructose and $_D$-glucose, *J. Agric. Food Chem.,* 1975, 23, 475–478.

[500] K. Yanagimoto, K. G. Lee, H. Ochi, and T. Shibamoto, Antioxidant activity of heterocyclic compounds found in coffee volatiles produced by Maillard reaction, *J. Agric. Food Chem.,* 2002, 50, 5480–5484.

[501] E. Dworschák and L. Szabó, Formation of antioxidative materials in the preparation of meals, in *C,* 1986, 311–319.

[502] S. Katayama, J. Shima, and H. Saeki, Solubility improvement of shellfish muscle protein by reaction with glucose and its soluble state in low-ionic-strength medium, *J. Agric. Food Chem.,* 2002, 50, 4327–4332.

[503] N. Matsudomi, K. Nakano, A. Soma, and Ochi, A. Improvement of gel properties of dried egg white by modification with galactomannan through Maillard reaction, *J. Agric. Food Chem.,* 2002, 50, 4113–4118.

[504] J. A. Gerrard and P. K. Brown, Protein cross-linking in food: mechanisms, consequences, applications, in *G,* 2002, 211–215.

[505] M. Petracco, Espresso coffee foam: A Maillard-mediated phenomenon? Description and

analytical characterisation, in *Melanoidins in Food and Health*, J. M. Ames (ed), Vol. 2, European Communities, Luxembourg, 2001, 31–42.

[506] M. Wahyuni, M. J. C. Crabbe, and J. M. Ames, Ribonuclease A/glucose-6-phosphate interactions. Monitoring by capillary electrophoresis and effect on emulsion activity, in *G*, 2002, 463–464.

[507] J. Al-Hakkak and S. Kavale, Improvement of emulsification properties of sodium caseinate by conjugating to pectin through the Maillard reaction, in *G*, 2002, 491–499.

[508] M. Buglione and J. Lozano, Nonenzymatic browning and chemical changes during grape juice storage, *J. Food Sci.*, 2002, 67, 1538–1543.

[509] T. Hofmann and P. Schieberle, Chemical interactions between odor-active thiols and melanoidins involved in the aroma staling of coffee beverage, *J. Agric. Food Chem.*, 2002, 50, 319–326.

[510] T. Hofmann, M. Czerny, S. Calligaris, and P. Schieberle, Model studies on the influence of coffee melanoidins on flavor volatiles of coffee beverages, *J. Agric. Food Chem.*, 2001, 49, 2382–2386.

[511] A. G. Miller and J. A. Gerrard, What residues are required for protein crosslinking and how does this process affect enzyme function? in *G*, 2002, 451–452.

[512] T. Griffith and J. A. Johnson, Relation of the browning reaction to storage stability of sugar cookies, *Cereal Chem.*, 1957, 34, 159–169.

[513] N. Yamaguchi, Y. Yokoo, and Y. Koyama, Studies on the browning reaction products yielded by reducing sugar and amino acids. I. Effect of browning reaction products on the stability of fats contained in biscuits and cookies, *Nippon Shok. Kogyo Gakk.*, 1964, 11, 184–189, *via Chem. Abstr.*, 1966, 64, 14862h.

[514] N. Yamaguchi, S. Naito, Y. Yokoo, and M. Fujimaki, Application of protein hydrolysates to biscuits as antioxidant, *Nippon Shok. Kogyo Gakk.*, 1980, 27, 56–59, *via Chem. Abstr.*, 1980, 93, 6338h.

[515] H. Lingnert, Antioxidative Maillard reaction products. III. Application in cookies, *J. Food Proc. Preserv.*, 1980, 4, 219–233.

[516] R. H. Anderson, D. H. Moran, T. E. Huntley, and J. L. Holahan, Responses of cereals to antioxidants, *Food Technol.*, 1963, 17, 1587–1592.

[517] Y. Tomita, Antioxidant activity of amino-carbonyl reaction products. 5. Application tests of reaction products of tryptophan with glucose, *Kagoshima Daigaku Nogakubu Gakujutsu Hokoku*, 1972, 22, 115–121, *via Chem. Abstr.*, 1973, 78, 96215h.

[518] J. Hauri, F. Escher, A. Denzler, and H. Neukom, The influence of processing conditions on the storage stability of drum-dried cereal flakes, *Lebensm. Wiss. Technol.*, 1982, 15, 235–241.

[519] H. S. Cheigh, J. S. Lee, and C. Y. Lee, Antioxidant characteristics of melanoidin-related products fractionated from fermented soybean sauce, *J. Korean Soc. Food Nutr.*, 1993, 22, 570–575, *via Chem. Abstr.*, 1994, 120, 268556z.

［520］ M. Anese, L. Manzocco, M. C. Nicoli, and C. R. Lerici, Antioxidant properties of tomato juice as affected by heating, *J. Sci. Food Agric.*, 1999, 79, 750–754.

［521］ J. D. Findlay, C. Higginbottom, J. A. B. Smith, and C. H. Lea, The effect of the preheating temperature on the bacterial count and storage life of whole milk powder spray-dried by the Krause process, *J. Dairy Res.*, 1946, 14, 378–399.

［522］ L. Vandewalle and A. Huyghebaert, The antioxidant activity of the non-enzymatic browning reaction in sugar-protein systems, *Med. Fac. Landbouww. Rijksuniv. Gent.*, 1980, 45, 1277–1286, *via Food Sci. Technol. Abstr.*, 1983, 15, 2A132.

［523］ E. Binder, F. Becker, J. Grubhofer, and W. Scholz, Oxidation stability and sensoric condition of high heat-,medium heat-and low heat spray-dried whole milk, *Oesterr. Milchwirtsch.*, 1981 (17, Beilage 2), 36, 9–16, *via Food Sci. Technol. Abstr.*, 1982, 14, 12P1854.

［524］ A. P. Hansen and F. L. Hemphill, Utilization of heat to increase shelf life of blended acid whey and buttermilk powder for frozen desserts, *J. Dairy Sci.*, 1984, 67, 54–55.

［525］ C. Franzke and H. Iwainsky, Zur antioxydativen Wirkung der Melanoide. I, *Deutsch. Lebensm. Rundschau*, 1954, 50, 251–254, *via Food Sci. Abstr.*, 1955, 27, 717.

［526］ D. V. Josephson and C. D. Dahle, Heating makes butterfat keep, *Food Ind.*, 1945, 17, 630–633, *via Chem. Abstr.*, 1945, 39, 4987.

［527］ C. D. Evans, H. A. Moser, P. M. Cooney, and J. E. Hodge, Amino-hexose-reductones as antioxidants, *J. Am. Oil Chem. Soc.*, 1958, 35, 84–88.

［528］ M. Maleki, Effect of nonenzymic browning in the presence of glucose and glycine on the development of rancidity in corn oil, *Fette, Seifen, Anstrichm.*, 1973, 75, 103–104; *via Chem. Abstr.*, 1973, 79, 17141a.

［529］ K. Taguchi, K. Iwami, M. Kawabata, and F. Ibuki, Antioxidant effects of wheat gliadin and hen's egg white in powder model systems: protection against oxidative deterioration of safflower oil and sardine oil, *Agric. Biol. Chem.*, 1988, 52, 539–545.

［530］ M. W. Zipser and B. M. Watts, Lipid oxidation in heat-sterilized beef, *Food Technol.*, 1961, 15, 445–447.

［531］ K. Sato, G. R. Hegarty, and H. K. Herring, The inhibition of warmed-over flavor in cooked meats, *J. Food Sci.*, 1973, 38, 398–403.

［532］ M. Dagerskog, B. Karlström, and N. Bengtsson, Influence of degree of precooking on quality of frozen sliced beef and patties, *Proc. Europ. Mtg Meat Res. Workers, Malmo*, 1976, 22, Jl:1-Jl:7, *via Food Sci. Technol. Abstr.*, 1977, 9, 6S1022.

［533］ M. A. Einerson and G. A. Reineccius, Inhibition of warmed-over flavor in retorted turkey by antioxidants formed during processing, *J. Food Proc. Preserv.*, 1977, 1, 279–291.

［534］ M. Tanaka, C. W. Kuei, W. Yuji, and T. Taguchi, Application of antioxidative Maillard reaction products from histidine and glucose to sardine products, *Nippon Suisan Gakk.*, 1988, 54, 1409–1414, *via Chem. Abstr.*, 1988, 109, 169145f.

［535］ M. J. Perkins, Spin trapping, *Adv. Phys. Org. Chem.*, 1980, 17, 1–64.

［536］ L.-C. Maillard, Formation d'humus et de combustibles mineraux sans intervention de l'oxygene atmospherique, des microorganismes, des hautes temperatures, ou des fortes pressions, *C. R. Hebd. Seances Acad. Sci.*, 1912, 155, 1554–1556.

［537］ L.-C. Maillard, Formation des matieres humiques par action de polypeptides sur les sucres, *C. R. Hebd. Seances Acad. Sci.*, 1913, 156, 1159–1160.

［538］ E. Tipping, *Cation Binding by Humic Substances*, Cambridge University Press, Cambridge, 2002.

［539］ R. Ikan, Y. Rubinsztain, A. Nissenbaum, and I. R. Kaplan, Geochemical aspects of the Maillard reaction, in *The Maillard Reaction: Consequences for the Chemical and Life Sciences*, R. Ikan (ed), Wiley, Chichester, 1996, 1–25.

［540］ A. Jokic, A. I. Frenkel, and P. M. Huang, Effect of light on birnessite catalysis of the Maillard reaction and its implication in humification, *Can. J. Soil Sci.*, 2001, 81, 277–283.

［541］ P. Arfaioli, O. L. Pantani, M. Bosetto, and G. G. Ristori, Influence of clay minerals and exchangeable cations on the formation of humic-like substances (melanoidins) from D-glucose and L-tyrosine, *Clay Minerals*, 1999, 34, 487–497.

［542］ J. Burdon, Are the traditional concepts of structures of humic substances realistic? *Soil Sci.*, 2001, 166, 752–769.

［543］ R. P. Evershed, H. A. Bland, P. F. van Bergen, J. F. Carter, M. C. Horton, and P. A. Rowley-Conwy, Volatile compounds in archaeological plant remains and the Maillard reaction during decay of organic matter, *Science*, 1997, 278, 432–433.

［544］ Anon. Yellowing of textiles, *J. Soc. Dyers Col.*, 1986, 102, 139.

［545］ L. Trezl, P. Bako, V. Horvath, I. Rusznak, and L. Toke, Adaption of Maillard reaction on keratin type proteins with a special focus on the reaction of glucose based crown ethers, in *E*, 1994, 411.

［546］ J. A. Johnson and R. M. Fusaro, Alteration of skin surface protein with dihydroxyacetone: A useful application of the Maillard browning reaction, in *E*, 1994, 114–119.

［547］ T. J. Painter, Concerning the wound-healing properties of *Sphagnum* holocellulose: the Maillard reaction in pharmacology, *J. Ethno-Pharmacol.*, 2003, 88, 145–148.

［548］ R. C. George, R. J. Barbuch, E. W. Huber, and B. T. Regg, Investigation into the yellowing on aging of Sabril(R) tablet cores, *Drug Dev. Ind. Pharm.*, 1994, 20, 3023–3032, *via Chem. Abstr.*, 1994, 121, 263649t.

［549］ R. O. Macedo, T. G. do Nascimento, and J. W. E. Veras, Comparison of generic hydrochlorothiazide formulations by means of TG and DSC coupled to a photovisual system, *J. Therm. Anal. Calorim.*, 2001, 64, 757–763, *via Chem. Abstr.*, 2001, 135, 335072p.

[550] M. Otsuka, T. Kurata, and N. Arakawa, Isolation and characterization of an intermediate product in the degradation of 2,3-diketo-$_L$-gulonic acid, *Agric. Biol. Chem.*, 1986, 50, 531–533.

[551] M. S. Feather, Dicarbonyl sugar derivatives and their role in the Maillard reaction, in *Thermally Generated Flavors: Maillard, Microwave, and Extrusion Processes*; T. H. Parliment, M. J. Morello, and R. J. McGorrin (eds), American Chemical Society, Washington, DC, 1994, 127–141.

[552] K. M. Clegg and A. D. Morton, Carbonyl compounds and the non-enzymic browning of lemon juice, *J. Sci. Food Agric.*, 1965, 16, 191–198.

[553] B. L. Wedzicha, *Chemistry of Sulphur Dioxide in Foods*, Elsevier Applied Science, London, 1984.

[554] K. M. Clegg, Non-enzymic browning of lemon juice, *J. Sci. Food Agric.*, 1964, 15, 878–885.

[555] K. M. Clegg, Citric acid and the browning of solutions containing ascorbic acid, *J. Sci. Food Agric.*, 1966, 17, 546–549.

[556] M. C. Manso, F. A. R. Oliveira, J. C. Oliveira, and J. M. Friar, Modelling ascorbic acid thermal degradation and browning in orange juice under aerobic conditions, *Int. J. Food Sci. Technol.*, 2001, 36, 303–312.

[557] M. Murata, Y. Shinoda, and S. Homma, Browning of model orange juice solution and changes in the components, in *G*, 2002, 459–460.

[558] E. Arena, B. Fallico, and E. Maccarone, Thermal damage in blood orange juice: Kinetics of 5-hydroxymethyl-2-furancarboxaldehyde formation, *Int. J. Food Sci. Techn.*, 2001, 36, 145–151.

[559] C. Obretenov, J. Demyttenaere, K. A. Tehrani, A. Adams, M. Kersiene, and N. De Kimpe, Flavor release in the presence of melanodins prepared from $_L$-(+)-ascorbic acid, *J. Agric. Food Chem.*, 2002, 50, 4244–4250.

[560] H. Sakurai, H. Koga, G. Ishikawa, T. Endo, C. Matsuyama, T. Yano, N. Ohta, H. Kumagai, H. T. T. Nguyen, and J. Pokorny, Formation of bitter substances in solutions containing vitamin C and aspartame, in *G*, 2002, 383–385.

[561] Y. Nishikawa, B. Dmochowska, J. Madaj, M. Satake, P. L. Rinaldi, and V. M. Monnier, Impairment of vitamin C metabolism in STZ diabetic rats revealed with 6-deoxy-6-fluoroascorbic acid, in *G*, 2002, 417–418.

[562] Y. Otsuka, E. Ueta, T. Yamamoto, Y. Tadokoro, E. Suzuki, E. Nanba, and T. Kurata, Effect of streptozotocin-induced diabetes on rat liver mRNA level of antioxidant enzymes, in *G*, 2002, 421–423.

[563] M. S. Feather and J. F. Harris, Dehydration reactions of carbohydrates, *Adv. Carbohydrate Chem. Biochem.*, 1973, 28, 161–224.

［564］M. Karel and T. P. Labuza, Nonenzymatic browning in model systems containing sucrose, *J. Agric. Food Chem.*, 1968, 16, 717–719.

［565］E.-H. Ajandouz, L. S. Tchiakpe, F. Dalle Ore, A. Benajiba, and A. Puigserver, Effects of pH on caramelization and Maillard reaction kinetics in fructose-lysine model systems, *J. Food Sci.*, 2001, 66, 926–931.

［566］E.-H. Ajandouz and A. Puigserver, Nonenzymatic browning reaction of essential amino acids: effect of pH on caramelization and Maillard reaction kinetics, *J. Agric. Food Chem.*, 1999, 47, 1786–1793.

［567］K. Heyns, R. Stute, and H. Paulsen, Bräunungsreaktionen und Fragmentierungen von Kohlenhydraten. I. Die flüchtigen Abbauprodukte der Pyrolyse von D-Glucose, *Carbohydr. Res.* 1966, 2, 132–149.

［568］R. H. Walter and I. S. Fagerson, Volatile compounds from heated glucose, *J. Food Sci.*, 1968, 33, 294–297.

［569］E. P. a. C. Directive, Food additives other than colours and sweeteners, *Off. J.* 1995, 2/95, 1–40.

［570］Z. Jiang and B. Ooraikul, Reduction in nonenzymatic browning in potato chips and French fries with glucose oxidase, *J. Food Proc. Preserv.*, 1989, 13, 175–186.

［571］H. S. Burton, D. J. McWeeny, and D. O. Biltcliffe, Sulphites and aldose-amino reactions, *Chem. Industr.*, 1962, 219–221.

［572］H. S. Burton, D. J. McWeeny, and D. O. Biltcliffe, Non-enzymic browning: The role of unsaturated carbonyl compounds as intermediates and of SO_2 as an inhibitor of browning, *J. Sci. Food Agric.*, 1963, 14, 911–920.

［573］B. L. Wedzicha and D. J. McWeeny, Concentrations of some sulphonates derived from sulphite in certain foods and preliminary studies on the nature of other sulphite derived products, *J. Sci. Food Agric.*, 1975, 26, 327–335.

［574］M. L. Wolfrom and C. S. Rooney, Chemical interactions of amino compounds and sugars. VIII. Influence of water, *J. Am. Chem. Soc.*, 1953, 75, 5435–5436.

［575］T. P. Labuza and M. Saltmarch, The nonenzymatic browning reaction as affected by water in foods, in *Water Activity: Influences on Food Quality*, L. B. Rockland and G. F. Stewart (eds), Academic Press, New York, 1981, 605–650.

［576］C. P. Sherwin and T. P. Labuza, Role of moisture in Maillard browning reaction rate in intermediate moisture foods: Comparing solvent phase and matrix properties, *J. Food Sci.*, 2003, 68, 588–594.

［577］K. Eichner and M. Ciner-Doruk, Formation and decomposition of browning intermediates and visible sugar-amine browning reactions, in *Water Activity: Influences on Food Quality*, L. B. Rockland and G. F. Stewart (eds), Academic Press, New York, 1981, 567–603.

［578］L. S. Malec, A. S. Pereyra Gonzales, G. B. Naranjo, and M. S. Vigo, Influence of water activity and storage temperature on lysine availability of a milk like system, *Food Res. Int.,* 2002, 35, 349–353.

［579］V. M. Monnier, D. R. Sell, X. Wu, and K. Rutter, The prospects of health and longevity from inhibition of the Maillard reaction in vivo, in *G*, 2002, 9–19.

［580］M. Oimomi, N. Igaki, M. Sakai, T. Ohara, S. Babu, and H. Kato, The effects of aminoguanidine on 3-deoxyglucosone in the Maillard reaction, *Agric. Biol. Chem.,* 1989, 53, 1727–1728.

［581］M. Kihara, J. D. Schmelzer, J. F. Poduslo, G. L. Curran, K. K. Nickander, and P. A. Low, Aminoguanidine effects on nerve blood flow, vascular permeability, electrophysiology, and oxygen free radicals, *Proc. Natl Acad. Sci., USA* 1991, 88, 6107–6111.

［582］Z. Makita, S. Radoff, E. J. Rayfield, Z. Yang, E. Skolnik, V. Delaney, E. A. Friedman, A. Cerami, and H. Vlassara, Advanced glycosylation end products in patients with diabetic nephropathy, *New England J. Med.,* 1991, 325, 836–842, *via Biol. Abstr.*, 1991, 92, 142693.

［583］J. Hirsch, V. V. Mossine, and M. S. Feather, Detection of some dicarbonyl intermediates arising from the degradation of Amadori compounds (the Maillard reaction), *Carbohydr. Res.,* 1995, 273, 171–177.

［584］P. J. Thornalley, A. Yurek-George, and O. K. Argirov, Kinetics and mechanism of the reaction of aminoguanidine with the α-oxoaldehydes glyoxal, methylglyoxal, and 3- deoxyglucosone under physiological conditions, *Biochem. Pharmacol.,* 2000, 60, 55–65.

［585］S. Agalou, N. Karachalias, A. B. Dawnay, and P. J. Thornalley, Reaction kinetics of the scavenging of α-oxoaldehydes by aminoguanidine and physiological conditions, in *G*, 2002, 513–515.

［586］T. Taguchi, M. Sugiura, Y. Hamada, and I. Miwa, In vivo formation of a Schiff base of aminoguanidine with pyridoxal phosphate, *Biochem. Pharmacol.,* 1998, 55, 1667–1671.

［587］T. Taguchi, M. Sugiura, Y. Hamada, and I. Miwa, Inhibition of advanced protein glycation by a Schiff base between aminoguanidine and pyridoxal, *Eur. J. Pharmacol.,* 1999, 378, 283–289.

［588］T. Taguchi, H. Miyoshi, M. Sugiura, M. Takeuchi, K. Yanagisawa, Y. Watanabe, I. Miwa, and Z. Makita, A glycation inhibitor, aminoguanidine and pyridoxal adduct, suppresses the development of diabetic nephropathy, in *G*, 2002, 435–437.

［589］P. Urios, A.-M. Borsos, J. Garaud, S. Feing-Kwong-Chan, and M. Sternberg, At low concentration, aminoguanidine markedly increases pentosidine formation in collagen incubated with glucose, whereas decreasing it at high level, in *G*, 2002, 413–414.

［590］J. Liggins, N. Rodda, V. Burnage, J. Iley, and A. Furth, Effect of low concentrations of aminoguanidine on formation of advanced glycation endproducts *in vitro*, in *F*, 1998, 424.

［591］S. Battah, N. Ahmed, and P. J. Thornalley, Kinetics and mechanism of the reaction of metformin with methylglyoxal, in *G*, 2002, 355–356.

［592］K. Niigata, T. Kimura, S. Hayashibe, H. Shikama, T. Takasu, and E. Hirasaki, *N*-Amidinotriazole compounds as Maillard reaction inhibitors for therapeutic use, Japanese Patent, 1994, 06,192,089, 1–8, *via Chem. Abstr.*, 1994, 121, 222017s.

［593］K. Niigata, T. Maruyama, H. Shikama, T. Takasu, M. Umeda, and E. Hirasaki, Preparation of hydroxypyrazoles having inhibiting activity of Maillard reaction, Japanese Patent, 1994, 06,287,179, 1–5, *via Chem. Abstr.*, 1995, 122, 105877g.

［594］K. Niigata, T. Maruyama, S. Hayashibe, H. Shikama, T. Takasu, M. Umeda, and E. Hirasaki, Preparation of 1-amidinopyrazole derivatives for inhibiting Maillard reaction, Japanese Patent, 1994, 06,298,737, 1–17, *via Chem. Abstr.*, 1995, 122, 133181u.

［595］K. Niigata, T. Maruyama, H. Shikama, T. Takasu, M. Umeda, and E. Hirasaki, Preparation of 5-amino-1*H*-pyrazole-1-carboxamidine derivatives as Maillard reaction inhibitors, Japanese Patent, 1994, 06,298,738, 1–12, *via Chem. Abstr.*, 1995, 122, 160633z.

［596］K. Niigata, S. Hayashibe, H. Shikama, T. Takasu, M. Umeda, and E. Hirasaki, Preparation of amidinoindazole derivatives as Maillard reaction inhibitors, Japanese Patent, 1994, 06,287,180, 1–8, *via Chem. Abstr.*, 1995, 122, 133180t.

［597］J. W. Baynes, Pyridoxamine, a versatile inhibitor of advanced glycation and lipoxidation reactions, in *G*, 2002, 31–35.

［598］S. R. Thorpe, N. L. Alderson, M. E. Chachich, A. Januszweski, N. N. Youssef, S. M. Jimenez, T. Gardiner, N. Frizzell, P. Canning, A. Lichanska, J. W. Baynes, and A. W. Stitt, Role of dyslipidemia and AGE/ALE formation in the progression of nephropathy and retinopathy in STZ-diabetic rats, in *G*, 2002, 169–173.

［599］S. Nakamura, Z. Makita, S. Ishikawa, K. Yasumura, W. Fujii, K. Yanagisawa, T. Kawata, and T. Koike, Progression of nephropathy in spontaneous diabetic rats is prevented by OPB-9195, a novel inhibitor of advanced glycation, *Diabetes,* 1997, 46, 895–899.

［600］R. Wada, Y. Nishizawa, N. Yagihashi, M. Takeuchi, Y. Ishikawa, K. Yasumura, M. Nakano, and S. Yagihashi, Inhibition of the development of experimental diabetic neurophathy by suppression of AGE formation with a new antiglycation agent, in *G*, 2002, 101–105.

［601］Y. Ueda, T. Miyata, Y. Izuhara, R. Inagi, K. Tatsumi, C. van Ypersele de Strihou, M. Nangaku, and K. Kurokawa, Mechanism of the inhibitory effect of 2-isopropylidenehy-drazono-4-oxothiazolidin-5-ylacetanilide on advanced glycation endproduct and advanced lipoxidation endproduct formation, in *G*, 2002, 453–454.

［602］S. Vasan, Zhang, Xin, Zhang, Xini, A. Kapurniotu, J. Bernhagen, S. Teichberg, J. Basgen, D. Wagle, D. Shih, I. Terlecky, R. Bucala, A. Cerami, J. Egan, and P. Ulrich, An agent cleaving glucose-derived protein cross-links *in vitro* and *in vivo*, *Nature,* 1996, 382, 275–278.

［603］ R. Bucala, New horizons in AGE research, in *G*, 2002, 113–117.

［604］ B. H. R. Wolffenbuttel, C. M. Boulanger, F. R. L. Crijns, M. S. P. Huiberts, P. Poitevin, G. N. M. Swennen, S. Vasan, J. J. Egan, P. Ulrich, A. Cerami, and B. I. Levy, Breakers of advanced glycation end products restore large artery properties in experimental diabetes, *Proc. Natl. Acad. Sci. USA,* 1998, 95, 4630–4634.

［605］ M. Asif, J. Egan, S. Vasan, G. N. Jyothirmayi, M. R. Masurekar, S. Lopez, C. Williams, R. L. Torres, D. Wagle, P. Ulrich, A. Cerami, M. Brines, and T. J. Regan, An advanced glycation endproduct cross-link breaker can reverse age-related increases in myocardial stiffness, *Proc. Natl. Acad. Sci. USA,* 2000, 97, 2809–2813.

［606］ P. V. Vaitkevicius, M. Lane, H. Spurgeon, D. K. Ingram, G. S. Roth, J. J. Egan, S. Vasan, D. R. Wagle, P. Ulrich, M. Brines, J. P. Wuerth, A. Cerami, and E. G. Lakatta, A crosslink breaker has sustained effects on arterial and ventricular properties in older rhesus monkeys, *Proc. Natl. Acad. Sci. USA,* 2001, 98, 1171–1175.

［607］ H. Shoda, S. Miyata, B. F. Liu, H. Yamada, T. Ohara, K. Suzuki, M. Oimomi, and M. Kasuga, Inhibitory effects of tenilsetam on the Mailard reaction, *Endocrinology,* 1997, 138, 1886–1892.

［608］ H. Y. Kim and K. Kim, Effect of flavonoids on formation of advanced glycation end-products in vitro, in *G*, 2002, 511.

［609］ P. R. Odetti, A. Borgoglio, A. de Pascale, R. Rolaandi, and L. Adezati, Prevention of diabetes — increased aging effect on rat collagen linked fluorescence by aminoguanidine and rutin, *Diabetes,* 1990, 39, 796–801.

［610］ T. Nagasawa, N. Tabata, Y. Ito, and N. Nishizawa, Suppression of early and advanced glycation by dietary water-soluble rutin derivative in diabetic rats, in *G*, 2002, 403–405.

［611］ N. Matsuura, C. Sasaki, T. Aradate, M. Ubukata, H. Kojima, M. Ohara, and J. Hasegawa, Plantagoside as Maillard reaction inhibitor — its inhibitory mechanism and application, in *G*, 2002, 411–412.

［612］ J. Vertommen, M. van den Enden, L. Simoens, and I. de Leeuw, Flavonoid treatment reduces glycation and lipid peroxidation in experimental diabetic rats, *Phytother. Res.,* 1994, 8, 430–432.

［613］ S. Battah, N. Ahmed, and P. J. Thornalley, Novel anti-glycation therapeutic agents: Glyoxalase I mimetics, in *G*, 2002, 107–111.

［614］ T. Horiuchi, T. Kurokawa, and N. Saito, Purification and properties of fructosyl-amino acid oxidase from *Corynebacterium* sp. 2-4-1, *Agric. Biol. Chem.,* 1989, 53, 103–110.

［615］ T. Horiuchi and T. Kurokawa, Purification and properties of fructosylamine oxidase from *Aspergillus* sp. 1005, *Agric. Biol. Chem.,* 1991, 55, 333–338.

［616］ N. Yoshida, Y. Sakai, A. Isogai, H. Fukuya, M. Yagi, Y. Tani, and N. Kato, Primary structures of fungal fructosyl amino acid oxidases and their application to the measurement of glycated proteins, *Eur. J. Biochem.,* 1996, 242, 499–505.

[617] M. Takahashi, M. Pischetsrieder, and V. M. Monnier, Isolation, purification, and characterization of Amadoriase isoenzymes (fructosyl amine-oxygen oxidoreductase EC 1.5.3) from *Aspergillus* sp, *J. Biol. Chem.,* 1997, 272, 3437–3443.

[618] M. Takahashi, M. Pischetsrieder, and V. M. Monnier, Molecular cloning and expression of Amadoriase isoenzyme (fructosyl amine:oxygen oxidoreductase, EC 1.5.3) from *Aspergillus fumigatus*, *J. Biol. Chem.,* 1997, 272, 12505–12507.

[619] C. Gerhardinger, M. S. Marion, A. Rovner, M. Glomb, and V. M. Monnier, Novel degradation pathway of glycated amino acids into *free* fructosamine by a *Pseudomonas* sp. soil strain extract, *J Biol. Chem.,* 1995, 270, 218–224.

[620] X. Wu, B. A. Palfey, V. V. Mossine, and V. M. Monnier, Kinetic studies, mechanism, and substrate specificity of Amadoriase I from *Aspergillus sp*, *Biochemistry,* 2001, 40, 12886–12895.

[621] Y. Al-Abed, T. Mitsuhashi, H. Li, J. A. Lawson, G. A. FitzGerald, H. Founds, T. Donnelly, A. Cerami, P. Ulrich, and R. Bucala, Inhibition of advanced glycation end product formation by acetaldehyde: Role in the cardioprotective effect of ethanol, *Proc. Natl. Acad. Sci. USA,* 1999, 96, 2385–2390.

[622] T. Yokozawa, H. Y. Kim, and E. J. Cho, Erythritol attenuates the diabetic oxidative stress through modulating glucose metabolism and lipid peroxidation in streptozotocin-induced diabetic rats, *J. Agric. Food Chem.,* 2002, 50, 5485–5489.

[623] K. Eichner, The influence of water content on non-enzymic browning reactions in dehydrated food and model systems and the inhibition of fat oxidation by browning intermediates, in *Water Relations of Foods*, R.B. Duckworth (ed), Academic Press, London, 1975, 417–434.

[624] T.P. Labuza and M. Saltmarch, Kinetics of browning and protein quality loss in whey powders during steady state and nonsteady state storage conditions. *J. Food Sci.,* 1982, 47, 92–96, 113.

[625] T.P. Labuza, K. Bohnsack, and M.N. Kim, Kinetics of protein quality change in egg noodles stored under constant and fluctuating temperatures. *Cereal Chem.,* 1982, 59, 142–147.

[626] I.N. Shipanova, M.A. Glomb, and R.H. Nagaraj, Protein modification by methylglyoxal: chemical nature and synthetic mechanism of a major fluorescent adduct. *Arch. Biochem. Biophys.,* 1997, 344, 29–36.

[627] T.W.C. Lo, M.E. Westwood, A.C. McLellan, T. Selwood, and P.J. Thornalley, Binding and modification of proteins by methylglyoxal under physiological conditions: a kinetic and mechanistic study with N^{α}-acetylarginine, N^{α}-acetylcysteine, and N^{α}-acetyllysine, and bovine serum albumin. *J. Biol. Chem.,* 1994, 269, 32299–32305.

[628] H. Kato and F. Hayase, An approach to estimate the chemical structure of melanoidins, in *G*, 2002, 3–7.

[629] A. Dawney, A.P. Wieslander, and D.J. Millar, Role of glucose degradation products in the generation of characteristic AGE fluorescence in peritoneal dialysis fluid? in *F*, 1998, 333–338.

[630] D. Ruggiero-Lopez, M. Lecomte, N. Rellier, M. Lagarde, and N. Wiernsperger, Reaction of metformin with reducing sugars and dicarbonyl compounds, in *F*, 1998, 441.

[631] R.H. Nagaraj and V.M. Monnier, Isolation and characterization of a blue fluorophore from human eye lens crystallins: in vitro formation from Maillard reaction with ascorbate and ribose, *Biochim. Biophys. Acta,* 1992, 1116, 34–42.

[632] K. Nakamura, T. Hasegawa, Y. Fukunaga, and K. Ienaga, Crosslines A and B as candidates for the fluorophores in ageand diabetes-related cross-linked proteins, and their diacetates produced by Maillard reaction of α-*N*-acetyl-ʟ-lysine with ᴅ-glucose, *J. Chem. Soc., Chem. Commun.*, 1992, 992–994.

[633] D.G. Dyer, J.A. Dunn, S.R. Thorpe, K.E. Bailie, T.J. Lyons, D.R. McCance, and J.W. Baynes, Accumulation of Maillard reaction products in skin collagen in diabetes and aging, *J. Clin. Invest.*, 1993, 91, 2463–2469.

[634] T.J. Lyons, G. Silvestri, J.A. Dunn, D.G. Dyer, and J.W. Baynes, Role of glycation in modification of lens crystallins in diabetic and non-diabetic senile cataracts, *Diabetes,* 1991, 40, 1010–1015.

[635] M.C. Wells-Knecht, T.J. Lyons, D.R. McCance, S.R. Thorpe, and J.W. Baynes, Agedependent accumulation of *ortho*-tyrosine and methionine sulfoxide in human skin collagen is not increased in diabetes. Evidence against a generalized increase in oxidative stress in diabetes, *J. Clin. Invest.*, 1997, 100, 839–846.

[636] S. Rodrígues, M.E. Centurión, and E. Agulló, Chitosan-yeast interaction in cooked food: influence of the Maillard reaction, *J. Food Sci.*, 2002, 67, 2576–2578.

[637] J.W. Wong and T. Shibamoto, Genotoxicity of Maillard reaction products, in *The Maillard Reaction: Consequences for the Chemical and Life Sciences*, R. Ikan (ed), Wiley, Chichester, 1996, 129–159.

[638] T. Hofmann, Application of site specific [¹³C] enrichment and ¹³C-NMR spectroscopy for the elucidation of the formation pathway leading to a red colored 1*H*-pyrrol-3(2*H*)-one during Maillard reaction of furan-2-carboxaldehyde and ʟ-alanine. *J. Agric. Food Chem.*, 1998, 46, 941–945.

[639] C. Billaud and J. Adrian, Louis–Camille Maillard, 1878–1936, *Food Rev. Intern.*, 2003, 19, 345–374.

[640] G.P. Rizzi, Free radicals in the Maillard reaction, *Food Rev. Intern.*, 2003, 19, 375–395.

［641］D. Taeymans, J. Wood, P. Ashby, I. Blank, A. Studer, R.H. Stadler, P. Gondé, P. van Eijck, S. Lalljie, H. Lingnert, M. Lindblom, R. Matissek, D. Müller, D. Tallmadge, J. O'Brien, S. Thompson, D. Silvani, and T. Whitmore, A review of acrylamide: an industry perspective on research, analysis, formation, and control, *Crit. Rev. Food Sci. Nutr.*, 2004, 44, 323–347.